"十四五"时期国家重点出版物出版专项规划项目　新基建核心技术与融合应用丛书
中国通信学会 5G+ 行业应用培训指导用书

华为 openGauss 开源数据库实战

中国产业发展研究院　组编
曾庆峰　何　杰　齐　悦　编著

U0187023

机械工业出版社
CHINA MACHINE PRESS

本书是一本指导读者快速步入华为openGauss开源数据库世界的实战指导书。本书以循序渐进的方式,帮助读者一步一步地轻松掌握openGauss开源数据库。有了这些基础,读者可以更好地学习其他数据库管理系统。

本书由30个实战任务构成:前三个任务是搭建openGauss数据库的实验环境;任务四是openGauss的简单维护;任务五是准备测试数据集;任务六是学习使用openGauss DBMS的客户端工具gsql;任务七到任务二十七则涵盖了openGauss DBMS的方方面面;任务二十八和任务二十九是关系数据库设计的实战;任务三十是搭建openGauss主备数据库以及主备数据库的管理。

本书可以作为openGauss初学者、计算机专业学生学习数据库系统原理与应用的实战指导书,对从事数据库工作的工程技术人员、想快速掌握开源数据库PostgreSQL的技术人员也非常有参考价值。

图书在版编目(CIP)数据

华为 openGauss 开源数据库实战 / 中国产业发展研究院组编;曾庆峰,何杰,齐悦编著. — 北京:机械工业出版社,2021.6(2024.7 重印)

中国通信学会 5G+ 行业应用培训指导用书

ISBN 978-7-111-68015-4

Ⅰ.①华… Ⅱ.①中…②曾…③何…④齐… Ⅲ.①关系数据库系统 – 技术培训 – 教材 Ⅳ.① TP311.138

中国版本图书馆 CIP 数据核字(2021)第 070994 号

机械工业出版社(北京市百万庄大街 22 号 邮政编码 100037)
策划编辑:陈玉芝 张雁茹 责任编辑:张雁茹 关晓飞
责任校对:张 力 责任印制:邓 博
天津光之彩印刷有限公司印刷
2024 年 7 月第 1 版第 4 次印刷
184mm × 260mm·22.5 印张·615 千字
标准书号:ISBN 978-7-111-68015-4
定价:79.00 元

电话服务 网络服务
客服电话:010-88361066 机 工 官 网:www.cmpbook.com
010-88379833 机 工 官 博:weibo.com/cmp1952
010-68326294 金 书 网:www.golden-book.com
封底无防伪标均为盗版 机工教育服务网:www.cmpedu.com

中国通信学会 5G+ 行业应用培训指导用书

编审委员会

丛书序

在新一轮全球科技革命和产业变革之际，中国发力启动以 5G 为核心的"新基建"以推动经济转型升级。2021 年 3 月公布的《中华人民共和国国民经济和社会发展第十四个五年规划和 2035 年远景目标纲要》（简称《纲要》）中，把创新放在了具体任务的第一位，明确要求，坚持创新在我国现代化建设全局中的核心地位。《纲要》单独将数字经济部分列为一篇，并明确要求，推进网络强国建设，加快建设数字经济、数字社会、数字政府，以数字化转型整体驱动生产方式、生活方式和治理方式变革；同时在"十四五"时期经济社会发展主要指标中提出，到 2025 年，数字经济核心产业增加值占 GDP 比重提升至 10%。

5G 作为支撑经济社会数字化、网络化、智能化转型的关键新型基础设施，目前，在"新基建"政策驱动下，全国各省市积极布局，各行业加速跟进，已进入规模化部署与应用创新落地阶段，渗透到政府管理、工业制造、能源、物流、交通运输、居民生活等众多领域，并逐步构建起全方位的信息生态，开启万物互联的数字化新时代，对建设网络强国、打造智慧社会、发展数字经济、实现我国经济高质量发展具有重要战略意义。

中国通信学会作为隶属于工业和信息化部的国家一级学会，是中国通信界学术交流的主渠道、科学普及的主力军，肩负着开展学术交流，推动自主创新，促进产、学、研、用结合，加速科技成果转化的重任。中国产业发展研究院作为专业研究产业发展的高端智库机构，在促进数字化转型、推动经济高质量发展领域具有丰富的实践经验。

此次由中国通信学会和中国产业发展研究院强强联合，组织各行业众多专家编写的"中国通信学会 5G+ 行业应用培训指导用书"系列丛书，将以国家产业政策和产业发展需求为导向，"深入" 5G 之道普及原理知识，"浅出" 5G 案例指导实际工作，使读者通过本套丛书在 5G 理论和实践两方面都获得教益。

本系列丛书涉及数字化工厂、智能制造、智慧农业、智慧交通、智慧城市、智慧政务、智慧物流、智慧医疗、智慧能源、智能电网、智慧矿山、智慧金融、智慧教育、智能机器人、智慧电影、智慧建筑、5G 网络空间安全、人工智能、边缘计算、云计算等 5G 相关现代信息化技术，直观反映了 5G 在各地、各行业的实际应用，将推动 5G 应用引领示范和落地，促进 5G 产品孵化、创新示范、应用推广，构建 5G 创新应用繁荣生态。

中国通信学会秘书长

张延川

序　一

数据库是 IT 行业的基础软件，涉及国计民生的各个行业，但现有的开源数据库在企业级别能力上普遍不足。openGauss 是华为融合了在数据库领域多年的经验，打造的一款企业级别的关系数据库管理系统。openGauss 结合当前硬件多核化发展的趋势，构建了面向多核架构的并发控制技术和 NUMA-Aware 的存储引擎，满足企业高性能的场景要求；支持 SSL 安全网络连接、用户权限管理、密码管理、安全审计等功能，保证数据库在管理层、应用层、系统层和网络层的安全性，给企业的数据提供安全性的保障；支持双机数据同步、双机故障切换等高可用部署方案，满足企业高可用要求。

openGauss 是一个开源的数据库平台，采用木兰宽松许可证协议，允许对代码进行自由修改、使用和引用，从开源以来，访问量、用户数量、开发者数量持续增长。许多开发者都希望能够尽快熟悉 openGauss，并基于 openGauss 开发应用。目前，市场上关于 openGauss 的图书较少，并且仅涉及数据库内部的实现原理。而本书从应用入手，以任务的方式介绍了 openGauss 的功能和使用，填补了 openGauss 数据库应用实践书籍方面的空白。

本书由 30 个任务构成，涵盖了 openGauss 的安装和维护、数据库创建、客户端工具 gsql、WAL 和归档、备份和恢复、主备高可用、参数管理等内容，可帮助用户更好地理解 openGauss 的体系结构、数据类型、数据库约束、表空间、模式、索引、视图、存储过程和函数、触发器、SQL 语言、隔离级别的特点。本书在每个任务中通过实例详细展示了每个功能的使用过程，更加简单易懂。本书是熟悉数据库原理和应用，上手 openGauss 的一本好书，适合对 openGauss 数据库原理和应用感兴趣的初学者、数据库应用者阅读。

openGauss 社区技术委员会主席

田文罡

序 二

曾庆峰等老师的新书付梓，我有机会先睹为快，甚为欣喜，也借此祝贺之机，阐释一下我对 openGauss 数据库的看法。

开篇名义，作者讲述了他们撰写本书的构思：让读者以更为简单的方式，快速学习和掌握华为开源数据库管理系统 openGauss。为了实现这个目标，作者使用了两个方法——快速的环境提供和 30 个实战任务。开门见山，直奔主题，我非常认同这种教学方式，让读者可以清晰地达成阶段性的目标，进入 openGauss 数据库的大门，至于之后的海阔天空，有兴趣的同学自然可以登堂入室、寻幽探胜！

我把 2019 年称为国产数据库元年，这一年中，随着来自用户的应用需求骤增，资本和人才不断涌入数据库领域，这一行业呈现出的发展机遇前所未有。而数据库经历了商业时代、开源时代之后，正在走入新数据库时代，这个时代以分布式、智能化、多模、一体化和云原生为标志，加速改变着国内的数据库应用形态。在这一波的数据库技术变革中，中国原生的技术创新正在成为主力。

openGauss 正是在这样的时代背景下，以独特的方式应运而生。首先，openGauss 数据库源于华为基于 PostgreSQL 开发的企业级数据库内核，在此基础之上，叠加了大量的创新功能和特性，包括列式存储引擎、内存存储引擎等；其次，结合了鲲鹏的硬件支撑，openGauss 呈现出的卓越性能，能够满足超高并发的企业级核心应用需求；最后，在 2020 年 6 月 30 日，华为正式开源了 openGauss 数据库，为国产数据库生态注入了新的开源动力，随之在行业内引发了广泛的关注和反响。

在 openGauss 开源之后，云和恩墨毫不犹豫地加入到开源生态的建设中，并和华为深度合作，发布了基于 openGauss 内核的企业发行版本—— MogDB，进行扩展开发和商业化应用推广。云和恩墨发布的 openGauss 镜像，也已经加入官方社区，成为广受欢迎的社区组件。

商业化的产品品质，开源化的生态发展，助力合作伙伴商业成功，华为开启了一个国产数据库独一无二的开源新形态，我坚定地看好 openGauss 数据库的未来发展。基础软件领域也需要越来越多的有志之士投身其中，在这一方向上进行深耕，一定能够找到更加广阔的才华施展空间！

曾庆峰等老师的这本书是为良师益友，助力读者推开 openGauss 的大门，这里不仅有领先的数据库算法代码、客户急需的应用功能，还有数据库世界值得探索的无限空间，希望大家都能够在这个宝库中找到自己的珍爱珠宝！

云和恩墨创始人
盖国强

前 言

为什么要写这本书

　　5G 时代已经到来！华为作为 5G 技术的领导者，目前正饱受国外技术霸权打压。除了芯片制造技术，作为 5G 基础设施的操作系统和数据库管理系统等大型基础软件，也是我国在 IT 技术上受制于人的痛点。为了对抗技术霸权，华为推出了开源操作系统 openEuler 和开源数据库管理系统 openGauss，尝试构建我国自己的信息产业生态。

　　目前，关于华为开源数据库管理系统 openGauss 的参考资料并不多，入门资料更少。读者虽然可通过参考华为官方的技术资料进行学习，但即使对于有数据库行业从业经验的工程技术人员来说，也不是一件容易的事情，对于初学者来说，更是困难重重！初学者碰到的第一项艰巨任务，就是搭建一个可用于学习 openGauss 数据库管理系统（openGauss DBMS）的实验环境，包括软件安装介质的准备、CentOS 操作系统的安装、openGauss DBMS 的安装。

　　本书以很大的篇幅和丰富的截图，让读者可以以循序渐进的方式，轻松地从零开始：下载 VMware Workstation 介质，并准备好 VMware 虚拟化环境；下载 CentOS 7 介质并安装一个 CentOS 7 操作系统；下载 openGauss DBMS 介质并安装好 openGauss 数据库环境。本书还提供了一个已经安装好 openGauss DBMS 的 VMware 虚拟机，读者下载后可以直接开始 openGauss 数据库之旅。

　　要学习一个数据库管理系统，无论是 Oracle、MySQL 还是 openGauss，理论和实践相结合是最好的学习方式。本书为读者准备了 30 个实战任务，读者可以按照本书的指导，一步一步地以实战的方式，快速掌握华为 openGauss 开源数据库。有了这个基础，读者可举一反三，更为轻松地学习其他的数据库管理系统，包括各种的国产数据库管理系统以及 Oracle、MySQL、PostgreSQL。

　　大学本科生学习数据库系统的原理和应用时，一般只做关于 SQL 语言、数据库编程接口、数据库设计等方面的实验。本书以华为开源数据库 openGauss 为实例，让学生有机会更为全面地学习数据库管理系统的功能，例如数据库隔离级别、数据库的备份恢复、数据库的复制集群等。在 SQL 语言方面，本书用许多等价的 SQL 语句来完成同一个查询，使读者可以更为深入地学习 SQL 语言。本书另外一个亮点是，开辟相关的内容来帮助初学者快速掌握基于 Visio 和 PowerDesigner 的关系数据库设计方法。

本书的读者对象

　　本书主要为华为 openGauss DBMS 的初学者而准备，并面向高等院校选修数据库原理与应用的学生。

　　对于有其他数据库（如 Oracle、MySQL、SQL Server）经验的读者，也可通过本书快速学习掌握华为 openGauss DBMS。

　　由于华为 openGauss 开源数据库的内核代码基于 PostgreSQL，因此想快速进入 PostgreSQL 开源数据库世界的读者，也是本书的读者对象。

本书的主要内容

　　本书由 30 个任务组成，每个任务都是独立的，读者可以选择从任何一个任务开始学起。

　　任务一是安装配置 VMware Workstation 虚拟化软件。

任务二是在 VMware Workstation 上安装 CentOS 7，同样要求读者计算机的内存大于或等于 8GB。为了获得更好的学习体验，计算机上最好还有一块 256GB 以上的 SSD（固态硬盘）。如果读者计算机的硬件不能满足这个要求，请读者升级计算机硬件。毕竟，工欲善其事，必先利其器！考虑到目前内存不算太贵，而且升级内存能大大提高计算机的性能，建议将内存至少升级到 16GB（32GB 以上更好），SSD 升级到 512GB 或者 1TB。也可以租用华为云服务上的 CentOS 7.6 主机，来完成本书的任务。任务二还提供了一个安装好 openGauss DBMS 的 Docker 环境，使读者可以在完成任务三碰到困难时，仍然可以测试 openGauss 数据库，完成本书的其他任务。

任务三是在 CentOS 7.6 上安装 openGauss 1.0.1 数据库管理系统，这对初学者来说是一个艰巨的挑战。本任务的内容已经经过反复测试，请读者仔细阅读本任务的指导，一步一步地按照指导去做，完成 openGauss DBMS 的安装。

任务四到任务二十七涵盖了 openGauss DBMS 的方方面面。学习并实际完成这些任务后，读者基本上能达到初级数据库管理员（DBA）的水平。读者可以使用自己搭建的 openGauss 环境来完成这些任务，也可以使用本书提供的已经安装好 openGauss 1.0.1 数据库管理系统的 VMware 虚拟机来完成。下载这个虚拟机文件，将其释放到 SSD 上，可以获得更好的学习体验，因为 SSD 比机械硬盘速度快很多。

任务二十八和任务二十九是关于关系数据库设计的实战，同样要求读者的计算机最少有 8GB 内存。这两个任务可以直接在读者的安装 Windows 10（简称 Win10）系统的计算机上完成。任务二十八基于 Visio 来进行 E-R（实体关系）设计，并采用手动转化的方法，将 E-R 图转化为关系模式图，进一步改写成 SQL 语言部署脚本。任务二十九基于计算机辅助软件工程（CASE）工具 PowerDesigner 进行关系数据库设计。这两种方法对于读者来说，都是应该掌握的。

任务三十需要两台都具有 4GB 内存的 CentOS 7.6 虚拟机，这要求读者的计算机至少有 16GB 以上的内存。如果读者计算机的硬件不能满足此要求，建议读者使用华为云服务，临时租用两台 4GB 内存的 CentOS 7.6 虚拟机，来完成本任务的实战。

本书中所有的任务都已反复测试确认过，读者若在实战过程中出现与本书不一致的显示，请从头开始重做任务。本书在任务二十一，为某些查询提供了多种等价 SQL 语句写法，让初学者可以快速掌握这些看上去难以掌握的技术。本书的另外一个特色就是以实战的方式，带领初学者学习两种 E-R 概念模型设计的方法。

本书的任务一到任务四由何杰负责编写，任务二十四到任务二十七由齐悦负责编写，其余任务务由曾庆峰负责编写。

本书的读者资源

本书提供的资源都已上传至百度网盘，读者可通过扫描以下二维码来获取一个名为"华为 openGauss 开源数据库实战读者资料 .txt"的文件。

扫描二维码
输入提取码：79ua

该文件的内容是百度网盘的共享链接和提取码，指向本书资源的实际下载地址。

访问本书资源的另外一个网址是：

https://www.modb.pro/tag/openGuassInAction

读者可以从上面两个链接之一获取本书的读者资源。

读者资源包括书中的代码文本、软件介质和随时可用的已经安装好 openGauss DBMS 的 CentOS 7.6 VMware 虚拟机文件。以后还将陆续在共享网盘上为读者提供一些实验视频。

如何使用本书的读者资源

读者如果在完成任务一、任务二、任务三的时候碰到困难，可以先使用本书读者资源中提供的已经装好 openGauss DBMS 的虚拟机实验环境，来完成任务四至任务二十七，之后再完成任务一、任务二、任务三和其他任务。

读者可从共享网盘上下载本书所有任务的代码文本，借助本书来理解这些代码的功能。一个快速学习 openGauss 的捷径是：直接复制这些代码文本到虚拟机实验环境中进行测试验证可以更好地理解这些代码的功能。这种方式可以让读者避开初学者常犯的低级错误，而这些低级错误往往会导致初学者失去信心，以致无法继续学习下去。一般情况下，通过使用这些代码文本，读者可在 1~2 周之内完成本书的 30 个任务，快速地学习掌握华为 openGauss 开源数据库。

致谢

首先要感谢我的家人，尤其是要感谢我的妻子，你们的宽容、鼓励以及默默的支持，让我能够安静地写完本书。

其次要感谢我的朋友姜殿斌先生，他为本书提供了许多有用的资料和有益的建议。

还要感谢华为的朋友们为本书提供了大量有用的资料和技术支持。

曾庆峰

目　录

安装配置 VMware Workstation 虚拟化软件

任务目标

在虚拟机上进行 openGauss 数据库（Database）实战有很多好处：使用做好的虚拟机，可以很容易地开始学习 openGauss 数据库；使用虚拟机的快照功能，可以反复重做某一实验；使用虚拟机的暂停功能，可以随时暂停实验。

本任务的目标是在 Windows 10（后文简称 Win10）上安装配置 VMware Workstation 虚拟化软件。使用它，可以提供一个 CentOS 7.6 虚拟机环境，然后在这个 CentOS 7.6 虚拟机上安装、运行 openGauss 数据库管理系统（DataBase Management System，DBMS）。

实施步骤

一、安装 VMware 虚拟化软件

从 VMware 官网下载 VMware Workstation 15 试用版安装文件，下载完成后双击安装文件开始安装。如果 Win10 还没有安装 Microsoft VC Redistributable，安装时会提示需要先安装 Microsoft VC Redistributable，并要求重新启动 Win10 操作系统进行安装，如图 1-1 所示。

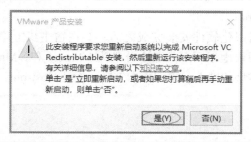

图 1-1　安装 VMware 时提示需要安装 Microsoft VC Redistributable

重新启动 Win10 后，再次双击 VMware Workstation 15 安装文件开始安装，安装过程中的重要画面如图 1-2~ 图 1-7 所示。

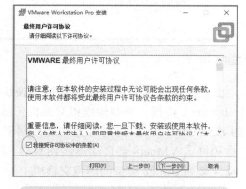

图 1-2　同意 VMware 软件许可协议

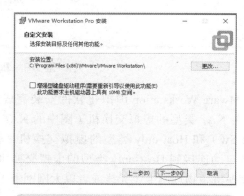

图 1-3　不要选择增强型键盘驱动程序

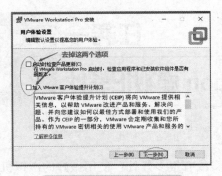

图 1-4　不参加用户体验

图 1-5　选择输入 VMware 软件许可证

图 1-6　输入 VMware 软件许可证号

图 1-7　完成 VMware 软件安装

二、配置虚拟网卡 VMnet1

VMware Workstation 虚拟化软件安装完成之后，会在宿主机上增加两块虚拟网卡，如图 1-8 所示。在宿主机上新增的两块虚拟网卡的名字分别为 VMnet1 和 VMnet8，其中虚拟网卡 VMnet8 是 NAT（网络地址转换）类型的网卡，虚拟网卡 VMnet1 是 Host-only（仅主机）类型的网卡。

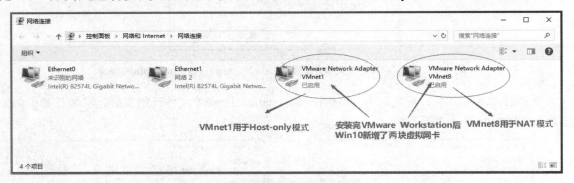

图 1-8　新增的虚拟网卡

VMware Workstation 虚拟化软件安装完成之后，还会在宿主机上新增三台虚拟交换机（见图 1-9）：NAT 类型的虚拟交换机（图中的 NAT Sw）、Bridge（桥接）类型的虚拟交换机（图中的 Bridge Sw）和 Host-only 类型的虚拟交换机（图中的 Host-only Sw）。宿主机上的虚拟网卡 VMnet1 会自动连接到 Host-only 类型的虚拟交换机上，虚拟网卡 VMnet8 会自动连接到 NAT 类型的虚拟交换机，物理网卡（无线或者以太网网卡）会自动连接到 Bridge 类型的虚拟交换机上。

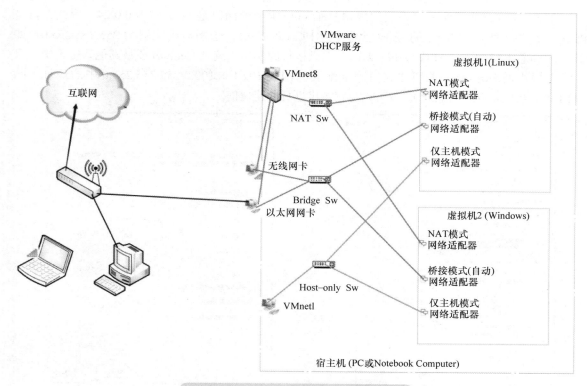

图 1-9 VMware 虚拟机的网络拓扑结构

Host-only 类型的网络有什么特异功能呢？下面对此进行详细说明。

采用 TCP/IP，在宿主机和虚拟机（图 1-9 中的 Linux 虚拟机 1 和 Windows 虚拟机 2）之间进行通信，其过程如图 1-10 所示。

				UserData				
			AppHead	UserData	AppTail			
		TCPHead	AppHead	UserData	AppTail	TCPTail		
	IPHead	TCPHead	AppHead	UserData	AppTail	TCPTail	IPTail	
FrameHead	IPHead	TCPHead	AppHead	UserData	AppTail	TCPTail	IPTail	FrameTail
物理层								

原始数据		原始数据
打包		解包
打包		解包
打包		解包
打包		解包
物理层传输		

图 1-10 两台计算机之间的 TCP/IP 通信

用户信息从 A 计算机传到 B 计算机，首先需要在 A 机 TCP/IP 的每个协议层将要传输的信息打包，然后通过物理层传送到 B 机。B 机接收到这些信息包后，又需要在 TCP/IP 的各个层进行解包。

对于宿主机来说，一台虚拟机只是宿主机中的一个进程。因此，宿主机和虚拟机之间的通信，完全可以采用便捷快速的进程间通信（IPC）的方法来实现。Host-only 类型的网络实际上就是采用 IPC 方法仿真了一个 TCP/IP，在宿主机和虚拟机之间进行快速的通信（消除了打包解包的过程）。

总结一下：VMware Workstation 的 Host-only 类型的网络专门用于宿主机和虚拟机之间的通信，不能用于和宿主机外部的其他计算机进行网络通信。

在 openGauss 实战实验中，我们规划 Host-only 类型的网段是 192.168.100.0/24。因此在宿主机上，将虚拟网卡 VMnet1 的 IP 地址配置为 192.168.100.1，子网掩码配置为 255.255.255.0，如图 1-11 和图 1-12 所示。在虚拟机（无论虚拟机运行的操作系统是 CentOS 还是其他系统）中，只要将虚拟机的 Host-only 类型的虚拟网卡配置为网段 192.168.100.0/255.255.255.0 中的地址（除 192.168.100.1/24 以外的地址），就可以与宿主机进行快速通信。

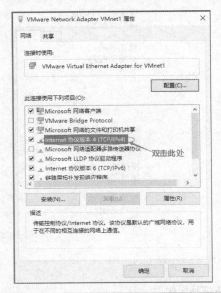
图 1-11　为 VMnet1 网卡配置 TCP/IPv4

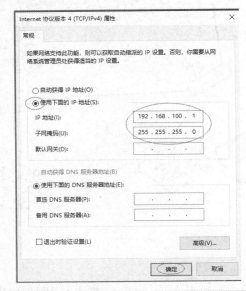
图 1-12　为 VMnet1 配置 IP 地址和子网掩码

因此，在本书的任务二中，我们将运行 openGauss 数据库管理系统的 CentOS 7.6 虚拟机的网卡 ens33（其网卡类型是 Host-only）的 IP 地址配置为 192.168.100.91/255.255.255.0。

三、配置 VMware 虚拟机联网

1. 配置宿主机连接网络

要配置虚拟机和外部的计算机联网，首先需要确保宿主机已经正常联网了。宿主机可以使用无线网卡或者千兆有线以太网网卡，连接到外部的计算机网络。

宿主机的千兆以太网网卡要联网，需要找系统管理员获取联网所需的 IP 地址、子网掩码、DNS 服务器地址、默认网关的 IP 地址；宿主机的无线网卡要联网，找系统管理员获取 WiFi 的名称和密码。

2. 与外部网络单向联通

NAT 类型的网络，其拓扑结构如图 1-9 所示。

VMware Workstation 虚拟化软件安装完成后，还会提供一个 DHCP 服务。因此，不需要对宿主机上的虚拟网卡 VMnet8 进行任何配置，VMnet8 会使用 VMware 虚拟化软件提供的 DHCP 服务，自动配置 VMnet8 的 IP 地址、默认网关和 DNS 服务器地址等信息（只需要确保宿主机能正常与外部联网，DHCP 服务会获取这些连接信息，然后正确配置宿主机上的虚拟网卡 VMnet8）。

在虚拟机（如运行 openGauss 数据库管理系统的 CentOS 7.6 虚拟机）中，指定某一块虚拟网卡的类型是 NAT，当虚拟机运行之后，同样不需要对该虚拟网卡进行任何配置，因为 NAT 类型的虚拟网卡在默认情况下也会使用 VMware 虚拟化软件提供的 DHCP 服务获取网络配置信息。

总结一下：使用 NAT 类型网络的虚拟机，不需要对其进行任何配置，只要宿主机本身可以访问互联网，虚拟机就可以直接访问互联网。

使用 NAT 类型的网卡可以很方便地让虚拟机连接互联网，但是存在一个限制：外部互联网上的计算机，无法通过 NAT 类型的虚拟网卡访问宿主机中的虚拟机（如图 1-9 中的 Linux 虚拟机）。这是因为在宿主机的虚拟网卡 VMnet8 和宿主机的物理网卡之间，还有一个虚拟的 NAT 防火墙，这个虚拟的 NAT 防火墙是源地址类型的 NAT 防火墙（SNAT 防火墙）。因此，虚拟机可以访问外部的计算机，但是外部的计算机不能访问 VMware 虚拟化环境中的虚拟机（如图 1-9 中的 Linux 虚拟机）。如果需要让外部的计算机访问虚拟机，就不能使用 NAT 类型的网络来实现，只能使用桥接网络来实现。

3. 与外部网络双向互通

Bridge 类型的网络，其拓扑结构如图 1-9 所示。

如果想让虚拟机（如图 1-9 所示的 Linux 虚拟机）访问互联网，同时也想让互联网上的其他计算机访问该 Linux 虚拟机，则必须使用 Bridge 类型的网卡和网络。

桥是一种不隔离广播的设备。虚拟机的 Bridge 类型的网卡发出的网络通信包，可以通过宿主机上的物理网卡传播到外部的网络。外部网络的主机可以收到虚拟机发来的信息包，也可以通过宿主机上的物理网卡将信息回传给虚拟机。

配置 Bridge 类型的网络，有两种方法。第一种方法是使用宿主机所在网络的 DHCP 服务器（不是安装完 VMware Workstation 虚拟化软件后启动的 DHCP 服务器）。这种情况下，不需要对宿主机的物理网络进行任何配置，也不需要对虚拟机的 Bridge 类型的网卡进行任何配置，直接使用外部的 DHCP 服务，虚拟机就可以同外部的计算机进行双向通信。

当外部网络不能提供 DHCP 服务，那只能采用第二种方法来配置 Bridge 类型的网络。我们需要手动配置宿主机的物理网卡，为其配置 IP 地址、子网掩码、默认网关、DNS 服务器地址。在虚拟机中，也需要配置 Bridge 类型的网卡，同样为其配置 IP 地址、子网掩码、默认网关、DNS 服务器地址。虚拟机 Bridge 类型网卡的 IP 地址必须和宿主机网卡的 IP 地址在同一个网段上，子网掩码、默认网关、DNS 服务器地址跟宿主机一样。

四、关闭宿主机上的防火墙

要使宿主机和虚拟机能正常通信，请关闭宿主机上运行的防火墙，包括 Win10 自带的防火墙和第三方的防火墙（如 360 的防火墙）。

五、打开 CPU 的虚拟化支持选项

要正常运行虚拟机，宿主机所在的硬件计算机还需要在 BIOS 中打开 CPU 的 VT 功能。不同厂家的计算机，进入 BIOS 的方法不尽相同。请参阅相关品牌计算机的资料，或者上网搜索相关品牌计算机进入 BIOS 的方法，打开 CPU 的 VT 功能。

一定要确保这一步已经完成，否则无法正常运行虚拟机。

任务二

安装 CentOS 7.6 操作系统

2

任务目标

为安装 openGauss 数据库管理系统（openGauss DBMS）准备 CentOS 7.6 操作系统。

实施步骤

一、下载 CentOS 7.6 介质

目前 CentOS 官网已经不提供 CentOS 7.6 介质的下载了，可以通过网上搜索查找 CentOS 7.6 介质的下载网址。下面是笔者搜索到的下载源，希望读者看到的时候依然可用：https://archive.kernel.org/centos-vault/7.6.1810/isos/x86_64/。如图 2-1 所示，下载 CentOS-7-x86_64-Everything-1810.iso 或者 CentOS-7-x86_64-DVD-1810.iso。

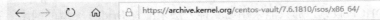

← → ○ ⌂   🔒 https://archive.kernel.org/centos-vault/7.6.1810/isos/x86_64/

Index of /centos-vault/7.6.1810/isos/x86_64/

```
../
0_README.txt                         01-Dec-2018 13:21     2495
CentOS-7-x86_64-DVD-1810.iso         25-Nov-2018 23:55       4G
CentOS-7-x86_64-DVD-1810.torrent     03-Dec-2018 15:03      86K
CentOS-7-x86_64-Everything-1810.iso  26-Nov-2018 14:28      10G
CentOS-7-x86_64-Everything-1810.torrent 03-Dec-2018 15:03  101K
CentOS-7-x86_64-LiveGNOME-1810.iso   24-Nov-2018 17:41       1G
CentOS-7-x86_64-LiveGNOME-1810.torrent 03-Dec-2018 15:03    28K
CentOS-7-x86_64-LiveKDE-1810.iso     24-Nov-2018 17:53       2G
CentOS-7-x86_64-LiveKDE-1810.torrent 03-Dec-2018 15:03      37K
CentOS-7-x86_64-Minimal-1810.iso     25-Nov-2018 21:25     918M
CentOS-7-x86_64-Minimal-1810.torrent 03-Dec-2018 15:03      36K
CentOS-7-x86_64-NetInstall-1810.iso  25-Nov-2018 16:21     507M
CentOS-7-x86_64-NetInstall-1810.torrent 03-Dec-2018 15:03   20K
sha256sum.txt                        01-Dec-2018 13:16      598
sha256sum.txt.asc                    03-Dec-2018 14:50     1458
```

图 2-1　下载 CentOS 7.6 介质的网页

二、创建一台 CentOS 7.6 虚拟机

要安装一台 openGauss 数据库服务器，首先需要准备一台 PC 服务器。如果读者手头上没有这种配置的服务器，可以考虑使用 VMware Workstation 虚拟机软件，仿真出一台这种配置的 PC 服务器：4 个 CPU、4GB 物理内存、1 块 900GB 的硬盘。

启动 VMware Workstation 软件，按图 2-2~ 图 2-15 所示进行操作，创建一台用于安装 open-Gauss DBMS 的 VMware 虚拟机。

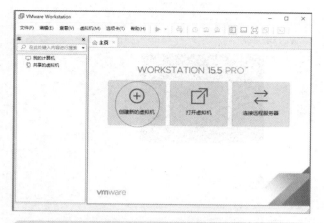

图 2-2 未创建虚拟机前的 VMware 虚拟化软件界面

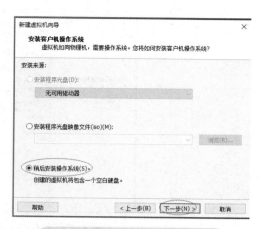

图 2-3 新建虚拟机向导画面 1

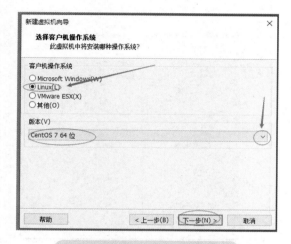

图 2-4 新建虚拟机向导画面 2

图 2-5 新建虚拟机向导画面 3

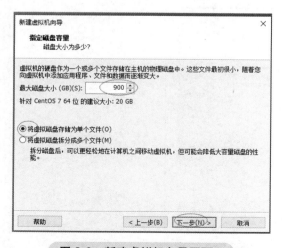

图 2-6 新建虚拟机向导画面 4

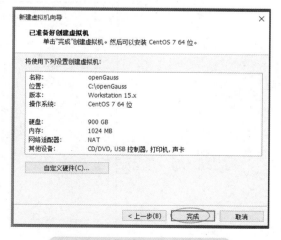

图 2-7 新建虚拟机向导画面 5

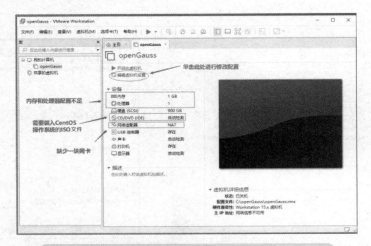

图 2-8　创建完虚拟机后的 VMware 虚拟化软件界面

图 2-9　修改虚拟机的内存配置

图 2-10　修改虚拟机的 CPU 数量

图 2-11　为虚拟光驱放入 ISO 文件画面 1

图 2-12　为虚拟光驱放入 ISO 文件画面 2

图 2-13　为虚拟机修改网卡类型为 Host-only

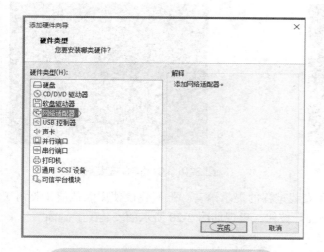

图 2-14　为虚拟机添加一块 NAT 类型的
网卡画面 1

图 2-15　为虚拟机添加一块 NAT 类型的
网卡画面 2

至此，我们创建了一台 CentOS 虚拟机，拥有 4GB 内存、4 个 CPU、一块 900GB 硬盘、两个网卡（1 个是 Host-only 类型，1 个是 NAT 类型），并已在虚拟光驱中装载了 CentOS 7.6 安装光盘，如图 2-16 所示。

三、安装 CentOS 7.6

安装 CentOS 7.6 Linux 服务器的过程如图 2-16~ 图 2-26 所示。首先启动 openGauss 虚拟机，单击虚拟机的启动按钮（见图 2-16），稍等片刻出现如图 2-17 所示的画面，在键盘上按方向键"↑"键，将白色亮条移动到"Install CentOS 7"（见图 2-18），然后按回车键，开始安装 CentOS 7.6。

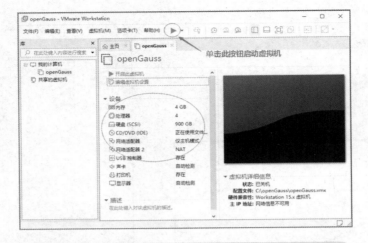

图 2-16　用于安装 openGauss DBMS 的 VMware 虚拟机

图 2-17　CentOS 安装画面 1

图 2-18　CentOS 安装画面 2

在图 2-19 所示的 CentOS 安装画面选择安装过程的提示语言。强烈建议使用默认值（英语），不要选中文。然后单击图 2-19 中的"Continue"按钮，出现如图 2-20 所示的安装配置画面。

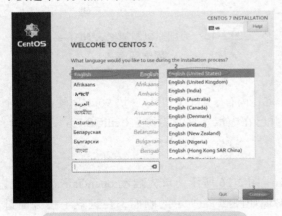

图 2-19　选择安装过程的提示语言

图 2-20　安装配置画面

首先配置系统的日期和时间，单击图 2-20 中的"DATE & TIME"按钮，出现图 2-21 所示的为系统配置时区的画面。在"Region"栏选择"Asia"，"City"栏选择"Shanghai"，然后单击"Done"按钮，返回 CentOS 操作系统安装配置画面，如图 2-22 所示。

图 2-21　配置 CentOS 服务器所在的时区信息

图 2-22　选择配置要安装的软件

单击图 2-22 中的 "SOFTWARE SELECTION" 按钮，出现图 2-23 所示的软件选择画面。在图 2-23 左侧的软件安装选项栏中，选中 "Server with GUI" 单选按钮。为了简单起见，在第一次安装时，建议大家把右侧软件选项栏中所有软件都选上，等将来大家对这些软件熟悉以后，再根据自己的需要来选装一些软件包。然后单击 "Done" 按钮，返回到 CentOS 操作系统安装配置画面，如图 2-24 所示。

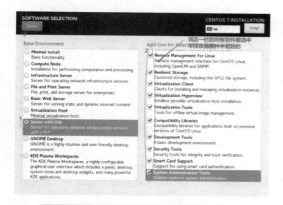

图 2-23　CentOS 软件安装选择画面

图 2-24　选择配置 CentOS 的目标安装位置

接下来单击图 2-24 中的 "INSTALLATION DESTINATION" 按钮，选择安装 CentOS 7.6 操作系统的目标硬盘。我们选择将操作系统安装在计算机的第一块盘 /dev/sda 上，并且由我们自己来控制 CentOS 安装后各个分区的大小（系统默认的分区大小并不适合生产环境，本安装实例的 Linux 操作系统硬盘分区方法，可在生产环境中使用，已经经过多年的生产实践验证，非常可靠）。在图 2-25 中选中 "I will configure partitioning." 单选按钮，然后再单击 "Done" 按钮，出现如图 2-26 所示的画面。在图 2-26 所示画面中，单击 "+" 按钮，开始配置 CentOS 操作系统的磁盘分区。按照图 2-27~图 2-35 所示，为 CentOS 配置磁盘分区。

第 1 个磁盘分区是 /boot 分区，建议大小为 20GiB（见图 2-27）；第 2 个磁盘分区是 / 分区，建议大小为 20GiB（见图 2-28）；第 3 个磁盘分区是 /home 分区，建议大小为 40GiB（见图 2-29）；第 4 个磁盘分区是 /var 分区，建议大小为 40GiB（见图 2-30）；第 5 个磁盘分区是 swap 分区，建议大小为 64GiB（见图 2-31）；第 6 个磁盘分区是 /opt 分区，建议大小为 40GiB（见图 2-32）；第 7 个磁盘分区是 /tmp 分区，建议大小为 20GiB（见图 2-33）；第 8 个磁盘分区是 /usr 分区，建议大小为 20GiB（见图 2-34）；第 9 个磁盘分区是 /toBeDeleted 分区，将剩余的空间都分配给它（见

华为openGauss开源数据库实战

图 2-35）。配置 /toBeDeleted 分区的原因是：CentOS 7 采用 LVM（逻辑卷管理）安装操作系统时，如果不把剩余的空间先分配给一个分区，将来没法将这部分剩余的空间用作逻辑卷的空闲空间，也就是说，无法使用这部分剩余的空间来扩大逻辑卷。笔者认为这是一个 Bug，因此采用先分配再删除回收空间的方法，绕过这个 Bug。

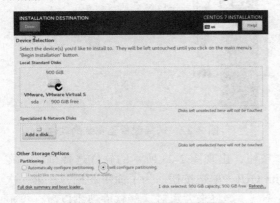

图 2-25　选择自定义配置分区

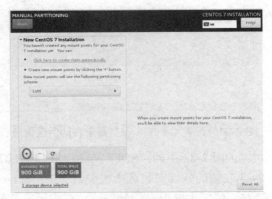

图 2-26　为 CentOS 操作系统盘添加磁盘分区

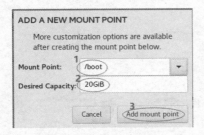

图 2-27　/boot 分区

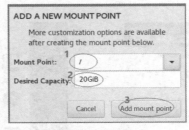

图 2-28　/ 分区

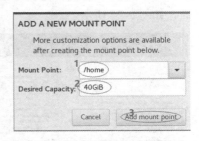

图 2-29　/home 分区

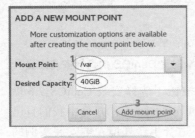

图 2-30　/var 分区

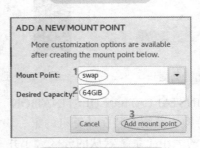

图 2-31　/swap 分区

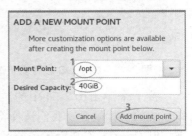

图 2-32　/opt 分区

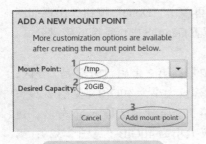

图 2-33　/tmp 分区

图 2-34　/usr 分区

图 2-35　/toBeDeleted 分区

在图 2-35 中单击"Add mount point"按钮，出现如图 2-36 所示的画面。在图 2-36 中单击

"Done"按钮，出现如图 2-37 所示的画面，请求确认刚刚完成的手动分区方案。在图 2-37 中单击
"Accept Changes"按钮，确认并接受刚才的分区方案，返回 CentOS 操作系统安装配置画面，如
图 2-38 所示。接下来在图 2-38 中单击"NETWORK & HOSTNAME"按钮，出现如图 2-39 所示
的画面，开始配置服务器上的网络和主机名。

图 2-36　手动分区结束时的画面

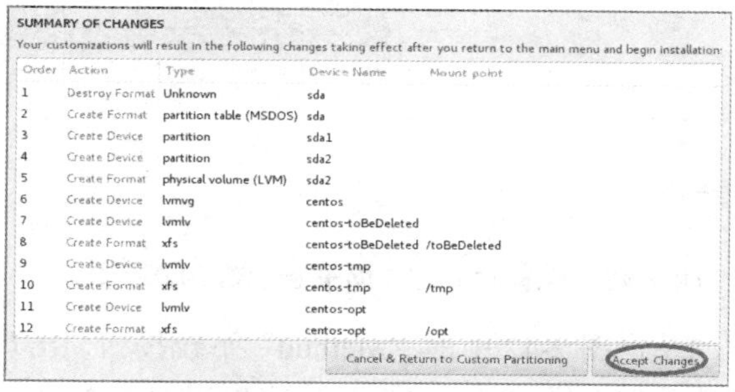

图 2-37　确认接受分区方案

图 2-38　选择配置 CentOS 的网络和主机名

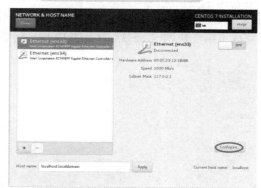

图 2-39　选择配置网卡 ens33

运行数据库系统的服务器一般都采用固定 IP 地址，因此我们需要手动配置网卡 ens33 的 IP 地
址，为 ens33 分配一个静态 IP 地址——192.168.100.91/24。在图 2-39 中，单击"Configure..."按
钮，出现如图 2-40 所示的网卡配置画面。在图 2-40 中单击"General"标签，出现如图 2-41 所示
的画面。在图 2-41 中选中"Automatically connect to this network when it is available"复选框，然
后再单击"IPv4 Settings"标签，出现如图 2-42 所示的画面。

图 2-40　配置 CentOS 网卡 ens33 的画面 1

图 2-41　配置 CentOS 网卡 ens33 的画面 2

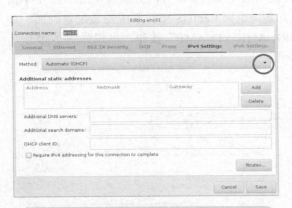

图 2-42　配置 CentOS 网卡 ens33 的画面 3

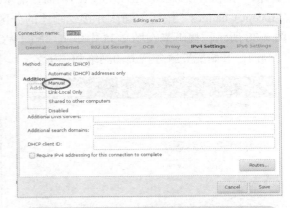

图 2-43　配置 CentOS 网卡 ens33 的画面 4

单击图 2-42 中的 "Method" 下拉按钮，出现如图 2-43 所示的配置画面，在 "Method" 的下拉选项中选择 "Manual" 后，将出现如图 2-44 所示的配置画面。在图 2-44 中单击 "Add" 按钮，出现如图 2-45 所示的配置画面。在图 2-45 中，为网卡 ens33 输入 IP 地址 "192.168.100.91"，子网掩码为 "255.255.255.0"，网关 IP 地址为 "0.0.0.0"，然后单击 "Save" 按钮保存网络设置，这就完成了第一块网卡 ens33 的手动 IP 地址设置，此时出现如图 2-46 所示的画面。

图 2-44　配置 CentOS 网卡 ens33 的画面 5

图 2-45　配置 CentOS 网卡 ens33 的画面 6

在图 2-46 中，单击 "ON" 按钮两次，确保网卡 ens33 是启动状态。

接下来配置 CentOS 服务器的第二块网卡 ens34（有的服务器网卡名也许不是 ens34）。我们将配置网卡 ens34 使用 VMware 虚拟化软件提供的 DHCP 服务。在图 2-46 中选中 "Ethernet（ens34）"，然后出现如图 2-47 所示的画面。在图 2-47 中单击 "OFF" 按钮，启动网卡 ens34，出现如图 2-48 所示的画面。在图 2-48 中单击 "Configure..." 按钮，出现如图 2-49 所示的画面。在图 2-49 中单击 "General" 标签，出现如图 2-50 所示的画面。

在图 2-50 中勾选 "Automatically connect to this network when it is available" 复选框，然后再单击 "Save" 按钮，出现如图 2-51 所示的画面。至此我们完成了网卡 ens34 的配置。

接下来我们要配置 CentOS 服务器的名字。在图 2-52 中的 "Host name" 文本框处输入主机的名字 "test"，并单击 "Apply" 按钮，出现如图 2-53 所示的画面。我们看到此时主机名已经变成了 "test"。在图 2-53 中单击 "Done" 按钮，完成主机名配置，返回 CentOS 操作系统安装配置画面，如图 2-54 所示。

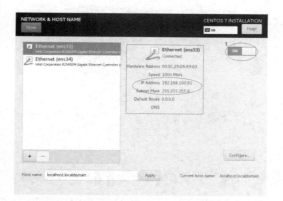

图 2-46 确保网卡 ens33 已经启动

图 2-47 配置第二块网卡 ens34 的画面 1

图 2-48 配置第二块网卡 ens34 的画面 2

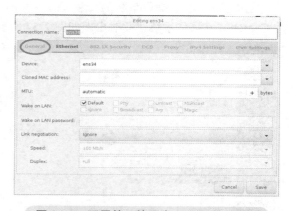

图 2-49 配置第二块网卡 ens34 的画面 2

图 2-50 配置第二块网卡 ens34 的画面 3

图 2-51 配置第二块网卡 ens34 的画面 4

华为openGauss开源数据库实战

图 2-52　配置 CentOS 服务器的主机名画面 1　　　　图 2-53　配置 CentOS 服务器的主机名画面 2

接下来要配置 CentOS 操作系统的语言支持。在图 2-54 中单击"LANGUAGE SUPPORT"按钮，出现如图 2-55 所示的画面。按图 2-55 所示选中所有的中文，其他的语言根据需要额外进行选择。选完之后，单击"Done"按钮，返回图 2-56 所示的 CentOS 操作系统安装配置画面。至此，我们完成了 CentOS 操作系统的安装配置。在图 2-56 中，单击"Begin Installation"按钮，开始安装 CentOS 7.6 操作系统，此时出现如图 2-57 所示的 CentOS 操作系统安装画面。

图 2-54　选择配置 CentOS 的语言支持　　　　　　图 2-55　配置语言支持

图 2-56　配置结束开始安装　　　　　　　　图 2-57　CentOS 操作系统安装画面 1

在 CentOS 操作系统安装过程中，单击图 2-57 中的"ROOT PASSWORD"按钮为 root 用户设置密码，出现如图 2-58 所示的画面。在文本框中输入 root 用户的密码"root123"（输入两处，两处输入的密码要一致；此处的密码为举例，也可选用其他自己喜欢的密码，后文的密码规则同此，不再赘述），然后单击"Done"按钮返回图 2-59 所示的操作系统安装画面。在图 2-59 中单击"USER CREATION"按钮，出现如图 2-60 所示的画面。我们要创建一个名为 test 的普通用户，因此在图 2-60 的"Full name"栏输入用户的名字"test"，在"Password"栏输入用户 test 的密码"test123"，在"Confirm password"栏再次输入用户 test 的密码"test123"，单击"Done"按钮返回操作系统安装界面，如图 2-61 所示。耐心等待 CentOS 操作系统安装，直到出现如图 2-62 所示的画面。在图 2-62 中单击右下角的"Reboot"按钮，重新启动 CentOS 服务器。耐心等待一会儿，出现如图 2-63 所示的画面，然后可以进行 CentOS 第一次启动后的初始配置。

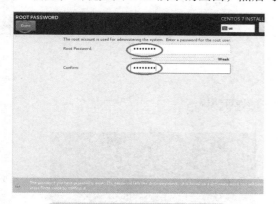

图 2-58 为 root 用户设置密码

图 2-59 CentOS 操作系统安装画面 2

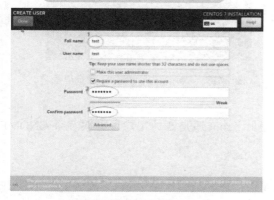

图 2-60 创建用户 test

图 2-61 CentOS 操作系统安装画面 3

图 2-62 CentOS 安装结束等待重新启动

图 2-63 CentOS 第一次启动后的初始配置

在图 2-63 中单击"LICENSE INFORMATION"按钮，出现如图 2-64 所示的画面，要求用户接受软件的许可协议。在图 2-64 中勾选"I accept the license agreement"复选框，然后单击"Done"按钮，出现如图 2-65 所示的画面，继续单击"FINISH CONFIGURATION"按钮，稍等片刻，等待 CentOS 7.6 服务器完成启动，最后出现如图 2-66 所示的 GNOME 登录界面。

图 2-64　接受 CentOS 的许可协议

图 2-65　完成初始配置

图 2-66　CentOS GNOME 登录界面

四、Linux 用户首次登录 GNOME

Linux 用户，无论是超级用户（也称为系统管理员）root 还是普通用户，首次登录 GNOME 图形界面时，需要进行一些设置。

1. root 用户登录 GNOME 后的配置操作

按图 2-67~ 图 2-74 所示进行操作，完成 Linux 超级用户 root 首次登录到 CentOS 7.6 GNOME 图形界面后的配置操作。

图 2-67　输入用户名"root"

图 2-68　输入 root 用户的密码"root123"

图 2-69　选择 GNOME 使用的语言

图 2-70　选择键盘

图 2-71　配置隐私设置

图 2-72　配置网络连接账号

图 2-73　GNOME 配置结束

图 2-74　结束配置

2. 打开一个 Linux 终端窗口

在图形界面中，打开一个 Linux 终端窗口，可以运行操作系统命令和程序。按图 2-75 所示，先用鼠标右键单击工作区，在弹出的快捷菜单中选择"Open Terminal"，打开一个 Linux 终端窗口，如图 2-76 所示。

3. 删除逻辑卷 centos/toBeDeleted

在 CentOS 7.6 操作系统安装完成后，应当删除 /toBeDeleted 目录及其所在的卷，释放的空间将作为空闲磁盘空间，在将来必要的时候，分配给其他的操作系统卷使用。比如说将来 /opt 文件系统空间不足了（openGauss DBMS 的软件和数据库都在这个目录上），可以利用空闲的磁盘空间来扩大 /opt 文件系统所在卷的大小。

图 2-75　打开一个 Linux 终端窗口 1

图 2-76　打开一个 Linux 终端窗口 2

在 Linux 终端窗口中，使用 root 用户执行下面的命令，查看 CentOS 上的逻辑卷组：

```
[root@test ~]# vgs
  VG    #PV #LV #SN Attr  VSize      VFree
  centos  1  8  0 wz--n-    <890.00g  4.00m
[root@test ~]#
```

可以看到，目前 CentOS 上有一个叫作 centos 的卷组。

执行下面的命令，查看逻辑卷组 centos 的情况：

```
[root@test ~]# vgdisplay centos
  --- Volume group ---
  VG Name               centos
  System ID
  Format                lvm2
  Metadata Areas        1
  Metadata Sequence No  9
  VG Access             read/write
  VG Status             resizable
  MAX LV                0
  Cur LV                8
  Open LV               8
  Max PV                0
  Cur PV                1
  Act PV                1
  VG Size               <890.00 GiB
  PE Size               4.00 MiB
  Total PE              227839
  Alloc PE / Size       227838 / 889.99GiB      900GiB 的硬盘，基本上被使用光了！
  Free  PE / Size       1 / 4.00MiB             几乎没有空闲空间了！
  VG UUID               tE2dim-iJAH-GBd3-UF8s-PIfl-uSuR-BekMsx
[root@test ~]#
```

从上面的输出可以看到，目前卷组 centos 只有 1 个空闲的 PE（4MB 大小），几乎没有空闲空间了。

执行下面的命令，查看目前操作系统上的逻辑卷信息：

```
[root@test ~]# lvs
  LV         VG     Attr      LSize      Pool Origin Data% Meta%  Move Log Cpy%Sync Convert
  home       centos -wi-ao----  40.00g
```

```
    opt          centos -wi-ao----      40.00g
    root         centos -wi-ao----      10.00g
    swap         centos -wi-ao----      64.00g
    tmp          centos -wi-ao----      20.00g
    toBeDeleted  centos -wi-ao----     655.99g      这个逻辑卷占用了 655.99GiB 空间
    usr          centos -wi-ao----      20.00g
    var          centos -wi-ao----      40.00g
[root@test ~]#
```

可以看到名为 centos 的卷组中，逻辑卷 toBeDeleted 占用了 655.99GB 的空间。当初我们配置这个逻辑卷，是因为 CentOS 的 LVM 有个小 Bug，在安装的时候不把空间分配出去，以后就没法使用这些空间了。因此才采用绕过这个 Bug 的办法：先占用再删除。现在是时候删除 /toBeDelete目录所在的逻辑卷 toBeDeleted 了，删除后这些空间可以作为 centos 物理卷的 free PE。

执行如下步骤删除 /toBeDelete 目录所在的逻辑卷：

1）执行下面的命令，查看当前 CentOS 上文件系统的挂接情况：

```
[root@test ~]# df -h
Filesystem                        SizeUsed Avail Use% Mounted on
/dev/mapper/centos-root           10G   123M  9.9G   2% /
devtmpfs                          1.9G    0   1.9G   0% /dev
tmpfs                             1.9G   12K  1.9G   1% /dev/shm
tmpfs                             1.9G   13M  1.9G   1% /run
tmpfs                             1.9G    0   1.9G   0% /sys/fs/cgroup
/dev/mapper/centos-usr            20G   5.4G   15G  27% /usr
/dev/sda1                         10G   180M  9.9G   2% /boot
/dev/mapper/centos-tmp            20G   35M    20G   1% /tmp
/dev/mapper/centos-var            40G   1.5G   39G   4% /var
/dev/mapper/centos-opt            40G   986M   40G   3% /opt
/dev/mapper/centos-toBeDeleted   656G   33M   656G   1% /toBeDeleted
/dev/mapper/centos-home           40G   33M    40G   1% /home
tmpfs                            378M  4.0K  378M   1% /run/user/42
tmpfs                            378M   32K  378M   1% /run/user/0
/dev/sr0                         4.3G  4.3G     0  100% /run/media/root/CentOS 7 x86_64
[root@test ~]#
```

2）执行下面的命令，卸载文件系统挂接点 /toBeDeleted：

```
[root@test ~]# umount /toBeDeleted
[root@test ~]#
```

3）执行下面的命令，删除 /etc/fstab 文件中关于挂接点 /toBeDeleted 的行：

```
[root@test ~]# cat /etc/fstab
#
# /etc/fstab
# Created by anaconda on Mon Nov  9 01:46:39 2020
#
# Accessible filesystems, by reference, are maintained under '/dev/disk'
# See man pages fstab(5), findfs(8), mount(8) and/or blkid(8) for more info
#
/dev/mapper/centos-root /                       xfs     defaults        0 0
```

```
UUID=fd048dc3-281c-4c01-a618-ad4aa1063a06 /boot xfs    defaults    0 0
/dev/mapper/centos-home /home              xfs    defaults    0 0
/dev/mapper/centos-opt  /opt               xfs    defaults    0 0
/dev/mapper/centos-tmp  /tmp               xfs    defaults    0 0
/dev/mapper/centos-toBeDeleted /toBeDeleted xfs   defaults    0 0
/dev/mapper/centos-usr  /usr               xfs    defaults    0 0
/dev/mapper/centos-var  /var               xfs    defaults    0 0
/dev/mapper/centos-swap swap               swap   defaults    0 0
[root@test ~]# sed -i '/toBeDeleted/d' /etc/fstab
[root@test ~]# cat /etc/fstab
#
# /etc/fstab
# Created by anaconda on Mon Nov  9 01:46:39 2020
#
# Accessible filesystems, by reference, are maintained under '/dev/disk'
# See man pages fstab(5), findfs(8), mount(8) and/or blkid(8) for more info
#
/dev/mapper/centos-root /                  xfs    defaults    0 0
UUID=fd048dc3-281c-4c01-a618-ad4aa1063a06 /boot xfs    defaults    0 0
/dev/mapper/centos-home /home              xfs    defaults    0 0
/dev/mapper/centos-opt  /opt               xfs    defaults    0 0
/dev/mapper/centos-tmp  /tmp               xfs    defaults    0 0
/dev/mapper/centos-usr  /usr               xfs    defaults    0 0
/dev/mapper/centos-var  /var               xfs    defaults    0 0
/dev/mapper/centos-swap swap               swap   defaults    0 0
[root@test ~]#
```

4）使用 root 用户，执行下面的命令，删除逻辑卷 toBeDeleted：

```
[root@test ~]# lvremove centos/toBeDeleted
Do you really want to remove active logical volume centos/toBeDeleted? [y/n]: y 确认要删除逻辑卷
Logical volume "toBeDeleted" successfully removed.
[root@test ~]#
```

5）使用 root 用户，执行 lvs 命令，查看删除逻辑卷 toBeDeleted 后的情况：

```
[root@test ~]# lvs
  LV   VG     Attr       LSize Pool Origin Data% Meta% Move Log Cpy%Sync Convert
  home centos -wi-ao---- 40.00g
  opt  centos -wi-ao---- 40.00g
  root centos -wi-ao---- 10.00g
  swap centos -wi-ao---- 64.00g
  tmp  centos -wi-ao---- 20.00g
  usr  centos -wi-ao---- 20.00g
  var  centos -wi-ao---- 40.00g
[root@test ~]#
```

我们发现逻辑卷 toBeDeleted 已经被删除掉了。

使用 root 用户，执行 vgdisplay 命令，查看删除逻辑卷 toBeDeleted 后卷组 centos 的情况：

```
[root@test ~]# vgdisplay centos
  --- Volume group ---
```

```
VG Name                centos
System ID
Format                 lvm2
Metadata Areas         1
Metadata Sequence No 10
VG Access              read/write
VG Status              resizable
MAX LV                 0
Cur LV                 7
Open LV                7
Max PV                 0
Cur PV                 1
Act PV                 1
VG Size                <890.00GiB
PE Size                4.00MiB
Total PE               227839
Alloc PE / Size        59904 / 234.00GiB
Free  PE / Size        167935 / <656.00GiB
VG UUID                tE2dim-iJAH-GBd3-UF8s-PIfl-uSuR-BekMsx
[root@test ~]#
```

从上面的输出可以看到，现在 centos 的物理卷有 167935 个空闲的 PE 了（大概是 656GB），这些空间在以后可以分配给其他的逻辑卷（如 /opt 目录所在的逻辑卷 centos/opt）。

4. 扩展逻辑卷 centos/opt 到 200GB

使用 root 用户，执行下面的命令，扩展逻辑卷 centos/opt 的大小到 200GB：

```
[root@test ~]# lvextend -L 200G /dev/centos/opt
  Size of logical volume centos/opt changed from 40.00GiB (10240 extents) to 200.00GiB (51200 extents).
  Logical volume centos/opt successfully resized.
[root@test ~]#
```

使用 root 用户，执行下面的命令，扩展逻辑卷 centos/opt 上的 xfs 文件系统：

```
[root@test ~]# xfs_growfs /dev/centos/opt
meta-data=/dev/mapper/centos-opt isize=512    agcount=4, agsize=2621440 blks
         =                       sectsz=512    attr=2, projid32bit=1
         =                       crc=1         finobt=0 spinodes=0
data     =                       bsize=4096    blocks=10485760, imaxpct=25
         =                       sunit=0       swidth=0 blks
naming   =version 2              bsize=4096    ascii-ci=0 ftype=1
log      =internal               bsize=4096    blocks=5120, version=2
         =                       sectsz=512    sunit=0 blks, lazy-count=1
realtime =none                   extsz=4096    blocks=0, rtextents=0
data blocks changed from 10485760 to 52428800
[root@test ~]#
```

使用 root 用户，执行下面的命令，查看目前 CentOS 7.6 上文件系统的情况：

```
[root@test ~]# df -hT
Filesystem              Type      Size    Used    Avail  Use%   Mounted on
/dev/mapper/centos-root xfs       10G     123M    9.9G   2%     /
devtmpfs                devtmpfs  1.9G    0       1.9G   0%     /dev
```

tmpfs	tmpfs	1.9G	12K	1.9G	1%	/dev/shm
tmpfs	tmpfs	1.9G	13M	1.9G	1%	/run
tmpfs	tmpfs	1.9G	0	1.9G	0%	/sys/fs/cgroup
/dev/mapper/centos-usr	xfs	20G	5.4G	15G	27%	/usr
/dev/sda1	xfs	10G	180M	9.9G	2%	/boot
/dev/mapper/centos-tmp	xfs	20G	35M	20G	1%	/tmp
/dev/mapper/centos-var	xfs	40G	1.5G	39G	4%	/var
/dev/mapper/centos-opt	xfs	200G	986M	200G	1%	/opt 已经扩展到 200GiB 了！
/dev/mapper/centos-home	xfs	40G	33M	40G	1%	/home
tmpfs	tmpfs	378M	4.0K	378M	1%	/run/user/42
tmpfs	tmpfs	378M	32K	378M	1%	/run/user/0
/dev/sr0	iso9660	4.3G	4.3G	0	100%	/run/media/root/CentOS 7 x86_64

[root@test ~]#

可以看到，/opt 目录所在的逻辑卷和文件系统已经扩展到 200GB 大小了。

五、在宿主机和虚拟机之间传输数据

可以使用 FileZilla 客户端软件在 Win10 宿主机和 CentOS 虚拟机之间传输数据。

1. 下载 FileZilla 客户端软件介质

FileZilla 客户端软件介质的下载地址为 https://filezilla-project.org/，如图 2-77 所示。

图 2-77　下载 FileZilla 客户端程序的页面

2. 安装 FileZilla 客户端

在 Win10 宿主机上安装 FileZilla 客户端软件。这比较简单，启动安装程序后，按照提示一步一步安装即可。

FileZilla 客户端软件的使用方法，将在任务三中进行说明。

六、运行安装有 openGauss 的 Docker 镜像

如果想自己在 CentOS 7 上安装 openGauss DBMS，可以跳过这一节，按照任务三的指导安装 openGauss DBMS。

如果不想自己安装 openGauss DBMS，可以运行已经安装好 openGauss DBMS 的 Docker 镜像来测试 openGauss 数据库。

1. 安装 Docker 软件

执行下面的命令，为 CentOS 安装 Docker 软件：

yum -y install docker

2. 启动 Docker

使用超级用户 root，执行下面的命令，查看当前 Docker 的状态：

```
[root@test ~]# systemctl status docker
● docker.service - Docker Application Container Engine
  Loaded: loaded (/usr/lib/systemd/system/docker.service; disabled; vendor preset: disabled)
  Active: inactive (dead)
   Docs: http://docs.docker.com
[root@test ~]#
```

可以看出，目前 Docker 还未启动运行。使用超级用户 root，执行下面的命令，配置在启动 CentOS 操作系统后自动启动 Docker：

```
[root@test ~]# systemctl enable docker
Created symlink from /etc/systemd/system/multi-user.target.wants/docker.service to /usr/lib/systemd/system/docker.service.
[root@test ~]# systemctl start docker
[root@test ~]#
```

3. 拉取安装有 openGauss 的 Docker 镜像

执行下面的命令，配置 openGauss 的 Docker 镜像源：

```
[root@test ~]# cat>/etc/docker/daemon.json<<EOF
> {
> "registry-mirrors": ["https://oinh00fc.mirror.aliyuncs.com"]
> }
> EOF
[root@test ~]#
```

执行下面的命令，搜索 openGauss 的 Docker 镜像源：

```
[root@test ~]# docker search opengauss
INDEX    NAME           DESCRIPTION          STARS      OFFICIAL     AUTOMATED
docker.io docker.io/enmotech/opengauss  openGauss latest images created by Enmotech      6
docker.io docker.io/aff123/opengauss     aff 学习 opengauss                              0
docker.io docker.io/blueapple/opengauss  opengauss 1.0.0 CentOS 7.8.2003                 0
docker.io docker.io/fibird/opengauss                                                     0
docker.io docker.io/gaobo1997/opengauss_compile    OpenGauss Compile Environment        0
docker.io docker.io/travelliu/opengauss                                                  0
[root@test ~]#
```

执行下面的命令，拉取 openGauss 的 Docker 镜像：

```
[root@test ~]# docker pull enmotech/opengauss:1.0.1
Trying to pull repository docker.io/enmotech/opengauss ...
1.0.1: Pulling from docker.io/enmotech/opengauss
Digest: sha256:d1aa6c3b5062a03b6f8ec3f7bae8a388e027df443a2c992c60e8e909ac91101b
Status: Image is up to date for docker.io/enmotech/opengauss:1.0.1
[root@test ~]#
```

执行下面的命令，查看本机已经拉取的 openGauss 的 Docker 镜像：

```
[root@test ~]# docker images
REPOSITORY                    TAG       IMAGE ID       CREATED        SIZE
docker.io/enmotech/opengauss  latest    80711c4eb80a   7 weeks ago    485 MB
[root@test ~]#
```

4. 启动 openGauss 的 Docker 镜像

执行下面的命令，启动 openGauss 数据库的 Docker 镜像：

```
[root@test ~]# docker run --name opengaussnet --privileged=true -d -e \
>GS_PASSWORD=Passw0rd@1234 -v /enmotech/opengauss:/var/lib/opengauss \
>  enmotech/opengauss:1.0.1
12e89f2cd79d7f55da13b00de5e97b653b3083cc42a2af50ebdf68d10aba1f6b
[root@test ~]#
```

参数说明：Docker 镜像中 openGauss 的所有数据文件（在 /var/lib/opengauss 目录下），存储在宿主机的 /enmotech/opengauss 目录下；宿主机的 /enmotech/opengauss 目录如果不存在，会自动创建，但是必须是绝对路径。Docker 对其拥有读写权限。

5. 进入 openGauss 的 Docker 镜像

执行下面的命令，查看目前系统正在运行的 Docker 镜像：

```
[root@test ~]# docker ps -a
CONTAINER ID        IMAGE                      COMMAND              CREATED
STATUS              PORTS                      NAMES
12e89f2cd79d        enmotech/opengauss:1.0.1   "entrypoint.sh gau..."    22 minutes ago
Exited (0) 6 minutes ago                       opengauss
[root@test ~]#
```

注意到上面的镜像 ID 是 "12e89f2cd79d"（你测试的时候，不一定是这个值，请相应修改）。执行下面的命令，进入 openGauss 的 Docker 镜像：

docker exec -it 12e89f2cd79d bash

6. 在 openGauss 的 Docker 镜像中测试

```
[root@12e89f2cd79d /]# su - omm
Last login: Mon Nov 23 09:59:21 UTC 2020
[omm@12e89f2cd79d ~]$ gsql -r
gsql ((openGauss 1.0.1 build e9da9fb9) compiled at 2020-10-01 13:58:32 commit 0 last mr  )
Non-SSL connection (SSL connection is recommended when requiring high-security)
Type "help" for help.
omm=#
```

运行下面的脚本准备用户 student、表空间 student_ts、数据库 studentdb：

```
omm=#
CREATE USER student IDENTIFIED BY 'student@ustb2020';
ALTER USER student SYSADMIN;
-- 创建表空间 student_ts
CREATE TABLESPACE student_ts RELATIVE LOCATION 'tablespace/student_ts1';
CREATE DATABASE studentdb WITH TABLESPACE =student_ts;
\q
[omm@0977caf5a01e ~]$
```

　　按照本书任务五的指导，创建准备数据集的脚本 create_db_tables.sql 和 load_data.sql。创建完脚本后，执行这两个脚本，导入 openGauss 测试数据集。

　　7. 关闭安装有 openGauss 的 Docker 镜像

　　执行下面的命令，退出并停止安装有 openGauss 的 Docker 镜像：

```
[omm@12e89f2cd79d ~]$ exit
logout
[root@12e89f2cd79d /]# exit
exit
[root@test ~]# docker ps -a
CONTAINER ID        IMAGE                       COMMAND               CREATED
      STATUS        PORTS                       NAMES
12e89f2cd79d        enmotech/opengauss:1.0.1    "entrypoint.sh gau..."  15 minutes ago
Up About a minute     5432/tcp                  opengauss
[root@test ~]# docker stop 12e89f2cd79d
12e89f2cd79d
[root@test ~]# docker ps -a
CONTAINER ID        IMAGE                       COMMAND               CREATED
STATUS              PORTS                       NAMES
12e89f2cd79d        enmotech/opengauss:1.0.1    "entrypoint.sh gau..."  16 minutes ago
Exited (0) About a minute ago                   opengauss
[root@test ~]#
```

　　8. 服务器重新启动后启动 openGauss 的 Docker 镜像

　　执行下面的命令重新启动安装有 openGauss 数据库的 Docker 镜像：

```
[root@test ~]# docker ps -a
CONTAINER ID        IMAGE                       COMMAND               CREATED
STATUS              PORTS                       NAMES
12e89f2cd79d        enmotech/opengauss:1.0.1    "entrypoint.sh gau..."  22 minutes ago
Exited (0) 6 minutes ago                        opengauss
[root@test ~]# docker    start    12e89f2cd79d
12e89f2cd79d
[root@test ~]#
```

　　执行下面的命令，登录 openGauss 数据库：

```
[root@test ~]# docker exec -it 12e89f2cd79d bash
[root@12e89f2cd79d /]# su - omm
Last login: Mon Nov 23 09:59:21 UTC 2020
[omm@12e89f2cd79d ~]$ gsql -d studentdb -U student -W student@ustb2020 -r -q
studentdb=>
```

任务目标

在 CentOS 7.6 单机上安装 openGauss DBMS，为学习 openGauss DBMS 准备数据库环境。

实施步骤

一、配置 CentOS 7.6 操作系统

需要对 CentOS 7.6 操作系统进行一些配置，才能满足安装 openGauss DBMS 的要求。

1. 关闭 CentOS 防火墙

用 Linux 超级用户 root，执行下面的命令，停止和关闭防火墙：

```
### 停止 firewall
systemctl stop firewalld.service
### 禁止 firewall 开机启动
systemctl disable firewalld.service
```

2. 关闭 SELinux

用 Linux 超级用户 root，执行下面的命令，关闭 SELinux：

```
### 关闭 SELinux，需要重新启动
getenforce
sed -i 's/^SELINUX=.*/SELINUX=disabled/' /etc/selinux/config
setenforce 0
getenforce
```

3. 配置主机名和 /etc/hosts 文件

如果使用本书提供的 CentOS 7.6 VMware 虚拟机文件 openGaussTestOS.rar 来安装 openGauss DBMS，可用跳过这一节的命令。

如果你安装的 CentOS 服务器的主机名字目前不是 test（示例中服务器当前的主机名为 zqf），为了能按照本实验指导书一步步地安装 openGauss DBMS，请用 root 用户执行下面的命令，修改服务器的主机名为 test：

```
hostnamectl set-hostname test
```

重新打开一个 Linux 终端窗口，用 Linux 超级用户 root，执行下面的命令，在文件 /etc/hosts 中添加一行内容：

```
cat>>/etc/hosts <<EOF
192.168.100.91 test
EOF
```

4. 配置库搜索路径

用 Linux 超级用户 root，执行下面的命令，配置库搜索路径：

```
cat>> /etc/profile<<EOF
export LD_LIBRARY_PATH=/opt/software/openGauss/script/gspylib/clib:$LD_LIBRARY_PATH
EOF
```

5. 配置网络参数

用 Linux 超级用户 root，执行下面的命令，配置 Linux 上的网络参数：

```
[root@test ~]# cat>>/etc/sysctl.conf<<EOF
> net.ipv4.ip_local_port_range = 26000 65500
> net.ipv4.tcp_rmem = 4096 87380 4194304
> net.ipv4.tcp_wmem = 4096 16384 4194304
> net.ipv4.conf. ens33.rp_filter = 1
>
> net.ipv4.tcp_fin_timeout=60
> net.ipv4.tcp_retries1=5
> net.ipv4.tcp_syn_retries=5
> net.sctp.path_max_retrans=10
> net.sctp.max_init_retransmits=10
> EOF
[root@test ~]#
```

注意：

1）请确认你的虚拟机对外服务的网卡名字是否为 ens33。如果不是 ens33，而是其他的（如 ens35），请将 net.ipv4.conf.ens33.rp_filter = 1 修改为 net.ipv4.conf.ens35.rp_filter = 1。

2）如果对外工作的网卡 ens33 是万兆网卡，需要将其 MTU 参数设置为 8192：

```
cat>> /etc/profile<<EOF
ifconfig ens33 mtu 8192
EOF
```

在本书提供的 VMware 虚拟机实验环境中不能配置此项，否则安装会失败。

6. 设置 root 用户远程登录

使用 root 用户，执行下面的命令，允许 root 用户 ssh 远程登录：

```
[root@test ~]# sed -i 's/^#Banner .*/Banner none/' /etc/ssh/sshd_config
[root@test ~]# sed -i 's/^#PermitRootLogin .*/PermitRootLogin yes/' /etc/ssh/sshd_config
[root@test ~]# systemctl restart sshd
[root@test ~]#
```

7. 配置文件系统参数、系统支持的最大进程数

使用 root 用户，执行下面的命令，配置文件系统参数和每个用户的最大进程数：

```
[root@test ~]# echo "* soft nofile 1000000" >>/etc/security/limits.conf
[root@test ~]# echo "* hard nofile 1000000" >>/etc/security/limits.conf
[root@test ~]# echo "* soft nproc unlimited" >>/etc/security/limits.conf
[root@test ~]# echo "* hard nproc unlimited" >>/etc/security/limits.conf
[root@test ~]#
```

说明：

1）hard 表示硬限制，soft 表示软限制，软限制要小于或等于硬限制。

2）nofile 表示任何用户能打开的最大文件数量（此处为 1000000），不管它开启多少个 shell。

3）nproc 用来限制每个用户的最大进程数量，此处无限制。

8. 安装 Python 3.6

使用 root 用户，执行下面的命令，安装 Python 3 并查看 Python 3 的版本：

```
yum install -y openssl*
yum install -y python3*
python3 -V
```

二、重新启动服务器

使用 root 用户，执行下面的命令，重新启动 CentOS 7 服务器：

```
[root@test ~]# reboot
```

三、创建介质目录

使用 root 用户，执行下面的命令，创建存放 openGauss 数据库安装包的目录：

```
[root@test ~]# mkdir -p /opt/software/openGauss
[root@test ~]# chmod 755 -R /opt/software
[root@test ~]#
```

四、下载 openGauss DBMS 介质

openGauss DBMS 介质的下载地址为 https://opengauss.org/zh/download.html，如图 3-1 所示。

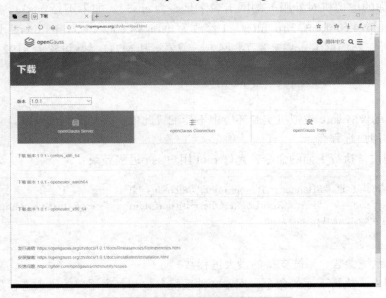

图 3-1　openGauss 软件下载页面

五、上传 openGauss DBMS 介质

1. 确保已经配置好网络环境

首先需要确保你已经在硬件宿主机的操作系统 Win10 上，按照任务一的方法，将 VMware 虚拟网卡 VMnet1 的 IP 地址配置为 192.168.100.1，子网掩码配置为 255.255.255.0。

然后需要确认你已经在 CentOS 7.6 虚拟机上配置了一块 Host-only 类型的网卡，并将其 IP 地址配置为 192.168.100.91，子网掩码配置为 255.255.255.0。

将本书提供的虚拟机文件 openGaussTestOS.rar 释放后，运行虚拟机时会出现如图 3-2 所示的画面，应单击"我已移动该虚拟机"按钮。CentOS 7.6 启动后，虚拟机的网络地址已经被配置为 192.168.100.91/255.255.255.0。

图 3-2　选择"我已移动该虚拟机"可以保持虚拟机的网络配置

2. 配置 FileZilla 连接 CentOS 7 服务器

如图 3-3 所示，依次输入 CentOS 主机的 IP 地址"192.168.100.91"、用户名"root"、密码"root123"、端口号"22"，然后敲回车键，出现如图 3-4 所示的画面。按图 3-4 所示进行操作后，就能成功连接到要安装 openGauss DBMS 的 CentOS 服务器，出现如图 3-5 所示的画面。

图 3-3　配置 FileZilla 连接 CentOS 服务器

图 3-4　让 FileZilla 信任新密钥

图 3-5　FileZilla 连接到 CentOS 服务器

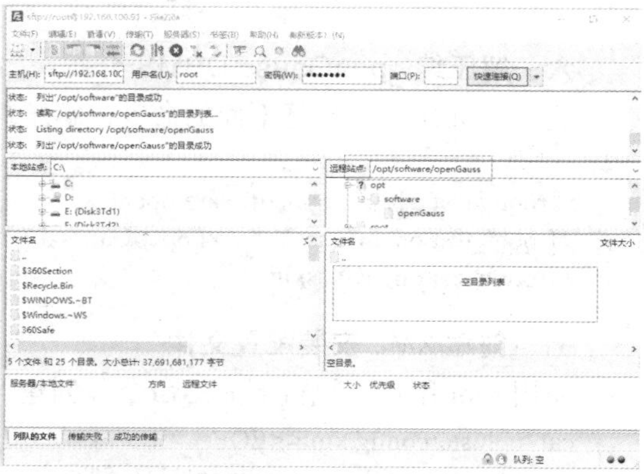

图 3-6　上传 openGauss 安装介质的目录

在图 3-5 中"远程站点"栏输入目录名"/opt/software/openGauss"，openGauss 1.0.1 数据库安装介质将上传到这个目录里，然后敲回车键，出现如图 3-6 所示的画面。

在 Win10 宿主机打开一个资源管理器，转到 openGauss 1.0.1 数据库安装介质所在的目录，如图 3-7 所示，然后将文件 openGauss-1.0.1-CentOS-64bit.tar 拖拽到 FileZilla 上，如图 3-8 所示。

华为openGauss开源数据库实战

图 3-7　宿主机 Win10 上的 openGauss DBMS 介质目录

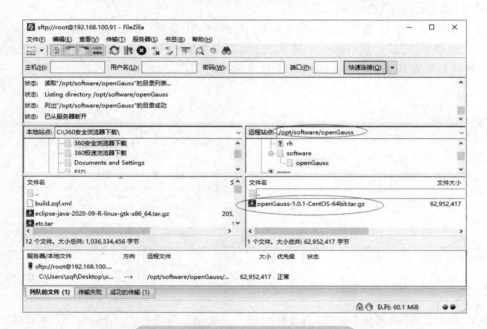

图 3-8　上传 openGauss DBMS 介质

六、解压缩 openGauss DBMS 介质

使用 root 用户，执行下面的命令，解压缩 openGauss DBMS 安装包：

```
[root@test ~]# cd /opt/software/openGauss
[root@test openGauss]# tar xf openGauss-1.0.1-CentOS-64bit.tar.gz
[root@test openGauss]#
```

七、创建 XML 安装配置文件

使用 root 用户，执行下面的命令，创建 XML 安装配置文件：

```
cat > clusterconfig.xml<<EOF
<?xml version="1.0" encoding="UTF-8"?>
<ROOT>
        <!-- oenGgauss 数据库集群的信息 -->
        <CLUSTER>
        <!-- 数据库集群名称 -->
        <PARAM name="clusterName" value="dbCluster" />
        <!-- 数据库集群节点名称列表 -->
        <PARAM name="nodeNames" value="test" />
        <!-- 数据库安装目录 -->
```

```
            <PARAM name="gaussdbAppPath" value="/opt/gaussdb/app" />
            <!-- 日志目录 -->
            <PARAM name="gaussdbLogPath" value="/var/log/gaussdb" />
            <!-- 临时文件目录 -->
            <PARAM name="tmpMppdbPath" value="/opt/gaussdb/tmp" />
            <!-- 数据库工具目录 -->
            <PARAM name="gaussdbToolPath" value="/opt/gaussdb/wisequery" />
            <!-- 数据库 core 文件目录 -->
            <PARAM name="corePath" value="/opt/gaussdb/corefile"/>
            <!-- 数据库集群的节点 IP，与数据库集群节点名称列表一一对应 -->
            <PARAM name="backIp1s" value="192.168.100.91"/>
            <!-- 数据库集群的类型，本例为单实例安装 -->
            <PARAM name="clusterType" value="single-inst"/>
    </CLUSTER>

    <!-- oenGgauss 数据库集群的节点信息 -->
    <DEVICELIST>
            <!-- 集群节点 1 的信息 -->
            <DEVICE sn="1000001">
            <!-- 节点 1 的主机名 -->
            <PARAM name="name" value="test"/>
            <!-- 节点 1 所在的 AZ 和 AZ 优先级 -->
            <PARAM name="azName" value="AZ1"/>
            <PARAM name="azPriority" value="1"/>
            <!-- 节点 1 的 IP，如果节点服务器只有一个网卡，将 backIP1 和 sshIP1 配置成同一个 IP -->
            <PARAM name="backIp1" value="192.168.100.91"/>
            <PARAM name="sshIp1" value="192.168.100.91"/>
            <!--dbnode-->
            <PARAM name="dataNum" value="1"/>
            <PARAM name="dataPortBase" value="26000"/>
            <PARAM name="dataNode1" value="/opt/gaussdb/data/db1"/>
        </DEVICE>
      </DEVICELIST>
    </ROOT>
EOF
```

八、检查环境变量 LD_LIBRARY_PATH

进行检查之前，一定要执行下面的命令，确认已经设置了库查找路径：

```
[root@test openGauss]# echo $LD_LIBRARY_PATH
/opt/software/openGauss/script/gspylib/clib:
[root@test openGauss]#
```

如果显示如上的话，则表示已经设置好了库搜索路径。如果库搜索路径不包含 openGauss 的库，那么可以执行如下命令，临时设置库搜索路径：

export LD_LIBRARY_PATH=/opt/software/openGauss/script/gspylib/clib:$LD_LIBRARY_PATH

九、临时关闭 CentOS 的交换区（必须）

如果不关闭 CentOS 的交换区，openGauss DBMS 的安装前检查将无法正常通过。因此，需要使用 root 用户，执行下面的命令，临时关闭 CentOS 的交换区：

swapoff -a
free -g

十、安装前的交互式检查

在安装 openGauss DBMS 之前，执行下面的命令，进行交互式检查：

```
[root@test openGauss]# python3 /opt/software/openGauss/script/gs_preinstall -U omm -G dbgrp -X /opt/
software/openGauss/clusterconfig.xml
    Parsing the configuration file.
    Successfully parsed the configuration file.
    Installing the tools on the local node.
    Successfully installed the tools on the local node.
    Are you sure you want to create trust for root (yes/no)? yes          （在此处输入 yes）
    Please enter password for root.
    Password:（在此处输入 root 用户的密码 root123）
    Creating SSH trust for the root permission user.
    （……此处省略很多无用的显示）
    Successfully distribute package to package path.
    Successfully distributed package.
    Are you sure you want to create the user[omm] and create trust for it (yes/no)? yes（在此处输入 yes）
    Please enter password for cluster user.
    Password:（在此处输入用户 omm 的密码 omm123）
    Please enter password for cluster user again.
    Password:（在此处再次输入用户 omm 的密码 omm123）
    Successfully created [omm] user on all nodes.
    Preparing SSH service.
    Successfully prepared SSH service.
    （……此处省略很多无用的显示）
    Preinstallation succeeded.
[root@test openGauss]#
```

执行下面的命令，查看具体的检查信息：

```
[root@test openGauss]# /opt/software/openGauss/script/gs_checkos -i A -h test --detail
Checking items:
（……此处省略检查正常的参数显示）
        A11.  [ Network card configuration status ]              : Warning
              [test]
BondMode Null
              Warning reason: network 'ens33' 'mtu' RealValue '1500' ExpectedValue '8192'

        A12.  [ Time consistency status ]                        : Warning
              [test]
    The NTPD not detected on machine and local time is "2020-11-01 15:09:47".
    Total numbers:14. Abnormal numbers:0. Warning numbers:2.
[root@test openGauss]#
```

从输出可以看出，没有异常项了，只有两个警告：一个警告是网卡 ens33 的 MTU 参数，另外一个警告是 NTP 服务没有配置。这两个警告对于单机安装没有影响，可以忽略。

十一、修改安装脚本的权限

使用 root 用户，执行如下命令，修改安装脚本的属主和属组以及权限：

```
[root@test openGauss]# cd /opt/software/openGauss/script
[root@test script]# chmod -R 755 /opt/software/openGauss/script
```

```
[root@test script]# chown -R omm:dbgrp /opt/software/openGauss/script
[root@test script]#
```

十二、安装 openGauss DBMS

安装 openGauss DBMS 需要使用用户 omm，执行下面的命令，切换到用户 omm：

```
[root@test openGauss]# su - omm
Last login: Sun Nov  1 15:04:25 CST 2020 on pts/0
[omm@test ~]$
```

以 Linux 用户 omm 的身份执行下面的命令，开始安装 openGauss DBMS，创建数据库实例及数据库：

```
[omm@test ~]$ cd /opt/software/openGauss/script
[omm@test script]$ gs_install -X /opt/software/openGauss/clusterconfig.xml \
>          --gsinit-parameter="--encoding=UTF8" \
>          --dn-guc="max_connections=10" \
>       --dn-guc="max_process_memory=3GB" \
>       --dn-guc="shared_buffers=128MB" \
>       --dn-guc="bulk_write_ring_size=128MB" \
>       --dn-guc="cstore_buffers=16MB"Parsing the configuration file.
Check preinstall on every node.
Successfully checked preinstall on every node.
（……此处省略很多无用的显示）
begin init Instance..
encrypt cipher and rand files for database.
Please enter password for database:（在此输入 openGauss 数据库的初始密码 huawei@1234）
Please repeat for database:        （再次输入 openGauss 数据库的初始密码 huawei@1234）
begin to create CA cert files
（……此处省略很多无用的显示）
Successfully installed application.
end deploy..
[omm@test script]$
```

用户需根据提示输入数据库的密码，密码需要具有一定的复杂度。为保证用户正常使用该数据库，请记住输入的数据库密码。此处建议读者将密码设置为 huawei@1234。

十三、重新打开 CentOS 的交换区

在成功安装完 openGauss 数据库之后，笔者强烈建议重新打开交换区，这可以增强 openGauss 数据库在低内存服务器上的运行稳定性。

用 Linux 超级用户 root，执行下面的命令，重新打开 CentOS 7 系统的交换区：

```
[root@test script]# swapon -a
[root@test script]# free -g
              total        used        free      shared  buff/cache   available
Mem:              3           0           1           0           1           2
Swap:            63           0          63
[root@test script]#
```

十四、首次登录数据库

在 CentOS 中，使用用户 omm 执行下面的操作，登录到 openGauss 数据库，修改数据库的密码：

```
[omm@test script]$ gsql -d postgres -p 26000 -r
gsql ((openGauss 1.0.1 build 13b34b53) compiled at 2020-10-12 02:00:59 commit 0 last mr  )
Non-SSL connection (SSL connection is recommended when requiring high-security)
Type "help" for help.
postgres=# ALTER ROLE omm IDENTIFIED BY 'Passw0rd@ustb' REPLACE 'huawei@1234';
ALTER ROLE
postgres=#
```

执行下面的语句，检查数据库版本：

```
postgres=# show server_version;
 server_version
----------------
 9.2.4
(1 row)
postgres=#
```

执行下面的命令，查看帮助：

```
postgres=# help
You are using gsql, the command-line interface to gaussdb.
Type: \copyright for distribution terms
      \h for help with SQL commands
      \? for help with gsql commands
      \g or terminate with semicolon to execute query
      \q to quit
postgres=#
```

执行下面的命令，退出 gsql 客户端程序：

```
postgres=# \q
[omm@test script]$
```

任务目标

掌握 openGauss DBMS 的启动和关闭命令，以及如何查看 openGauss 数据库的状态。

特别提醒初学者：关闭 CentOS 7 操作系统之前，一定要先关闭 openGauss DBMS，然后再执行 Linux 的关机命令（shutdown）；启动 CentOS 7 之后，还需要启动 openGauss DBMS。

实施步骤

一、停止 openGauss 数据库

以 Linux 用户 omm 的身份，执行下面的命令，停止 openGauss DBMS：

```
[omm@test ~]$ gs_om -t stop
Stopping cluster.
=========================================
Successfully stopped cluster.
=========================================
End stop cluster.
[omm@test ~]$
```

二、查看数据库的状态

以 Linux 用户 omm 的身份，执行下面的命令，查看 openGauss DBMS 的状态信息：

```
[omm@test ~]$ gs_om -t status --detail
[  Cluster State  ]
cluster_state  : Unavailable
redistributing : No
current_az     : AZ_ALL
[ Datanode State  ]
node   node_ip     instance          state
--------------------------------------------------------------------
1 test 192.168.100.91  6001 /opt/gaussdb/data/db1 P Primary Manually stopped
[omm@test ~]$
```

三、关闭 CentOS 7 操作系统

在确认 openGauss DBMS 已经停止之后，可以使用 Linux 超级用户 root，执行关机命令 shutdown，关闭 CentOS 操作系统：

```
[root@test ~]# shutdown -h now
```

四、启动 CentOS 操作系统

给 CentOS 7 服务器上电之后，稍等一会儿，会启动到 CentOS 图形登录界面。

安装 openGauss DBMS 后，在 GNOME 图形登录界面直接使用用户 omm 登录 CentOS 操作系统，GNOME GUI 的显示会不正常，如图 4-1 所示。

图 4-1　使用用户 omm 登录系统 GNOME GUI 显示异常

变通的方法是，使用 root 用户登录到 CentOS 7（本书 root 用户的密码是 root123），然后打开一个 Linux 终端窗口，执行"su – omm"命令切换到用户 omm，如图 4-2 所示。

图 4-2　使用用户 omm 登录 CentOS 7 的变通方法

五、启动 openGauss 数据库
以 Linux 用户 omm 的身份，执行下面的命令，启动 openGauss DBMS：

```
[root@test ~]# su - omm
Last login: Mon Nov  9 22:03:03 CST 2020 on pts/1
[omm@test ~]$ gs_om -t start
Starting cluster.
=========================================
=========================================
Successfully started.
[omm@test ~]$
```

六、查看数据库的状态
以 Linux 用户 omm 的身份，执行下面的命令，查看 openGauss DBMS 的状态信息：

```
[omm@test ~]$ gs_om -t status --detail
[   Cluster State   ]
cluster_state   : Normal
redistributing  : No
current_az      : AZ_ALL
```

```
[ Datanode State  ]
node   node_ip        instance         state
--------------------------------------------------------------
1  test 192.168.100.91  6001 /opt/gaussdb/data/db1 P Primary Normal
[omm@test ~]$
```

使用"--all"选项，可以显示更为详细的信息：

```
[omm@test ~]$ gs_om -t status --all
----------------------------------------------------------------
cluster_state                   : Normal
redistributing                  : No
----------------------------------------------------------------
node                            : 1
node_name                       : test
node                            : 1
instance_id                     : 6001
node_ip                         : 192.168.100.91
data_path                       : /opt/gaussdb/data/db1
type                            : Datanode
instance_state                  : Primary
static_connections              : 0
HA_state                        : Normal
reason                          : Normal
sender_sent_location            : 0/0
sender_write_location           : 0/0
sender_flush_location           : 0/0
sender_replay_location          : 0/0
receiver_received_location      : 0/0
receiver_write_location         : 0/0
receiver_flush_location         : 0/0
receiver_replay_location        : 0/0
sync_state                      : Async
----------------------------------------------------------------
[omm@test ~]$
```

七、数据库性能监控

以 Linux 用户 omm 的身份，执行下面的命令，查看 openGauss DBMS 的性能情况：

```
[omm@test ~]$ gs_checkperf
Cluster statistics information:
    Host CPU busy time ratio        : .90       %
    MPPDB CPU time % in busy time   :8.08       %
    Shared Buffer Hit ratio         :96.98      %
    In-memory sort ratio            :0
    Physical Reads                  :354
    Physical Writes                 :0
    DB size                         :29         MB
    Total Physical writes           :0
    Active SQL count                :3
    Session count                   :4
[omm@test ~]$
```

任务五

准备测试数据集

任务目标

为学习 openGauss DBMS 准备用于测试的数据库 studentdb 及数据集。之后的很多任务都需要用到这个测试数据集。

实施步骤

一、创建数据库用户 student

使用 Linux 用户 omm 打开一个 Linux 终端窗口，使用 openGauss DBMS 的 gsql 客户端程序作为 DBA，连接到 openGauss DBMS：

```
su – omm
gsql -d postgres -p 26000 -r
```

在 gsql 中继续执行下面的语句，创建用户 student，并授予用户 student SYSADMIN 权限：

```
-- 创建用户 student，密码设置为 student@ustb2020，并授予用户 student SYSADMIN 权限
CREATE USER student IDENTIFIED BY 'student@ustb2020';
ALTER USER student SYSADMIN;
```

二、创建表空间 student_ts

在 gsql 中继续执行下面的语句，创建表空间 student_ts：

```
postgres=# -- 创建表空间 student_ts
postgres=# CREATE TABLESPACE student_ts RELATIVE LOCATION 'tablespace/student_ts1';
CREATE TABLESPACE
postgres=#
```

三、创建数据库 studentdb

在 gsql 中继续执行下面的语句，创建数据库 studentdb，并退出 gsql：

```
postgres=# -- 创建数据库 studentdb，数据库默认的表空间是 student_ts
postgres=# CREATE DATABASE studentdb WITH TABLESPACE =student_ts;
CREATE DATABASE
postgres=# \q
[omm@test ~]$
```

可以看出，在 gsql 中使用 \q 命令可以退出 gsql。也可以使用组合键 Ctrl+D 来退出 gsql。

四、设置数据库 studentdb 的会话超时时间

使用 Linux 用户 omm，打开一个 Linux 终端窗口，执行如下命令，用用户 student 连接 openGauss 的数据库 studentdb：

```
gsql -d studentdb -h 192.168.100.91 -U student -p 26000 -W student@ustb2020 -r
```

执行下面的语句，设置会话的超时时间为 86400s（24h），并退出 gsql：

```
studentdb=> alter database studentdb set  session_timeout=86400;
ALTER DATABASE
studentdb=> \q
[omm@test ~]$
```

五、创建大学应用模式表的脚本

create_db_tables.sql 是用于创建大学数据库应用的脚本文件。

在 CentOS 上，以 Linux 用户 omm 的身份打开一个终端窗口，复制从 "### 开始创建脚本"
一直到 "### 结束创建脚本" 部分的代码，粘贴到 CentOS 终端窗口上运行，生成脚本文件 create_
db_tables.sql（生成的文件位于 /home/omm 目录下）。

扫码看脚本文件

create_db_tables.sql

六、创建为大学应用模式表填充测试数据的脚本

load_data.sql 是将数据装载到大学数据库的脚本文件。

在 CentOS 上，以 Linux 用户 omm 的身份打开一个终端窗口，复制从 "### 开始创建脚本"
一直到 "### 结束创建脚本" 部分的代码，粘贴到 CentOS 终端窗口上运行，生成脚本文件 load_
data.sql（生成的文件位于 /home/omm 目录下）。

扫码看脚本文件

load_data.sql

七、准备测试数据库的数据集

使用 Linux 用户 omm，执行下面的命令和语句，创建测试表并装载测试数据集：

```
[omm@test ~]$gsql -d studentdb -h 192.168.100.91 -U student -p 26000 -W student@ustb2020 -r -q
studentdb=> -- 配置 gsql，关闭事务的自动提交，注意，此处 ATUOCOMMIT 必须用大写！
studentdb=> \set AUTOCOMMIT off
studentdb=> -- 创建大学数据库应用的模式表
studentdb=> \i create_db_tables.sql
gsql:create_db_tables.sql:5: NOTICE:  table "advisor" does not exist, skipping
（……此处省略很多无用的显示）
gsql:create_db_tables.sql:149: NOTICE:  CREATE TABLE / PRIMARY KEY will create implicit index
"time_slot_pkey" for table "time_slot"
studentdb=> -- 将测试数据插入大学数据库应用的模式表中
studentdb=> \i load_data.sql
```

```
studentdb=> -- 退出 gsql
studentdb=> \q
[omm@test ~]$
```

gsql 的 "-q" 选项让 gsql 安静地执行 SQL 语句。要在 gsql 中执行某个 SQL 脚本文件，可使用元命令 "\i scriptFileName" 来实现。

使用 Linux 用户 omm，执行下面的命令和语句，验证测试数据已经成功装载：

```
[omm@test ~]$ gsql -d studentdb -h 192.168.100.91 -U student -p 26000 -W student@ustb2020 -c "\dt"
                    List of relations
 Schema   |   Name     |  Type  |  Owner   |               Storage
----------+------------+--------+----------+-------------------------------------
 public   | advisor    | table  | student  | {orientation=row,compression=no}
 public   | classroom  | table  | student  | {orientation=row,compression=no}
 public   | course     | table  | student  | {orientation=row,compression=no}
 public   | department | table  | student  | {orientation=row,compression=no}
 public   | instructor | table  | student  | {orientation=row,compression=no}
 public   | prereq     | table  | student  | {orientation=row,compression=no}
 public   | section    | table  | student  | {orientation=row,compression=no}
 public   | student    | table  | student  | {orientation=row,compression=no}
 public   | takes      | table  | student  | {orientation=row,compression=no}
 public   | teaches    | table  | student  | {orientation=row,compression=no}
 public   | time_slot  | table  | student  | {orientation=row,compression=no}
(11 rows)
[omm@test ~]$ gsql -d studentdb -h 192.168.100.91 -U student -p 26000 -W student@ustb2020 \
>      -c "select * from instructor where salary=80000"
  id      | dept_name  | name  |  salary
----------+------------+-------+--------------------
 76543    | Finance    | Singh |  80000.00
 98345    | Elec. Eng. | Kim   |  80000.00
(2 rows)
[omm@test ~]$
```

学习使用 openGauss DBMS 的客户端工具 gsql

任务目标

后面的任务需要使用 openGauss DBMS 的客户端工具 gsql 来完成，因此应该熟练掌握 gsql 的用法。

实施步骤

一、gsql 的语法

使用 Linux 用户 omm，在终端窗口中执行下面的命令，获取 openGauss 的 gsql 的帮助：

gsql --help

二、gsql 的常用选项

1. 最常用的必要选项

我们经常在 Linux 的终端窗口中，以操作系统用户 omm 的身份，运行如下的 gsql 命令，用数据库用户 student，连接到 openGauss DBMS 下的数据库 studentdb：

gsql -d studentdb -h 192.168.100.91 -U student -p 26000 -W student@ustb2020

其中的选项说明如下：

1）-d 选项：指定 gsql 连接的数据库。

2）-h 选项：指定 gsql 连接的服务器 IP。

3）-U 选项：指定 gsql 连接数据库时使用的用户名。

4）-p 选项：指定 gsql 连接的服务器端口号。

5）-W 选项：指定 gsql 连接数据库时所用用户的密码。

2. -r 选项

-r 选项提供了对 gsql 命令的历史版本的支持，该选项非常有用。其用法示例如下：

gsql -d studentdb -h 192.168.100.91 -U student -p 26000 -W student@ustb2020 -r

gsql 命令的 -r 选项的第一个作用是：当我们在 gsql 中执行了很多语句后，如果想重新执行之前执行过的语句，可以使用上箭头和下箭头，向前和向后翻阅之前执行过的命令和 SQL 语句。

我们第一次执行下面的语句：

```
studentdb=> SELECT * FROM instructor WHERE salary=90000;
 id    | dept_name | name | salary
-------+-------------+--------+--------------
12121| Finance     | Wu   | 90000.00
(1 row)
studentdb=>
```

接下来我们敲上箭头键，会出现如图 6-1 所示的画面。

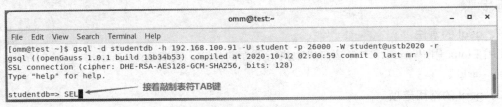

图 6-1　使用上箭头可以重复执行历史命令

这时候可以用左箭头或者右箭头移动光标修改语句，改成我们所期望的语句后，敲回车键就可以执行语句。这个功能可以为用户提供很多方便。

gsql 命令的 -r 选项的第二个作用是进行命令补全。当我们输入"SEL"这三个字符后，接着敲制表符 TAB 键，出现如图 6-2 所示的画面。继续敲 TAB 键后，马上出现如图 6-3 所示的画面。

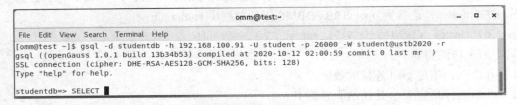

图 6-2　命令补全画面 1

图 6-3　命令补全画面 2

如果敲入的字符不够多，会匹配多个关键字单词。如图 6-4 所示，如果我们只输入两个字符"SE"，敲第 1 次 TAB 键没有反应，再敲第 2 次 TAB 键后将出现所有匹配的关键字单词，如图 6-5 所示，提示我们以"SE"开头的关键字有以下几个：SECURITY LABEL、SELECT、SET。我们按照图 6-6 所示的操作，继续输入字符"L"后再敲 TAB 键，会出现如图 6-7 所示的画面，已经补全了关键字。

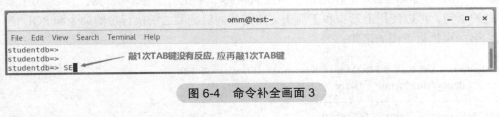

图 6-4　命令补全画面 3

图 6-5　命令补全画面 4

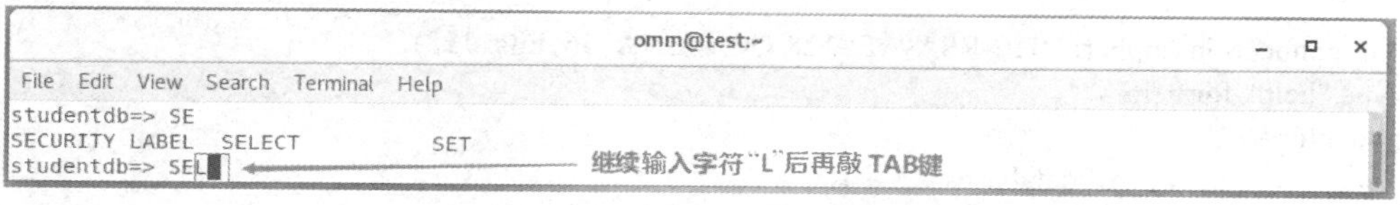

图6-6 命令补全画面5

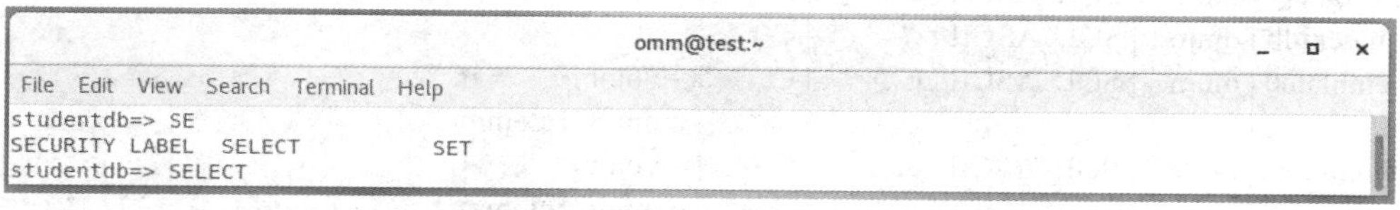

图6-7 命令补全画面6

3.-E 选项

-E 选项会让 gsql 在执行元命令的时候，显示其对应的 SQL 查询语句。

使用 Linux 用户 omm，打开一个 Linux 终端窗口，执行 gsql 的元命令 \l，该命令的作用是显示当前系统有哪些数据库：

```
[omm@test ~]$ gsql -d studentdb -h 192.168.100.91 -U student -p 26000 -W student@ustb2020 -r -E
gsql ((openGauss 1.0.1 build 13b34b53) compiled at 2020-10-12 02:00:59 commit 0 last mr  )
SSL connection (cipher: DHE-RSA-AES128-GCM-SHA256, bits: 128)
Type "help" for help.
studentdb=> \l
********* QUERY **********        -E 选项会显示 gsql 的元命令对应的 SQL 查询语句
SELECT d.datname as "Name",
    pg_catalog.pg_get_userbyid(d.datdba) as "Owner",
    pg_catalog.pg_encoding_to_char(d.encoding) as "Encoding",
    d.datcollate as "Collate",
    d.datctype as "Ctype",
    pg_catalog.array_to_string(d.datacl, E'\n') AS "Access privileges"
FROM pg_catalog.pg_database d
ORDER BY 1;
**************************
                  List of databases
  Name    |  Owner  |  Encoding   |  Collate  |  Ctype  | Access privileges
-----------+----------+-------------+----------+----------+------------------------
 postgres  |  omm    |  SQL_ASCII  |  C        |  C      |
 studentdb |  omm    |  SQL_ASCII  |  C        |  C      |
 template0 |  omm    |  SQL_ASCII  |  C        |  C      | =c/omm             +
           |         |             |          |          | omm=CTc/omm
 template1 |  omm    |  SQL_ASCII  |  C        |  C      | =c/omm             +
           |         |             |          |          | omm=CTc/omm
(4 rows)
studentdb=> \q
[omm@test ~]$
```

如果不使用 -E 选项，同样执行上面的命令系列，结果如下：

```
[omm@test ~]$ gsql -d studentdb -h 192.168.100.91 -U student -p 26000 -W student@ustb2020 -r
gsql ((openGauss 1.0.1 build 13b34b53) compiled at 2020-10-12 02:00:59 commit 0 last mr  )
```

```
SSL connection (cipher: DHE-RSA-AES128-GCM-SHA256, bits: 128)
Type "help" for help.
studentdb=> \l
                 List of databases
   Name     | Owner | Encoding    | Collate | Ctype | Access privileges
------------+-------+-------------+---------+-------+---------------------
 postgres   | omm   | SQL_ASCII | C       | C     |
 studentdb  | omm   | SQL_ASCII | C       | C     |
 template0  | omm   | SQL_ASCII | C       | C     | =c/omm          +
            |       |             |         |       | omm=CTc/omm
 template1  | omm   | SQL_ASCII | C       | C     | =c/omm          +
            |       |             |         |       | omm=CTc/omm
(4 rows)
studentdb=> \q
[omm@test ~]$
```

可以看出，如果没有 -E 选项，不会显示元命令 \l 对应的 SQL 查询语句。

4.-t 选项

-t 选项会让 gsql 在执行 SQL 查询语句的时候，返回的结果不显示列名及返回结果的行数。

使用 Linux 用户 omm，打开一个 Linux 终端窗口，执行如下的命令：

```
[omm@test ~]$ gsql -d studentdb -h 192.168.100.91 -U student -p 26000 -W student@ustb2020 -r -t
studentdb=> select * from instructor where salary=80000;
 76543 | Finance   | Singh | 80000.00
 98345 | Elec. Eng.| Kim   | 80000.00
studentdb=> \q
[omm@test ~]$
```

5.-A 选项

-A 选项会让 gsql 在执行 SQL 查询语句的时候，不对齐显示查询返回的结果集（列不是对齐的），如图 6-8 所示。

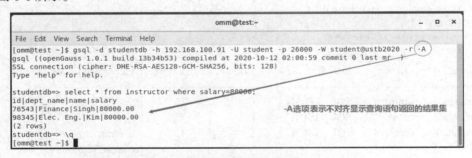

图 6-8　-A 选项表示不对齐显示

可以将 -A 和 -t 两个选项同时应用，表示不对齐显示，也不显示列名和返回行数：

```
[omm@test ~]$ gsql -d studentdb -h 192.168.100.91 -U student -p 26000 -W student@ustb2020 -r -At
studentdb=> select * from instructor where salary=80000;
76543|Finance|Singh|80000.00
98345|Elec. Eng.|Kim|80000.00
studentdb=> \q
[omm@test ~]$
```

6.-v 选项

-v 选项会让 gsql 在命令行中设置 gsql 环境变量。

如果我们想在命令行中告诉 gsql 启动后关闭自动提交，设置为手动事务提交，可以执行如下命令：

```
[omm@test ~]$ gsql -d studentdb -h 192.168.100.91 -U student -p 26000 -W student@ustb2020 \
> -v AUTOCOMMIT=off -r
studentdb=>
```

7.-c 选项

-c 选项会让 gsql 直接在命令行中运行 SQL 语句，示例如下：

```
[omm@test ~]$ gsql -d studentdb -h 192.168.100.91 -U student -p 26000 -W student@ustb2020 \
>    -c "select * from instructor where salary=80000"
  id   | dept_name | name | salary
-------+--------------+--------+------------
 76543 | Finance   | Singh | 80000.00
 98345 | Elec. Eng. | Kim   | 80000.00
(2 rows)
[omm@test ~]$
```

8.-f 选项

-f 选项会让 gsql 在命令行中直接运行 SQL 脚本文件。

首先用用户 omm，生成一个测试用的 SQL 语句脚本：

cat > test.sql<<EOF
select * from instructor where salary=80000;
EOF

然后使用 gsql 在命令行中直接执行刚刚创建的 SQL 语句脚本：

```
[omm@test ~]$ gsql -d studentdb -h 192.168.100.91 -U student -p 26000 -W student@ustb2020 -f test.sql
  id    | dept_name | name | salary
---------+--------------+--------+----------
 76543 | Finance   | Singh | 80000.00
 98345 | Elec. Eng. | Kim   | 80000.00
(2 rows)
total time: 0  ms
[omm@test ~]$ rm test.sql
[omm@test ~]$
```

9.-q 选项

-q 选项会让 gsql 以安静的方式运行，只显示查询结果。

首先用用户 omm 执行下面的 gsql 命令（使用了 -q 选项），创建表 test，然后再次执行 gsql 命令（不使用 -q 选项），删除刚刚创建的表 test，接着再次执行 gsql 命令（不使用 -q 选项），重新创建表 test，最后又一次执行 gsql 命令（使用了 -q 选项），删除刚刚创建的表 test：

```
[omm@test script]$ gsql -d studentdb -h 192.168.100.91 -U student -p 26000 -W student@ustb2020 \
>    -c "create table test(col char)" -q
[omm@test script]$ gsql -d studentdb -h 192.168.100.91 -U student -p 26000 -W student@ustb2020 \
>    -c "drop table test"
```

```
DROP TABLE
[omm@test script]$ gsql -d studentdb -h 192.168.100.91 -U student -p 26000 -W student@ustb2020 \
>    -c "create table test(col char)"
CREATE TABLE
[omm@test script]$ gsql -d studentdb -h 192.168.100.91 -U student -p 26000 -W student@ustb2020 \
>    -c "drop table test" -q
[omm@test script]$
```

我们发现，使用了 -q 选项的 gsql 命令没有显示任何信息。

执行下面的命令，进行 SQL 查询，我们发现虽然有 -q 选项，但是会显示查询结果：

```
[omm@test script]$ gsql -d studentdb -h 192.168.100.91 -U student -p 26000 -W student@ustb2020 \
>    -c "select * from instructor where salary=80000" -q
 id    | dept_name | name  | salary
--------+--------------+--------+---------------
 76543 | Finance   | Singh | 80000.00
 98345 | Elec. Eng. | Kim   | 80000.00
(2 rows)
[omm@test script]$
```

三、gsql 的元命令

本节的测试均使用下面的命令登录到 openGauss 数据库：

```
[omm@test ~]$ gsql -d studentdb -h 192.168.100.91 -U student -p 26000 -W student@ustb2020 -r
gsql ((openGauss 1.0.1 build 13b34b53) compiled at 2020-10-12 02:00:59 commit 0 last mr  )
SSL connection (cipher: DHE-RSA-AES128-GCM-SHA256, bits: 128)
Type "help" for help.
studentdb=>
```

1.\l 命令

元命令 \l 的作用是显示 openGauss 数据库集群（Database Cluster）中目前有哪些数据库。

```
studentdb=> \l
                              List of databases
   Name     | Owner  | Encoding   | Collate | Ctype |  Access privileges
------------+-----------+------------------+-----------+-----------+--------------------------
 postgres   | omm    | SQL_ASCII | C       | C     |
 studentdb  | omm    | SQL_ASCII | C       | C     |
 template0  | omm    | SQL_ASCII | C       | C     | =c/omm          +
            |        |           |         |       | omm=CTc/omm
 template1  |  omm   | SQL_ASCII |  C      | C     |  =c/omm          +
            |        |           |         |       | omm=CTc/omm
(4 rows)
studentdb=>
```

2. \du 命令和 \dg 命令

元命令 \dg 与元命令 \du 的作用类似，都是显示 openGauss 数据库集群中目前有哪些用户和角色（Role）。

```
studentdb=> \du
                              List of roles
```

```
 Role name |                        Attributes                         | Member of
-------------+------------------------------------------------------------+-----------------
 omm        | Sysadmin, Create role, Create DB, Replication, Administer audit, UseFT | {}
 student    | Sysadmin                                                   | {}
studentdb=> \dg
                                  List of roles
 Role name |                        Attributes                         | Member of
-------------+------------------------------------------------------------+-----------------
 omm        | Sysadmin, Create role, Create DB, Replication, Administer audit, UseFT | {}
 student    | Sysadmin                                                   | {}
studentdb=>
```

3.\db 命令

元命令 \db 的作用是显示 openGauss 数据库集群中目前有哪些表空间。

```
studentdb=> \db
         List of tablespaces
  Name     | Owner |     Location
------------+--------+--------------------------
 pg_default | omm   |
 pg_global  | omm   |
 student_ts | omm   | tablespace/student_ts1
(3 rows)
studentdb=>
```

4.\dn 命令

元命令 \dn 的作用是显示当前数据库有哪些数据库模式（Schema）。

```
studentdb=> \dn
 List of schemas
   Name   | Owner
-----------+------------
 cstore    | omm
 dbe_perf  | omm
 public    | omm
 snapshot  | omm
(4 rows)
studentdb=>
```

5.\d 命令

元命令 \d 的作用是显示当前数据库下所有的数据库对象（相当于命令 \dtvsE，这里 E 表示外部表）：

```
                                  List of relations
 Schema |    Name     | Type  |  Owner  |              Storage
---------+-------------+-------+---------+------------------------------------
 public  | advisor     | table | student | {orientation=row,compression=no}
 public  | classroom   | table | student | {orientation=row,compression=no}
 public  | course      | table | student | {orientation=row,compression=no}
 public  | department  | table | student | {orientation=row,compression=no}
 public  | instructor  | table | student | {orientation=row,compression=no}
```

```
 public  |   prereq     |  table  |  student  | {orientation=row,compression=no}
 public  |   section    |  table  |  student  | {orientation=row,compression=no}
 public  |   student    |  table  |  student  | {orientation=row,compression=no}
 public  |   takes      |  table  |  student  | {orientation=row,compression=no}
 public  |   teaches    |  table  |  student  | {orientation=row,compression=no}
 public  |   time_slot  |  table  |  student  | {orientation=row,compression=no}
(11 rows)
studentdb=>
```

6.\dt 命令

元命令 \dt 的作用是显示数据库中所有的表。

```
studentdb=> \dt
                    List of relations
 Schema |    Name     |  Type  |  Owner   |                Storage
--------+-------------+--------+----------+----------------------------------------
 public | advisor     | table  | student  | {orientation=row,compression=no}
 public | classroom   | table  | student  | {orientation=row,compression=no}
 public | course      | table  | student  | {orientation=row,compression=no}
 public | department  | table  | student  | {orientation=row,compression=no}
 public | instructor  | table  | student  | {orientation=row,compression=no}
 public | prereq      | table  | student  | {orientation=row,compression=no}
 public | section     | table  | student  | {orientation=row,compression=no}
 public | student     | table  | student  | {orientation=row,compression=no}
 public | takes       | table  | student  | {orientation=row,compression=no}
 public | teaches     | table  | student  | {orientation=row,compression=no}
 public | time_slot   | table  | student  | {orientation=row,compression=no}
(11 rows)
studentdb=>
```

元命令 \dt+ 的作用是以扩展的方式显示数据库中所有的表。

```
studentdb=> \dt+
                              List of relations
 Schema|    Name     |  Type  |  Owner   |    Size    |                Storage               |Description
-------+-------------+--------+----------+------------+--------------------------------------+-----------
 public | advisor     | table  | student  | 8192 bytes | {orientation=row,compression=no}|
 public | classroom   | table  | student  | 8192 bytes | {orientation=row,compression=no}|
 public | course      | table  | student  | 8192 bytes | {orientation=row,compression=no}|
 public | department  | table  | student  | 8192 bytes | {orientation=row,compression=no}|
 public | instructor  | table  | student  | 8192 bytes | {orientation=row,compression=no}|
 public | prereq      | table  | student  | 8192 bytes | {orientation=row,compression=no}|
 public | section     | table  | student  | 8192 bytes | {orientation=row,compression=no}|
 public | student     | table  | student  | 8192 bytes | {orientation=row,compression=no}|
 public | takes       | table  | student  | 8192 bytes | {orientation=row,compression=no}|
 public | teaches     | table  | student  | 8192 bytes | {orientation=row,compression=no}|
 public | time_slot   | table  | student  | 8192 bytes | {orientation=row,compression=no}|
(11 rows)
studentdb=>
```

后面增加一个"+"，表示显示更多的信息。

7.\di 命令

元命令 \di 的作用是查看数据库中索引的信息。

```
studentdb=> \di
                List of relations
 Schema|   Name          |  Type  |  Owner  |  Table    |Storage
--------+-----------------+--------+---------+-----------+-----------
 public | advisor_pkey    | index  | student | advisor   |
 public | classroom_pkey  | index  | student | classroom |
 public | course_pkey     | index  | student | course    |
 public | department_pkey | index  | student | department|
 public | instructor_pkey | index  | student | instructor|
 public | prereq_pkey     | index  | student | prereq    |
 public | section_pkey    | index  | student | section   |
 public | student_pkey    | index  | student | student   |
 public | takes_pkey      | index  | student | takes     |
 public | teaches_pkey    | index  | student | teaches   |
 public | time_slot_pkey  | index  | student | time_slot |
(11 rows)
studentdb=>
```

8.\dv 命令

元命令 \dv 的作用是查看数据库中索引的信息。

测试数据集目前暂时没有视图，因此需首先创建一个视图：

```
studentdb=> create or replace view faculty as
            select ID, name, dept_name
            from instructor;
CREATE VIEW
studentdb=>
```

执行元命令 \dv，查询当前数据库下有哪些视图：

```
studentdb=> \dv
        List of relations
 Schema |   Name    |  Type  |  Owner  | Storage
--------+-----------+--------+---------+---------
 public | faculty   | view   | student |
(1 row)
studentdb=>
```

删除刚刚创建的视图：

```
studentdb=> drop view faculty;
DROP VIEW
studentdb=>
```

9.\ds 命令

元命令 \ds 的作用是查看数据库中序列的信息。

测试数据集目前暂时没有序列，因此需首先创建一个表，因其两列都是序列，故创建该表会自动创建两个序列：

```
studentdb=> DROP TABLE IF EXISTS test;
NOTICE:  table "test" does not exist, skipping
DROP TABLE
studentdb=> create table test(id serial primary key,testnum serial);
NOTICE:  CREATE TABLE will create implicit sequence "test_id_seq" for serial column "test.id"
NOTICE:  CREATE TABLE will create implicit sequence "test_testnum_seq" for serial column "test.test-
num"
NOTICE:  CREATE TABLE / PRIMARY KEY will create implicit index "test_pkey" for table "test"
CREATE TABLE
studentdb=>
```

执行元命令 \ds，查询当前数据库下有哪些序列：

```
studentdb=> \ds
                        List of relations
 Schema | Name               | Type     | Owner   | Storage
--------+--------------------+----------+---------+------------
 public | test_id_seq        | sequence | student |
 public | test_testnum_seq   | sequence | student |
(2 rows)
studentdb=>
```

删除刚刚创建的测试表，序列也同时被删除，使用 \ds 命令已经查不到有任何序列了：

```
studentdb=> DROP TABLE IF EXISTS test;
DROP TABLE
studentdb=> \ds
No relations found.
studentdb=>
```

10.\df 命令

元命令 \df 的作用是查看数据库中关于函数的信息。

因为目前数据库中暂时没有任何函数，因此需首先执行下面的语句，创建一个测试用的函数：

```
CREATE OR REPLACE FUNCTION myfunction(s INT)
RETURN INT
AS
BEGIN
    IF(s>0) THEN
      RETURN 1;
    ELSEIF(s<0) THEN
      RETURN -1;
    ELSE
      RETURN 0;
    END IF;
END
/
```

然后执行元命令 \df，查看当前数据库下有什么函数：

```
studentdb=> \df
             List of functions
```

Schema	Name	Result data type	Argument data types	Type	fencedmode	propackage
public	myfunction	integer	s integer	normal	f	f

```
(1 row)
studentdb=>
```

删除用于测试的函数：

```
studentdb=> drop function myfunction;
DROP FUNCTION
studentdb=> \df
            List of functions
 Schema | Name | Result data type | Argument data types | Type | fencedmode | propackage
---------+----------+------------------+-------------------------+-------+--------------+-------------
(0 rows)
studentdb=>
```

11.\d TableName 命令

元命令 \d TableName 的作用是查看某个表的信息。

执行下面的命令，查看表 instructor 的信息：

```
studentdb=> \d instructor
        Table "public.instructor"
  Column    |        Type         | Modifiers
--------------+-------------------------+--------------
 id          | character varying(5)  | not null
 dept_name  | character varying(20) |
 name        | character varying(20) | not null
 salary      | numeric(8,2)         |
Indexes:
    "instructor_pkey" PRIMARY KEY, btree (id) TABLESPACE student_ts
Foreign-key constraints:
    "fk_sys_c0011280" FOREIGN KEY (dept_name) REFERENCES department(dept_name) ON UPDATE
RESTRICT ON DELETE RESTRICT
    Referenced by:
    TABLE "teaches" CONSTRAINT "fk_sys_c0011287" FOREIGN KEY (id) REFERENCES instructor(id)
ON UPDATE RESTRICT ON DELETE RESTRICT
    TABLE "advisor" CONSTRAINT "fk_sys_c0011297" FOREIGN KEY (id) REFERENCES instructor(id)
ON UPDATE RESTRICT ON DELETE RESTRICT
    studentdb=>
```

可以看到，显示的表的信息包括表的列名及数据类型、索引、外键以及被哪个表引用。如果表不在数据库默认的表空间，还将显示表所在的表空间，这一点可以做个测试：

```
studentdb=> CREATE TABLESPACE test_ts RELATIVE LOCATION 'tablespace/test_ts1';
CREATE TABLESPACE
studentdb=> DROP TABLE IF EXISTS test;
NOTICE:  table "test" does not exist, skipping
DROP TABLE
studentdb=> CREATE TABLE test(col1 smallint) TABLESPACE test_ts;
CREATE TABLE
```

```
studentdb=> \d test
      Table "public.test"
 Column |   Type    | Modifiers
--------+-----------+-----------
 col1   | smallint  |
Tablespace: "test_ts"（因为表 test 不在数据库的默认表空间中，因此显示表 test 所在的表空间）
studentdb=> drop table test;
DROP TABLE
studentdb=> drop tablespace test_ts;
DROP TABLESPACE
studentdb=>
```

12.\di IndexName 命令

元命令 \di IndexName 的作用是查看某个索引的信息。

执行下面的元命令，查看当前数据库下有哪些索引：

```
studentdb=> \di
                    List of relations
 Schema |      Name       | Type  | Owner   |   Table    | Storage
--------+-----------------+-------+---------+------------+---------
 public | advisor_pkey    | index | student | advisor    |
 public | classroom_pkey  | index | student | classroom  |
 public | course_pkey     | index | student | course     |
 public | department_pkey | index | student | department |
 public | instructor_pkey | index | student | instructor |
 public | prereq_pkey     | index | student | prereq     |
 public | section_pkey    | index | student | section    |
 public | student_pkey    | index | student | student    |
 public | takes_pkey      | index | student | takes      |
 public | teaches_pkey    | index | student | teaches    |
 public | time_slot_pkey  | index | student | time_slot  |
(11 rows)
studentdb=>
```

执行下面的元命令，显示索引 instructor_pkey 的详细信息：

```
studentdb=> \di instructor_pkey
                    List of relations
 Schema |      Name       | Type  | Owner   |   Table    | Storage
--------+-----------------+-------+---------+------------+---------
 public | instructor_pkey | index | student | instructor |
(1 row)
studentdb=>
```

13.\dx 命令

元命令 \dx 的作用是查看已安装的扩展程序的信息。示例如下：

```
studentdb=> \dx
                       List of installed extensions
  Name   | Version | Schema     |                  Description
---------+---------+------------+-----------------------------------------------
 mot_fdw | 1.0     | pg_catalog | foreign-data wrapper for MOT access
```

```
plpgsql | 1.0        | pg_catalog | PL/pgSQL procedural language
(2 rows)
studentdb=>
```

14.\x 命令

元命令 \x 的语法：\x [on | off | auto]。

元命令 \dx 的作用是设置语句的输出模式，默认情况下记录是按行的方式来显示的。如果执行元命令 \x on，则将每条记录按列的方式来显示，这种方式在有些情况下很有用。示例如下：

```
studentdb=> DROP TABLE IF EXISTS test;
DROP TABLE
studentdb=> create table test(id int,name varchar(20));
CREATE TABLE
studentdb=> insert into test values(1,'zqf'),(2,'zfz');
INSERT 0 2
studentdb=> select * from test; 默认情况下，查询语句的显示方式为行方式
 id  | name
-------+---------
  1  | zqf
  2  | zfz
(2 rows)
studentdb=> \x on 修改显示方式为列方式
Expanded display is on.
studentdb=> select * from test;
-[ RECORD 1 ]
id   | 1
name | zqf
-[ RECORD 2 ]
id   | 2
name | zfz
studentdb=> \x off 修改显示方式为行方式
Expanded display is off.
studentdb=> DROP TABLE IF EXISTS test;
DROP TABLE
studentdb=>
```

15.\timing 命令

元命令 \timing 的语法：\timing [on | off]。

元命令 \timing 的作用是：如果设置为 on，将显示 SQL 语句的执行时间。示例如下：

```
studentdb=> select * from instructor where salary=80000;
  id   | dept_name    | name   | salary
---------+----------------+------------+----------------
 76543 | Finance      | Singh  | 80000.00
 98345 | Elec. Eng.   | Kim    | 80000.00
(2 rows)
studentdb=> \timing on
Timing is on.
studentdb=> select * from instructor where salary=80000;
  id   | dept_name    | name   | salary
---------+----------------+------------+----------------
```

```
76543 |   Finance    |   Singh  |   80000.00
98345 |   Elec. Eng.  |   Kim    |   80000.00
(2 rows)
Time: 0.436 ms
studentdb=> \timing off
Timing is off.
studentdb=>
```

16.\h 命令

元命令 \h 的作用是获取 SQL 语句的帮助。例如我们想获取 UPDATE 语句的帮助信息：

```
studentdb=> \h update
Command:    UPDATE
Description: update rows of a table
Syntax:
UPDATE [ ONLY ] table_name [ * ] [ [ AS ] alias ]
   SET {column_name = { expression | DEFAULT } |
      ( column_name [, ...] ) = {( { expression | DEFAULT } [, ...] ) |sub_query }
      }[, ...]
   [ FROM from_list] [ WHERE condition ]
   [ RETURNING {* | {output_expression [ [ AS ] output_name ]} [, ...] }];
studentdb=>
```

想获取 INSERT 语句的帮助信息：

```
studentdb=> \h insert
Command:    INSERT
Description: create new rows in a table
Syntax:
[ WITH [ RECURSIVE ] with_query [, ...] ]
INSERT INTO table_name [ ( column_name [, ...] ) ]
   { DEFAULT VALUES | VALUES {( { expression | DEFAULT } [, ...] ) }[, ...] | query }
   [ ON DUPLICATE KEY UPDATE { column_name = { expression | DEFAULT } } [, ...] ]
   [ RETURNING {* | {output_expression [ [ AS ] output_name ] }[, ...]} ];
studentdb=>
```

17.\? 命令

元命令 \? 的作用是获取 gsql 的元命令帮助。示例如下：

```
studentdb=> \?
General
 \copyright             show FusionInsight LibrA usage and distribution terms
 \g [FILE] or ;         execute query (and send results to file or |pipe)
 \h(\help) [NAME]       help on syntax of SQL commands, * for all commands
 \parallel [on [num]|off] toggle status of execute (currently off)
 \q                     quit gsql

Query Buffer
 \e [FILE] [LINE]       edit the query buffer (or file) with external editor
 \ef [FUNCNAME [LINE]]  edit function definition with external editor
 \p                     show the contents of the query buffer
 \r                     reset (clear) the query buffer
```

```
    \w FILE                      write query buffer to file
    ……（中间省略很多帮助信息）

  Variables
    \prompt [TEXT] NAME       prompt user to set internal variable
    \set [NAME [VALUE]]       set internal variable, or list all if no parameters
    \unset NAME               unset (delete) internal variable

  Large Objects
    \lo_export LOBOID FILE
    \lo_import FILE [COMMENT]
    \lo_list
    \lo_unlink LOBOID         large object operations
  studentdb=>
```

18.\! os_command 命令

元命令 \! os_command 的作用是在 gsql 中执行操作系统命令，例如：

```
studentdb=> \! ls -l
total 20
-rw------- 1 omm dbgrp  7545 Nov  1 16:08 create_db_tables.sql
-rw------- 1 omm dbgrp 10590 Nov  1 16:08 load_data.sql
studentdb=>
```

19.\o fileName 命令

元命令 \o fileName 的作用是重定向输出到文件 fileName。示例如下：

```
studentdb=> select * from instructor where salary=80000;
  id  | dept_name  | name  | salary
-------+------------------+-----------+--------------
 76543 | Finance    | Singh | 80000.00
 98345 | Elec. Eng. | Kim   | 80000.00
(2 rows)
studentdb=> \o myoutputfile
studentdb=> select * from instructor where salary=80000;
studentdb=> \! cat myoutputfile
  id  | dept_name  | name  | salary
--------+----------------+-----------+----------------
 76543 | Finance    | Singh | 80000.00
 98345 | Elec. Eng. | Kim   | 80000.00
(2 rows)
studentdb=>
```

从上面的示例可以看出，\o myoutputfile 命令将输出重定向到文件 myoutputfile 中，而不是把查询结果显示在终端上。

20.\i file.sql 命令

元命令 \i file.sql 的作用是在交互式 gsql 中执行文件 file.sql 中的 SQL 语句。下面是一个示例。

使用 Linux 用户 omm，打开一个终端窗口，执行下面的命令，生成一个测试用的 SQL 语句脚本：

```
[omm@test ~]$ cat > test.sql<<EOF
> select * from instructor where salary=80000;
> EOF
[omm@test ~]$
```

执行下面的命令，登录到 openGauss 数据库：

```
[omm@test ~]$ gsql -d studentdb -h 192.168.100.91 -U student -p 26000 -W student@ustb2020 -r
gsql ((openGauss 1.0.1 build 13b34b53) compiled at 2020-10-12 02:00:59 commit 0 last mr )
SSL connection (cipher: DHE-RSA-AES128-GCM-SHA256, bits: 128)
Type "help" for help.
studentdb=>
```

执行下面的命令，运行 SQL 语句脚本文件：

```
studentdb=> \i test.sql
   id   | dept_name | name | salary
--------+-------------+--------+-------------
 76543 | Finance    | Singh | 80000.00
 98345 | Elec. Eng. | Kim   | 80000.00
(2 rows)
studentdb=>
```

21.\conninfo 命令

元命令 \conninfo 的作用是在 gsql 中显示会话的连接信息。

```
[omm@test ~]$ gsql -d studentdb -h 192.168.100.91 -U student -p 26000 -W student@ustb2020 -r
gsql ((openGauss 1.0.1 build 13b34b53) compiled at 2020-10-12 02:00:59 commit 0 last mr )
SSL connection (cipher: DHE-RSA-AES128-GCM-SHA256, bits: 128)
Type "help" for help.
studentdb=> \conninfo
You are connected to database "studentdb" as user "student" on host "192.168.100.91" at port "26000".
studentdb=>
```

22. \c[onnect] [DBNAME] 命令

元命令 \ c[onnect] [DBNAME] 的作用是在 gsql 中切换连接的数据库。

使用 Linux 用户 omm，执行下面的命令和语句，进行测试：

```
[omm@test ~]$ gsql -d postgres -p 26000 -r
gsql ((openGauss 1.0.1 build 13b34b53) compiled at 2020-10-12 02:00:59 commit 0 last mr )
Non-SSL connection (SSL connection is recommended when requiring high-security)
Type "help" for help.
postgres=# CREATE TABLESPACE test_ts RELATIVE LOCATION 'tablespace/test_ts1';
CREATE TABLESPACE
postgres=# CREATE DATABASE testdb  WITH TABLESPACE = test_ts;
CREATE DATABASE
postgres=# -- 切换连接到数据库 testdb
postgres=# \c testdb
Non-SSL connection (SSL connection is recommended when requiring high-security)
You are now connected to database "testdb" as user "omm".
testdb=# -- 切换连接到数据库 studentdb
testdb=# \connect studentdb
```

```
Non-SSL connection (SSL connection is recommended when requiring high-security)
You are now connected to database "studentdb" as user "omm".
studentdb=# DROP DATABASE testdb;
DROP DATABASE
studentdb=# DROP TABLESPACE test_ts;
DROP TABLESPACE
studentdb=# \q
[omm@test ~]$
```

23.\echo [string] 命令

元命令 \echo [string] 的作用是在标准输出上显式信息。

```
[omm@test ~]$ gsql -d studentdb -h 192.168.100.91 -U student -p 26000 -W student@ustb2020 -r
gsql ((openGauss 1.0.1 build 13b34b53) compiled at 2020-10-12 02:00:59 commit 0 last mr  )
SSL connection (cipher: DHE-RSA-AES128-GCM-SHA256, bits: 128)
Type "help" for help.
studentdb=> \echo Hello,openGauss from Huawei!
Hello,openGauss from Huawei!
studentdb=>
```

24. \q 命令和快捷键 Ctrl+D

元命令 \q 的作用是退出 gsql。也可以使用快捷键 Ctrl+D 来退出 gsql。

```
studentdb=> \q
[omm@test ~]$
```

四、gsql 中的事务

1. gsql 默认为事务自动提交

gsql 启动后，默认执行完一条语句后会立刻进行事务提交（自动提交）。可以执行相应命令关闭 gsql 的事务自动提交，等事务结束的时候，使用 COMMIT 命令进行提交，或者使用 ROLL-BACK 命令回滚事务。

使用 Linux 用户 omm，打开一个 Linux 终端窗口，执行如下命令：

```
[omm@test ~]$ gsql -d studentdb -h 192.168.100.91 -U student -p 26000 -W student@ustb2020 -r
studentdb=> show AUTOCOMMIT;
 autocommit
------------
 on
(1 row)
studentdb=>
```

从输出可以看出，gsql 在默认的情况下，每执行完一条语句后将自动进行事务提交。

执行下面的语句系列，进行自动提交测试：

```
studentdb=> DROP TABLE IF EXISTS test;
NOTICE:  table "test" does not exist, skipping
DROP TABLE
studentdb=> CREATE TABLE test(col varchar(200));
CREATE TABLE
studentdb=> INSERT INTO test VALUES('Hello!');
INSERT 0 1
```

```
studentdb=> SELECT * FROM test;
  col
--------
 Hello!
(1 row)
studentdb=> \q
[omm@test ~]$
```

重新登录后会发现，刚才插入的记录已经保存到数据库表 test 中了：

```
[omm@test ~]$ gsql -d studentdb -h 192.168.100.91 -U student -p 26000 -W student@ustb2020 -r
studentdb=> SELECT * FROM test;
  col
--------
 Hello!
(1 row)
studentdb=> \q
[omm@test ~]$
```

2. START TRANSACTION

在 gsql 中，使用语句 START TRANSACTION 可以开始一个数据库事务。

使用 Linux 用户 omm，打开一个 Linux 终端窗口，执行如下命令和 SQL 语句：

```
[omm@test ~]$ gsql -d studentdb -h 192.168.100.91 -U student -p 26000 -W student@ustb2020 -r
studentdb=> START TRANSACTION;  -- 开始事务的方法 1
START TRANSACTION
studentdb=> SELECT * FROM test;
  col
--------
 Hello!
(1 row)
studentdb=> INSERT INTO test VALUES('Hello!2');
INSERT 0 1
studentdb=> SELECT * FROM test;
  col
---------
 Hello!
 Hello!2
(2 rows)
studentdb=> ROLLBACK;           -- 回滚
ROLLBACK
studentdb=> SELECT * FROM test;
  col
--------
 Hello!
(1 row)
studentdb=>
```

该命令系列首先开始一个事务，然后检查当前表的数据，接着插入一条记录，再次检查当前表的数据，紧接着马上进行回滚事务，最后查看回滚事务后的表的数据，发现因为事务回滚，刚刚插入的那条数据已经没有了。

继续执行下列的 SQL 语句：

```
studentdb=> START TRANSACTION; -- 开始事务的方法 1
START TRANSACTION
studentdb=> INSERT INTO test VALUES('Hello!3');
INSERT 0 1
studentdb=> COMMIT;            -- 提交
COMMIT
studentdb=> SELECT * FROM test;
   col
---------
 Hello!
 Hello!3
(2 rows)
studentdb=> \q
[omm@test ~]$
```

该命令系列首先开始一个事务，然后插入一条记录，执行 COMMIT 命令进行事务提交，最后查看表 test 的数据并退出。

3.BEGIN

在 gsql 中，使用语句 BEGIN 是另外一种开始一个新数据库事务的方法。

使用 Linux 用户 omm，打开一个 Linux 终端窗口，执行如下命令和 SQL 语句：

```
[omm@test ~]$ gsql -d studentdb -h 192.168.100.91 -U student -p 26000 -W student@ustb2020 -r
gsql ((openGauss 1.0.1 build 13b34b53) compiled at 2020-10-12 02:00:59 commit 0 last mr  )
SSL connection (cipher: DHE-RSA-AES128-GCM-SHA256, bits: 128)
Type "help" for help.
studentdb=> BEGIN;      -- 开始事务的方法 2
BEGIN
studentdb=> SELECT * FROM test;
   col
---------
 Hello!
 Hello!3
(2 rows)
studentdb=> INSERT INTO test VALUES('Hello!4');
INSERT 0 1
studentdb=> SELECT * FROM test;
   col
---------
 Hello!
 Hello!3
 Hello!4
(3 rows)
studentdb=> ROLLBACK; -- 回滚
ROLLBACK
studentdb=> SELECT * FROM test;
   col
---------
 Hello!
 Hello!3
(2 rows)
```

```
studentdb=> \q
[omm@test ~]$
```

该命令系列首先开始一个事务，然后检查当前表的数据，接着插入一条记录，再次检查当前表的数据，紧接着马上进行回滚事务，最后查看回滚事务后的表的数据，发现刚刚插入的那条数据已经没有了。

4. 测试 gsql 的事务手动提交

openGauss 默认执行完一条语句后立即提交事务，可以用下面的方法关闭事务自动提交：

\set AUTOCOMMIT off

注意：此处的 ATUOCOMMIT 必须用大写！

使用 Linux 用户 omm，打开一个 Linux 终端窗口，执行如下命令，设置事务管理模式为手动事务管理，并测试手动回滚：

```
[omm@test ~]$ gsql -d studentdb -h 192.168.100.91 -U student -p 26000 -W student@ustb2020 -r
gsql ((openGauss 1.0.1 build 13b34b53) compiled at 2020-10-12 02:00:59 commit 0 last mr  )
SSL connection (cipher: DHE-RSA-AES128-GCM-SHA256, bits: 128)
Type "help" for help.
studentdb=> -- 设置手动事务管理
studentdb=> \set AUTOCOMMIT off
studentdb=> INSERT INTO test VALUES('Hello!5');
INSERT 0 1
studentdb=> SELECT * FROM test;
  col
---------
 Hello!
 Hello!3
 Hello!5
(3 rows)
studentdb=> ROLLBACK;          -- 回滚
ROLLBACK
studentdb=> SELECT * FROM test;
  col
---------
 Hello!
 Hello!3
(2 rows)
studentdb=> \q
[omm@test ~]$
```

该命令系列首先关闭事务自动提交，然后插入一条记录，接着查看执行完 INSERT 语句后的表的数据，之后进行回滚，并查看回滚后的表的数据情况。

继续使用 Linux 用户 omm，打开一个 Linux 终端窗口，执行如下的命令系列，设置事务管理模式为手动事务管理，并测试手动提交：

```
[omm@test ~]$ gsql -d studentdb -h 192.168.100.91 -U student -p 26000 -W student@ustb2020 -r
gsql ((openGauss 1.0.1 build 13b34b53) compiled at 2020-10-12 02:00:59 commit 0 last mr  )
SSL connection (cipher: DHE-RSA-AES128-GCM-SHA256, bits: 128)
Type "help" for help.
studentdb=> -- 设置手动事务管理
```

```
studentdb=> \set AUTOCOMMIT off
studentdb=> INSERT INTO test VALUES('Hello!6');
INSERT 0 1
studentdb=> SELECT * FROM test;
   col
---------
 Hello!
 Hello!3
 Hello!6
(3 rows)
studentdb=> COMMIT;
COMMIT
studentdb=> SELECT * FROM test;
   col
---------
 Hello!
 Hello!3
 Hello!6
(3 rows)
studentdb=> \q
[omm@test ~]$
```

　　该命令系列首先插入一条记录，然后查看执行完 INSERT 语句后的表的数据，之后进行手动提交，最后查看提交后的表的数据情况，我们发现插入的数据已经保存到表 test 中了。

　　使用 Linux 用户 omm，打开一个 Linux 终端窗口，执行如下的命令系列，设置事务管理模式为手动事务管理，并测试事务未提交就退出 gsql 的情况：

```
[omm@test ~]$ gsql -d studentdb -h 192.168.100.91 -U student -p 26000 -W student@ustb2020 -r
gsql ((openGauss 1.0.1 build 13b34b53) compiled at 2020-10-12 02:00:59 commit 0 last mr  )
SSL connection (cipher: DHE-RSA-AES128-GCM-SHA256, bits: 128)
Type "help" for help.
studentdb=> -- 设置手动事务管理
studentdb=> \set AUTOCOMMIT off
studentdb=> INSERT INTO test VALUES('Hello!7');
INSERT 0 1
studentdb=> -- 未显示执行 COMMIT 或者 ROLLBACK，直接退出 gsql
studentdb=> \q
[omm@test ~]$
```

　　该命令系列首先设置 gsql 为手动事务管理模式，然后插入一条记录，最后不进行提交或者回滚就退出 gsql。重新登录到 openGauss DBMS：

```
[omm@test ~]$ gsql -d studentdb -h 192.168.100.91 -U student -p 26000 -W student@ustb2020 -r
studentdb=> -- 检查事务未提交或者回滚，直接退出 gsql 后的情况
studentdb=> SELECT * FROM test;
   col
---------
 Hello!
 Hello!3
 Hello!6
(3 rows)
```

```
studentdb=> \q
[omm@test ~]$
```

我们发现，在事务手动提交模式下，刚刚插入数据"Hello!7"后，还没进行事务提交就退出gsql，该事务会自动进行回滚。

五、设置 gsql 的环境变量

使用 Linux 用户 omm，打开一个 Linux 终端窗口，执行如下命令，登录到 openGauss 数据库：

```
[omm@test ~]$ gsql -d studentdb -h 192.168.100.91 -U student -p 26000 -W student@ustb2020 -r
studentdb=>
```

1. 环境变量 footer

执行如下的 gsql 命令，设置变量 footer，使不显示查询的返回行数：

```
studentdb=> select * from instructor where salary=80000;
  id   |  dept_name  |  name  |  salary
-------+-------------+--------+-----------
 76543 | Finance     | Singh  | 80000.00
 98345 | Elec. Eng.  | Kim    | 80000.00
(2 rows) 默认会显示查询的返回行数
studentdb=> \pset footer off 设置 footer 值为 off
Default footer is off.
studentdb=> select * from instructor where salary=80000;
  id   |  dept_name  |  name  |  salary
-------+-------------+--------+-----------
 76543 | Finance     | Singh  | 80000.00
 98345 | Elec. Eng.  | Kim    | 80000.00
设置 footer 值为 off 后，不显示查询的返回行数了
studentdb=> \pset footer on 设置 footer 值为 on，显示查询的返回行数
Default footer is on.
studentdb=>
```

2. 环境变量 title

执行如下的 gsql 命令，设置变量 title，为查询结果显示一个标题（如果标题中含有空格，需要用单引号包括起来）：

```
studentdb=> select * from instructor where salary=80000; 默认情况下不为查询结果显示标题
  id   |  dept_name  |  name  |  salary
-------+-------------+--------+-----------
 76543 | Finance     | Singh  | 80000.00
 98345 | Elec. Eng.  | Kim    | 80000.00
(2 rows)
studentdb=> \pset title ' Instructors whose salary is $80000 ' 为查询结果设置一个标题
Title is " Instructors whose salary is $80000 ".
studentdb=> select * from instructor where salary=80000;
 Instructors whose salary is $80000  查询结果显示了刚刚设置的标题
  id   |  dept_name  |  name  |  salary
-------+-------------+--------+-----------
 76543 | Finance     | Singh  | 80000.00
 98345 | Elec. Eng.  | Kim    | 80000.00
```

```
(2 rows)
studentdb=> \pset title 恢复 title 的默认值，不为查询结果显示标题
Title is unset.
studentdb=>
```

元命令 \pset title 可以把 title 的值恢复为默认值。

3. 环境变量 tuples_only

执行如下的 gsql 命令，设置变量 tuples_only，使 SQL 查询语句只返回结果集本身，不显示列名和返回的行数：

```
studentdb=> select * from instructor where salary=80000; 默认情况下
   id   |   dept_name    |   name    |   salary
--------+----------------+-----------+-------------
 76543  |   Finance      |   Singh   |   80000.00
 98345  |   Elec. Eng.   |   Kim     |   80000.00
(2 rows)
studentdb=> \pset tuples_only on 设置查询语句不显示列名和返回的行数，只显示数据行
Showing only tuples.
studentdb=> select * from instructor where salary=80000;
 76543  |   Finance      |   Singh   |   80000.00
 98345  |   Elec. Eng.   |   Kim     |   80000.00
studentdb=> \pset tuples_only 将变量 tuples_only 恢复为默认值，让查询语句会显示列名和返回的行数
Tuples only is off.
studentdb=>
```

六、gsql 的自定义变量

执行如下命令，可以设置 gsql 的用户自定义变量 instSalary：

```
studentdb=> \set instSalary 80000; 设置变量 instSalary，并将其赋值为 80000
studentdb=> select :instSalary; 查看变量 instSalary 的值
 ?column?
----------
    80000
(1 row)
studentdb=> select * from instructor where salary=:instSalary; 在查询语句中使用变量 instSalary
   id   |   dept_name    |   name    |   salary
--------+----------------+-----------+-------------
 76543  |   Finance      |   Singh   |   80000.00
 98345  |   Elec. Eng.   |   Kim     |   80000.00
(2 rows)
studentdb=> \set instSalary 90000; 将变量 instSalary 的值设置为 90000
studentdb=> select * from instructor where salary=:instSalary; 在查询语句中使用变量 instSalary
   id   |   dept_name    |   name    |   salary
--------+----------------+-----------+-------------
 12121  |   Finance      |   Wu      |   90000.00
(1 row)
studentdb=>
```

执行下面的命令，可以删除 gsql 的自定义变量 instSalary：

```
studentdb=> \unset instSalary 删除变量 instSalary
studentdb=> select :instSalary; 变量 instSalary 被删除后无法使用了
```

```
ERROR:  there is no parameter $1
LINE 1: select :instSalary;
studentdb=>
```

七、gsql 的初始化文件 .gsqlrc

环境变量 PSQLRC 用来设置 .gsqlrc 文件的目录位置。在 Linux 的终端窗口中，使用用户 omm 执行下面的命令来设置 PSQLRC 环境变量：

export PSQLRC=PathYourWantItToBe

如果没有设置 PSQLRC 环境变量，那么将默认读取 Linux 用户主目录下的 .gsqlrc 文件。

下面进行测试。首先不设置 .gsqlrc 文件，在 gsql 中运行下面的 SQL 语句：

```
[omm@test ~]$ gsql -d studentdb -h 192.168.100.91 -U student -p 26000 -W student@ustb2020 -r
gsql ((openGauss 1.0.1 build 13b34b53) compiled at 2020-10-12 02:00:59 commit 0 last mr  )
SSL connection (cipher: DHE-RSA-AES128-GCM-SHA256, bits: 128)
Type "help" for help.
studentdb=> select * from instructor where salary=80000;
  id   | dept_name  | name  | salary
-------+------------+-------+------------
 76543 | Finance    | Singh | 80000.00
 98345 | Elec. Eng. | Kim   | 80000.00
(2 rows)
        默认情况下不显示查询语句的执行时间
studentdb=> \q
[omm@test ~]$
```

我们看到，执行完 SQL 语句不会显式该 SQL 语句的执行时间。

接下来，在 Linux 用户的主目录下创建如下的 .gsqlrc 文件：

```
[omm@test ~]$ cat >~/.gsqlrc<<EOF
> \timing on 设置 gsql 在执行完一条查询语句后，显示查询语句的执行时间
> EOF
[omm@test ~]$
```

重新登录到 openGauss 数据库，并执行同样的 SQL 语句：

```
[omm@test ~]$ gsql -d studentdb -h 192.168.100.91 -U student -p 26000 -W student@ustb2020 -r
Timing is on. 已经通过 .gsqlrc 文件设置变量 Timing 为 on，作用是显示查询语句的执行时间
gsql ((openGauss 1.0.1 build 13b34b53) compiled at 2020-10-12 02:00:59 commit 0 last mr  )
SSL connection (cipher: DHE-RSA-AES128-GCM-SHA256, bits: 128)
Type "help" for help.
studentdb=> select * from instructor where salary=80000;
  id   | dept_name  | name  | salary
-------+------------+-------+------------------
 76543 | Finance    | Singh | 80000.00
 98345 | Elec. Eng. | Kim   | 80000.00
(2 rows)
Time: 0.687 ms 执行完一条查询语句后，显示查询语句的执行时间
studentdb=> \q
[omm@test ~]$ rm ~/.gsqlrc
[omm@test ~]$
```

以上的实验表明，gsql 命令启动时，默认情况下会自动运行主目录下初始化文件 .gsqlrc 中的设置命令。

任务七 7

理解 openGauss 体系结构中的基本概念

任务目标

通过本任务理解 openGauss DBMS 的体系结构概念：一个数据库集群包含多个数据库；一个数据库包含多个模式；数据库和模式是数据库对象的容器；一个数据库可以被多个用户访问；用户一次只能访问一个数据库，但可以访问该数据库下多个模式中的数据库对象；一个数据库中的对象可以存储在多个表空间中。

实施步骤

一、验证：一个数据库集群可以有多个数据库

使用 DBA 用户创建多个数据库：testdb、testdb1、testdb2、testdb3。

执行下面的命令，登录到 openGauss 数据库，创建表空间 test_ts 和数据库 testdb、testdb1、testdb2、testdb3：

```
[omm@test ~]$ gsql -d postgres -p 26000 -r
gsql ((openGauss 1.0.1 build 13b34b53) compiled at 2020-10-12 02:00:59 commit 0 last mr  )
Non-SSL connection (SSL connection is recommended when requiring high-security)
Type "help" for help.
postgres=# CREATE TABLESPACE test_ts RELATIVE LOCATION 'tablespace/test_ts1';
CREATE TABLESPACE
postgres=# CREATE DATABASE testdb  WITH TABLESPACE = test_ts;
CREATE DATABASE
postgres=# CREATE DATABASE testdb1 WITH TABLESPACE = test_ts;
CREATE DATABASE
postgres=# CREATE DATABASE testdb2 WITH TABLESPACE = test_ts;
CREATE DATABASE
postgres=# CREATE DATABASE testdb3 WITH TABLESPACE = test_ts;
CREATE DATABASE
postgres=#
```

执行下面的命令，查看 openGauss DBMS 上有哪些表空间：

```
postgres=# \db
                List of tablespaces
    Name      |  Owner  |          Location
--------------+---------+-------------------------------
 pg_default   |  omm    |
 pg_global    |  omm    |
 student_ts   |  omm    |  tablespace/student_ts1
 test_ts      |  omm    |  tablespace/test_ts1
(4 rows)
postgres=#
```

67

执行下面的命令，查看 openGauss DBMS 上有哪些数据库：

```
postgres=# \l
                            List of databases
   Name     | Owner | Encoding   | Collate | Ctype | Access privileges
------------+-------+------------+---------+-------+------------------------
 postgres   | omm   | SQL_ASCII  | C       | C     |
 studentdb  | omm   | SQL_ASCII  | C       | C     |
 template0  | omm   | SQL_ASCII  | C       | C     | =c/omm           +
            |       |            |         |       | omm=CTc/omm
 template1  | omm   | SQL_ASCII  | C       | C     | =c/omm           +
            |       |            |         |       | omm=CTc/omm
 testdb     | omm   | SQL_ASCII  | C       | C     |
 testdb1    | omm   | SQL_ASCII  | C       | C     |
 testdb2    | omm   | SQL_ASCII  | C       | C     |
 testdb3    | omm   | SQL_ASCII  | C       | C     |
(8 rows)
postgres=#
```

实验结论：在一个 openGauss DBMS 上，一个数据库集群中可以创建多个数据库（testdb、testdb1、testdb2、testdb3）。

二、验证：一个数据库可以被多个用户访问

执行下面的 SQL 语句，创建用户 zqf、zqf1、zqf2、zqf3：

```
postgres=# CREATE USER zqf IDENTIFIED BY 'zqf@ustb2020';
CREATE ROLE
postgres=# CREATE USER zqf1 IDENTIFIED BY 'zqf@ustb2020';
CREATE ROLE
postgres=# CREATE USER zqf2 IDENTIFIED BY 'zqf@ustb2020';
CREATE ROLE
postgres=# CREATE USER zqf3 IDENTIFIED BY 'zqf@ustb2020';
CREATE ROLE
postgres=#
```

为了使实验简单一些，可以授予 zqf、zqf1、zqf2、zqf3 数据库系统的 SYSADMIN 权限：

```
postgres=# ALTER USER zqf SYSADMIN;
ALTER ROLE
postgres=# ALTER USER zqf1 SYSADMIN;
ALTER ROLE
postgres=# ALTER USER zqf2 SYSADMIN;
ALTER ROLE
postgres=# ALTER USER zqf3 SYSADMIN;
ALTER ROLE
postgres=#
```

执行下面的命令，查看有哪些用户：

```
postgres=# \du
                                    List of roles
 Role name |                        Attributes                                    | Member of
-----------+----------------------------------------------------------------------+----------------
 omm       | Sysadmin, Create role, Create DB, Replication, Administer audit, UseFT | {}
 student   | Sysadmin                                                             | {}
```

```
zqf      |  Sysadmin                                          | {}
zqf1     |  Sysadmin                                          | {}
zqf2     |  Sysadmin                                          | {}
zqf3     |  Sysadmin                                          | {}
postgres=#
```

打开 3 个 Linux 终端窗口，分别使用用户 zqf1、zqf2、zqf3 访问数据库 testdb。

在第 1 个 Linux 终端窗口执行下面的命令和语句，以数据库用户 zqf1 的身份在数据库 testdb 中创建表 t1，并插入一条数据：

```
[omm@test ~]$ gsql -d testdb -h 192.168.100.91 -U zqf1 -p 26000 -W zqf@ustb2020 -r 第 1 个 Linux 终端
窗口
testdb=> create table t1(col1 char(10));
CREATE TABLE
testdb=> insert into t1 values('Hello!1');
INSERT 0 1
testdb=> select * from t1;
   col1
------------
 Hello!1
(1 row)
testdb=>
```

在第 2 个 Linux 终端窗口执行下面的命令和语句，以数据库用户 zqf2 的身份在数据库 testdb 中创建表 t2，并插入一条数据：

```
[omm@test~]$ gsql -d testdb -h 192.168.100.91 -U zqf2 -p 26000 -W zqf@ustb2020 -r 第 2 个 Linux 终端
窗口
testdb=> create table t2(col1 char(10));
CREATE TABLE
testdb=> insert into t2 values('Hello!2');
INSERT 0 1
testdb=> select * from t2;
   col1
------------
 Hello!2
(1 row)
testdb=>
```

在第 3 个 Linux 终端窗口执行下面的命令和语句，以数据库用户 zqf3 的身份在数据库 testdb 中创建表 t3，并插入一条数据：

```
[omm@test ~]$ gsql -d testdb -h 192.168.100.91 -U zqf3 -p 26000 -W zqf@ustb2020 -r 第 3 个 Linux 终端
窗口
testdb=> create table t3(col1 char(10));
CREATE TABLE
testdb=> insert into t3 values('Hello!3');
INSERT 0 1
testdb=> select * from t3;
   col1
------------
 Hello!3
(1 row)
testdb=>
```

任选上面 3 个窗口之一，使用 zqf1、zqf2、zqf3 这 3 个用户中的任何一个，执行如下命令，查看当前数据库 testdb 中有哪些表：

```
testdb=> \dt
                       List of relations
 Schema |   Name   |  Type  |  Owner  |            Storage
--------+----------+--------+---------+----------------------------------
 public |    t1    |  table |  zqf1   | {orientation=row,compression=no}
 public |    t2    |  table |  zqf2   | {orientation=row,compression=no}
 public |    t3    |  table |  zqf3   | {orientation=row,compression=no}
(3 rows)
testdb=>
```

以上实验表明，数据库 testdb 可以被用户 zqf1、zqf2、zqf3 访问（分别在数据库中创建了一个表、插入一行数据、进行查询）。也就是说，一个数据库可以被多个用户访问。

因为用户 zqf1、zqf2、zqf3 具有数据库系统的 SYSADMIN 权限，因此这几个用户可以随便查看相互之间创建的表的数据。也就是说，使用用户 zqf1、zqf2、zqf3 中的任何一个连接到数据库 testdb，可以查看这 3 个用户创建的所有表的内容。下面的测试可以验证这一点。重新打开一个 Linux 终端窗口，执行如下命令，使用用户 zqf3 连接到数据库 testdb，并查询刚才分别由 3 个用户创建的测试表 t1、t2 和 t3：

```
[omm@test ~]$ gsql -d testdb -h 192.168.100.91 -U zqf3 -p 26000 -W zqf@ustb2020 -r
testdb=> select * from t1;
   col1
------------
 Hello!1
(1 row)
testdb=> select * from t2;
   col1
------------
 Hello!2
(1 row)
testdb=> select * from t3;
   col1
------------
 Hello!3
(1 row)
testdb=>
```

在继续下面的实验之前，关闭所有的 Linux 终端窗口。

三、验证：一个用户可以访问多个数据库

重新打开 3 个 Linux 终端窗口，使用用户 zqf 分别连接并登录到数据库 testdb1、testdb2、testdb3。

在第 1 个 Linux 终端窗口执行下面的命令和语句，使用数据库用户 zqf 登录到数据库 testdb1，创建一个表 t11，并插入一条数据：

```
[omm@test ~]$ gsql -d testdb1 -h 192.168.100.91 -U zqf -p 26000 -W zqf@ustb2020 -r 第 1 个 Linux 终端
窗口
testdb1=> create table t11(col1 char(10));
```

```
CREATE TABLE
testdb1=> insert into t11 values('Hello!11');
INSERT 0 1
testdb1=> select * from t11;
   col1
------------
 Hello!11
(1 row)
testdb1=>
```

在第 2 个 Linux 终端窗口执行下面的命令和语句，使用数据库用户 zqf 登录到数据库 testdb2，创建一个表 t21，并插入一条数据：

```
[omm@test ~]$ gsql -d testdb2 -h 192.168.100.91 -U zqf -p 26000 -W zqf@ustb2020 -r 第 2 个 Linux 终端
窗口
testdb2=> create table t21(col1 char(10));
CREATE TABLE
testdb2=> insert into t21 values('Hello!21');
INSERT 0 1
testdb2=> select * from t21;
   col1
------------
 Hello!21
(1 row)
testdb2=>
```

在第 3 个 Linux 终端窗口执行下面的命令和语句，使用数据库用户 zqf 登录到数据库 testdb3，创建一个表 t31，并插入一条数据：

```
[omm@test ~]$ gsql -d testdb3 -h 192.168.100.91 -U zqf -p 26000 -W zqf@ustb2020 -r 第 3 个 Linux 终端
窗口
testdb3=> create table t31(col1 char(10));
CREATE TABLE
testdb3=> insert into t31 values('Hello!31');
INSERT 0 1
testdb3=> select * from t31;
   col1
------------
 Hello!31
(1 row)
testdb3=>
```

实验结论：

1）数据库用户 zqf 可以多次连接访问不同的数据库（testdb1、testdb2、testdb3）。

2）数据库用户 zqf 可以在不同的数据库中创建数据库对象。本例中，在数据库 testdb1 中创建了表 t11，在数据库 testdb2 中创建了表 t21，在数据库 testdb3 中创建了表 t31。

四、验证：用户一次只能连接到一个数据库，无法访问其他数据库的对象

使用用户 zqf 连接到数据库 testdb1，并访问数据库 testdb1 下的表 t11：

```
[omm@test ~]$ gsql -d testdb1 -h 192.168.100.91 -U zqf -p 26000 -W zqf@ustb2020 -r
testdb1=> select * from testdb1.public.t11;
    col1
------------
 Hello!11
(1 row)
testdb1=>
```

从上面的实验可以看出，可以使用 DatabaseName.SchemaName.TableName 方式来标识 open-Gauss 中的一个表。

在这个连接中（使用数据库用户 zqf 连接到数据库 testdb1），如果试图访问数据库 testdb2 下的表 t21，则会出现以下提示：

```
testdb1=> select * from testdb2.public.t21;
ERROR:  cross-database references are not implemented: "testdb2.public.t21"
LINE 1: select * from testdb2.public.t21;
testdb1=>
```

错误提示输出表明，当用户 zqf 连接到数据库 testdb1 时，无法访问数据库 testdb2 中的表。也就是说，用户连接到一个数据库后，只能看到这个数据库中的对象，无法看到其他数据库中的对象。

五、验证：在一个数据库中可以创建多个模式

在机构组织的数据库中，如果一个机构有很多的应用，可以为每个应用各创建一个模式；如果一个机构有很多的部门，也可以为每个部门各创建一个模式。

例子：使用用户 zqf 连接到数据库 testdb，首先查看当前数据库下有哪些模式，然后为数据库 testdb 创建 4 个模式——s1zqf、s2zqf、s3zqf 和 s4zqf，最后再次查看数据库 testdb 下有哪些模式。

```
[omm@test ~]$ gsql -d testdb -h 192.168.100.91 -U zqf -p 26000 -W zqf@ustb2020 -r
testdb=> \dn
  List of schemas
   Name    | Owner
-----------+---------
 cstore    | omm
 dbe_perf  | omm
 public    | omm
 snapshot  | omm
(4 rows)
testdb=> create schema s1zqf;
CREATE SCHEMA
testdb=> create schema s2zqf;
CREATE SCHEMA
testdb=> create schema s3zqf;
CREATE SCHEMA
testdb=> create schema s4zqf;
CREATE SCHEMA
testdb=> \dn
  List of schemas
   Name    | Owner
-----------+------------
```

```
cstore    | omm
dbe_perf  | omm
public    | omm
s1zqf     | zqf
s2zqf     | zqf
s3zqf     | zqf
s4zqf     | zqf
snapshot  | omm
(8 rows)
testdb=>
```

除了可以用 gsql 的元命令 \dn 来查看数据库下有哪些模式外，还可以执行下面的 SQL 语句，查看某个数据库下有哪些模式：

```
testdb=> SELECT catalog_name, schema_name, schema_owner
testdb-> FROM information_schema.schemata;
catalog_name  |     schema_name      | schema_owner
------------------+-------------------------+-------------------
testdb        | pg_toast             | omm
testdb        | cstore               | omm
testdb        | dbe_perf             | omm
testdb        | snapshot             | omm
testdb        | pg_catalog           | omm
testdb        | public               | omm
testdb        | information_schema   | omm
testdb        | s1zqf                | zqf
testdb        | s2zqf                | zqf
testdb        | s3zqf                | zqf
testdb        | s4zqf                | zqf
(11 rows)
testdb=>
```

从上面的实验可以看到，已经在数据库 testdb（注意 catalog 和 database 是同义词）下创建了 4 个模式 s1zqf、s2zqf、s3zqf、s4zqf，它们都是用户 zqf 创建的。

执行下面的 SQL 语句，在数据库 testdb 的不同模式下创建同名的表：

```
testdb=> create table s1zqf.ttt(col varchar(100));
CREATE TABLE
testdb=> create table s2zqf.ttt(col varchar(100));
CREATE TABLE
testdb=> create table s3zqf.ttt(col varchar(100));
CREATE TABLE
testdb=> create table s4zqf.ttt(col varchar(100));
CREATE TABLE
testdb=>
```

上述的语句执行成功，说明可以在一个数据库的不同模式下创建同名的表。

执行下面的 SQL 语句，往 4 个模式下的表 ttt 分别插入一条数据：

```
testdb=> insert into s1zqf.ttt values('Hello! from schema s1zqf  11111');
INSERT 0 1
testdb=> insert into s2zqf.ttt values('Hello! from schema s2zqf  22222');
```

```
INSERT 0 1
testdb=> insert into s3zqf.ttt values('Hello! from schema s3zqf   33333');
INSERT 0 1
testdb=> insert into s4zqf.ttt values('Hello! from schema s4zqf   44444');
INSERT 0 1
testdb=>
```

上述的语句执行成功，说明在同一个数据库下，可以直接使用 SchemaName.TableName 形式来指定一个表，且可以省略数据库名。

执行下面的 SQL 语句，查看数据库 testdb 下目前有哪些表：

```
testdb=> create or replace view my_tables as
testdb-> select table_catalog, table_schema, table_name, table_type
testdb-> from information_schema.tables
testdb-> where table_schema not in ('pg_catalog', 'information_schema','dbe_perf');
CREATE VIEW
testdb=> select * from my_tables;
 table_catalog | table_schema | table_name | table_type
---------------+--------------+------------+------------
 testdb        | public       | my_tables  | VIEW
 testdb        | s4zqf        | ttt        | BASE TABLE
 testdb        | s3zqf        | ttt        | BASE TABLE
 testdb        | s2zqf        | ttt        | BASE TABLE
 testdb        | s1zqf        | ttt        | BASE TABLE
 testdb        | public       | t3         | BASE TABLE
 testdb        | public       | t2         | BASE TABLE
 testdb        | public       | t1         | BASE TABLE
(8 rows)
testdb=>
```

执行下面的命令，查看用户在数据库中模式搜索路径：

```
testdb=> show SEARCH_PATH;
  search_path
----------------
 "$user",public
(1 row)
testdb=>
```

默认情况下，可以使用表名直接访问 public 模式下的表（不需要加模式名 public 作为前缀）：

```
testdb=> select * from t1;
   col1
------------
 Hello!1
(1 row)
testdb=> select * from t2;
   col1
------------
 Hello!2
(1 row)
testdb=> select * from t3;
```

```
    col1
------------
 Hello!3
(1 row)
testdb=>
```

这是因为在默认情况下，模式的搜索路径是 public 模式。

访问数据库中其他模式下的表需要指定其模式名作为前缀：

```
testdb=> select * from s1zqf.ttt;
                col
------------------------------------------
 Hello! from schema s1zqf  11111
(1 row)

testdb=> select * from s2zqf.ttt;
                col
------------------------------------------
 Hello! from schema s2zqf  22222
(1 row)

testdb=> select * from s3zqf.ttt;
                col
------------------------------------------
 Hello! from schema s3zqf  33333
(1 row)
testdb=> select * from s4zqf.ttt;
                col
------------------------------------------
 Hello! from schema s4zqf  44444
(1 row)
testdb=>
```

实验结论：一个用户连接到数据库后，可以在这个数据库下创建多个模式。要访问这些模式，可以使用 DatabaseName.SchemaName.TableName 或者 SchemaName.TableName 形式来访问某个模式下的一个表。默认情况下，访问 public 模式下的表可以不用添加模式名前缀。

六、验证：一个数据库可以存储在多个表空间中

打开一个 Linux 终端窗口，执行下面的命令，创建一个新的名为 testnew_ts 的表空间：

```
[omm@test ~]$ gsql -d postgres -p 26000 -r
postgres=# CREATE TABLESPACE testnew_ts RELATIVE LOCATION 'tablespace/testnew_ts1';
CREATE TABLESPACE
postgres=#
```

执行下面的命令，查看当前有哪些表空间：

```
postgres=# \db
          List of tablespaces
   Name     | Owner |      Location
--------------+----------+-------------------------
 pg_default | omm   |
 pg_global  | omm   |
```

```
student_ts   | omm   | tablespace/student_ts1
test_ts      | omm   | tablespace/test_ts1
testnew_ts   | omm   | tablespace/testnew_ts1
(5 rows)
postgres=#
```

打开另外一个 Linux 终端窗口，使用用户 zqf 登录到 openGauss 数据库，查看数据库 testdb 下目前有哪些表：

```
[omm@test ~]$ gsql -d testdb -h 192.168.100.91 -U zqf -p 26000 -W zqf@ustb2020 -r
testdb=> create or replace view my_tables as
testdb-> select table_catalog, table_schema, table_name, table_type
testdb-> from information_schema.tables
testdb-> where table_schema not in ('pg_catalog', 'information_schema','dbe_perf');
CREATE VIEW
testdb=> select * from my_tables;
 table_catalog | table_schema | table_name | table_type
------------------+------------------+--------------+--------------------
 testdb        | public       | my_tables  | VIEW
 testdb        | s4zqf        | ttt        | BASE TABLE
 testdb        | s3zqf        | ttt        | BASE TABLE
 testdb        | s2zqf        | ttt        | BASE TABLE
 testdb        | s1zqf        | ttt        | BASE TABLE
 testdb        | public       | t3         | BASE TABLE
 testdb        | public       | t2         | BASE TABLE
 testdb        | public       | t1         | BASE TABLE
(8 rows)
testdb=>
```

接着执行下面的 SQL 语句，在表空间 testnew_ts 中创建表 table_in_testnew_ts：

```
testdb=> create table table_in_testnew_ts (col1 char(10)) tablespace testnew_ts;
CREATE TABLE
testdb=>
```

执行下面的 SQL 语句，再次查看数据库 testdb 下目前有哪些表：

```
testdb=> create table table_in_testnew_ts (col1 char(10)) tablespace testnew_ts;
CREATE TABLE
testdb=> create or replace view my_tables as
testdb-> select table_catalog, table_schema, table_name, table_type
testdb-> from information_schema.tables
testdb->  where table_schema not in ('pg_catalog', 'information_schema','dbe_perf');
CREATE VIEW
testdb=> select * from my_tables;
 table_catalog | table_schema |   table_name        | table_type
------------------+------------------+--------------------------+--------------------
 testdb        | public       | table_in_testnew_ts | BASE TABLE
 testdb        | public       | my_tables           | VIEW
 testdb        | s4zqf        | ttt                 | BASE TABLE
 testdb        | s3zqf        | ttt                 | BASE TABLE
 testdb        | s2zqf        | ttt                 | BASE TABLE
```

testdb	s1zqf	ttt	BASE TABLE
testdb	public	t3	BASE TABLE
testdb	public	t2	BASE TABLE
testdb	public	t1	BASE TABLE

```
(9 rows)
testdb=>
```

实验结论：前面在数据库 testdb 中创建的所有的表，由于创建表时，没有指定表空间的名字，因此都创建在数据库默认的表空间 test_ts 中。当我们在数据库 testdb 中创建表 table_in_testnew_ts 时，如果明确指定在表空间 testnew_ts 中创建，这个表就会存储在这个指定的表空间中。也就是说，一个数据库中的对象可以位于不同的表空间。

七、任务的扫尾工作

继续学习之前，关闭目前所有的 Linux 终端窗口，然后再打开一个新的 Linux 终端窗口，进行任务清理工作。

执行如下的命令和 SQL 语句，删除为了测试 openGauss 体系结构而创建的数据库 testdb、testdb1、testdb2、testdb3：

```
[omm@test ~]$ gsql -d postgres -p 26000 -r

postgres=# drop database testdb;
DROP DATABASE
postgres=# drop database testdb1;
DROP DATABASE
postgres=# drop database testdb2;
DROP DATABASE
postgres=# drop database testdb3;
DROP DATABASE
postgres=#
```

执行如下的 SQL 语句，删除为了测试 openGauss 体系结构而创建的数据库用户 zqf、zqf1、zqf2、zqf3：

```
postgres=# drop user zqf;
DROP ROLE
postgres=# drop user zqf1;
DROP ROLE
postgres=# drop user zqf2;
DROP ROLE
postgres=# drop user zqf3;
DROP ROLE
```

执行如下的 SQL 语句，删除为了测试 openGauss 体系结构而创建的表空间 test_ts、testnew_ts：

```
postgres=# drop tablespace test_ts;
DROP TABLESPACE
postgres=# drop tablespace testnew_ts;
DROP TABLESPACE
postgres=#
```

任务目标

在设计数据库时，需要为表的属性选择合适的数据类型。opengauss DBMS 支持多种数据类型，熟悉和掌握这些数据类型非常重要。本任务的目的是让读者尽快掌握和使用 openGauss DBMS 的各种数据类型。

实施步骤

一、登录到数据库 studentdb

使用 Linux 用户 omm，打开一个 Linux 终端窗口，执行如下的命令，使用数据库用户 student 登录到数据库 studentdb：

```
[omm@test ~]$ gsql -d studentdb -h 192.168.100.91 -U student -p 26000 -W student@ustb2020 -r
studentdb=>
```

二、测试数值数据类型

1. 整数类型

（1）smallint smallint 类型的数据用两个字节（B）存储，最小值为 −32768，最大值为 32767。执行下面的语句系列，可以验证 smallint 类型数据的取值范围：

```
studentdb=> DROP TABLE IF EXISTS test;
NOTICE:  table "test" does not exist, skipping
DROP TABLE
studentdb=> CREATE TABLE test(col1 smallint);
CREATE TABLE
studentdb=> INSERT INTO test VALUES(−32769);        -- 超出范围而报错
ERROR:  smallint out of range
CONTEXT:  referenced column: col1
studentdb=> INSERT INTO test VALUES(−32768);        -- 范围之内的最小值
INSERT 0 1
studentdb=> INSERT INTO test VALUES(32767);         -- 范围之内的最大值
INSERT 0 1
studentdb=> INSERT INTO test VALUES(32768);         -- 超出范围而报错
ERROR:  smallint out of range
CONTEXT:  referenced column: col1
studentdb=>
```

（2）integer integer 类型的数据用 4 个字节存储，最小值为 −2147483648，最大值为 2147483647。执行下面的语句系列，可以验证 integer 类型数据的取值范围：

```
studentdb=> DROP TABLE IF EXISTS test;
DROP TABLE
```

```
studentdb=> CREATE TABLE test(col1 integer);
CREATE TABLE
studentdb=> INSERT INTO test VALUES(-2147483649);        -- 超出范围而报错
ERROR:  integer out of range
CONTEXT: referenced column: col1
studentdb=> INSERT INTO test VALUES(-2147483648);        -- 范围之内的最小值
INSERT 0 1
studentdb=> INSERT INTO test VALUES(2147483647);         -- 范围之内的最大值
INSERT 0 1
studentdb=> INSERT INTO test VALUES(2147483648);         -- 超出范围而报错
ERROR:  integer out of range
CONTEXT: referenced column: col1
studentdb=>
```

（3）bigint　bigint 类型的数据用 8 个字节存储，其最小值为 −9223372036854775808，最大值为 9223372036854775807。执行下面的语句系列，可以验证 bigint 类型数据的取值范围：

```
studentdb=> DROP TABLE IF EXISTS test;
DROP TABLE
studentdb=> CREATE TABLE test(col1 bigint);
CREATE TABLE
studentdb=> INSERT INTO test VALUES(-9223372036854775809);        -- 超出范围而报错
ERROR:  bigint out of range
CONTEXT: referenced column: col1
studentdb=> INSERT INTO test VALUES(-9223372036854775808);        -- 范围之内的最小值
INSERT 0 1
studentdb=> INSERT INTO test VALUES(9223372036854775807);         -- 范围之内的最大值
INSERT 0 1
studentdb=> INSERT INTO test VALUES(9223372036854775808);         -- 超出范围而报错
ERROR:  bigint out of range
CONTEXT: referenced column: col1
studentdb=>
```

2. 任意精度数据类型

任意精度数据类型有 numberic(precision,scale) 和 decimal(precision,scale) 两种写法，这两种写法是等价的。其中，precision 表示总共占多少位，scale 表示小数部分占多少位。

执行下面的 SQL 语句系列，测试任意精度数据类型：

```
studentdb=> DROP TABLE IF EXISTS test;
DROP TABLE
studentdb=> CREATE TABLE test(col1 number(4,2));
CREATE TABLE
studentdb=> INSERT INTO test VALUES (-100);            -- 超出范围而报错
ERROR:  numeric field overflow
DETAIL: A field with precision 4, scale 2 must round to an absolute value less than 10^2.
CONTEXT: referenced column: col1
studentdb=> INSERT INTO test VALUES (-99.995);         -- 四舍五入后，超出范围而报错
ERROR:  numeric field overflow
DETAIL: A field with precision 4, scale 2 must round to an absolute value less than 10^2.
CONTEXT: referenced column: col1
studentdb=> INSERT INTO test VALUES (-99.994);         -- 四舍五入后，在范围之内
INSERT 0 1
```

```
studentdb=> INSERT INTO test VALUES (-99.99);        -- 在范围之内
INSERT 0 1
studentdb=> INSERT INTO test VALUES (99.99);         -- 在范围之内
INSERT 0 1
studentdb=> INSERT INTO test VALUES (99.994);        -- 四舍五入后，在范围之内
INSERT 0 1
studentdb=> INSERT INTO test VALUES (99.9949);       -- 四舍五入后，在范围之内
INSERT 0 1
studentdb=> INSERT INTO test VALUES (99.995);        -- 四舍五入后，超出范围而报错
ERROR:  numeric field overflow
DETAIL: A field with precision 4, scale 2 must round to an absolute value less than 10^2.
CONTEXT:  referenced column: col1
studentdb=> INSERT INTO test VALUES (100);           -- 超出范围而报错
ERROR:  numeric field overflow
DETAIL: A field with precision 4, scale 2 must round to an absolute value less than 10^2.
CONTEXT:  referenced column: col1
studentdb=> SELECT * FROM test;
  col1
--------
 -99.99
 -99.99
  99.99
  99.99
  99.99
(5 rows)
studentdb=>
```

3. 浮点类型

（1）real　real 类型的数据用 4 个字节存储。用户输入 real 类型的数，有可能在 openGauss 数据库中保存的是一个近似值（不是精确值）。

执行下面的 SQL 语句系列，测试 real 数据类型：

```
studentdb=> DROP TABLE IF EXISTS test;
DROP TABLE
studentdb=> CREATE TABLE test(col1 real);
CREATE TABLE
studentdb=> INSERT INTO test VALUES (12345678901234567890.12345678901234567890);
INSERT 0 1
studentdb=> INSERT INTO test VALUES ('Infinity');
INSERT 0 1
studentdb=> INSERT INTO test VALUES ('-Infinity');
INSERT 0 1
studentdb=> INSERT INTO test VALUES ('NaN');
INSERT 0 1
studentdb=> SELECT * FROM test;
    col1
-----------------
 1.23457e+19
   Infinity
  -Infinity
      NaN
```

```
(4 rows)
studentdb=>
```

（2）float 和 double precision　数据类型 float 和 double precision 是等价的。这两种类型的数据在 openGauss 中都是用 8 个字节存储的。用户输入 float 类型或者 double precision 类型的数，有可能在 openGauss 数据库中保存的是一个近似值（不是精确值）。

执行下面的 SQL 语句系列，测试 float 数据类型：

```
studentdb=> DROP TABLE IF EXISTS test;
DROP TABLE
studentdb=> CREATE TABLE test(col1 float);
CREATE TABLE
studentdb=> INSERT INTO test
studentdb-> VALUES (12345678901234567890.12345678901234567890);
INSERT 0 1
studentdb=> INSERT INTO test VALUES (92.3);
INSERT 0 1
studentdb=> INSERT INTO test VALUES (92.345678);
INSERT 0 1
studentdb=> INSERT INTO test VALUES (92345678.9);
INSERT 0 1
studentdb=> INSERT INTO test VALUES ('Infinity');
INSERT 0 1
studentdb=> INSERT INTO test VALUES ('−Infinity');
INSERT 0 1
studentdb=> INSERT INTO test VALUES ('NaN');
INSERT 0 1
studentdb=> SELECT * FROM test;
          col1
----------------------------
  1.23456789012346e+19
                    92.3
               92.345678
              92345678.9
                Infinity
               −Infinity
                     NaN
(7 rows)
studentdb=>
```

对比 real 和 float 数据类型的测试可以发现，12345678901234567890.12345678901234567890 是 real 类型时在 openGauss 数据库中存储为 "1.23457e+19"，是 float 类型时在 openGauss 数据库中存储为 "1.23456789012346e+19"，后者显然存储的精度更高，代价是在数据库中占用更多的存储空间。

（3）float(p)　可以为 float 类型的数据指定一个精度值 p，p 的取值范围是 [1，53]，它是二进制位表示的最大可接受精度。

执行下面的 SQL 语句系列，测试 float（p）数据类型：

```
studentdb=> DROP TABLE IF EXISTS test;
DROP TABLE
```

```
studentdb=> CREATE TABLE test (col1 float(2));
CREATE TABLE
studentdb=> INSERT INTO test VALUES (92.3);
INSERT 0 1
studentdb=> INSERT INTO test VALUES (92.34);
INSERT 0 1
studentdb=> INSERT INTO test VALUES (92.345);
INSERT 0 1
studentdb=> INSERT INTO test VALUES (92.3456);
INSERT 0 1
studentdb=> INSERT INTO test VALUES (92.34567);
INSERT 0 1
studentdb=> INSERT INTO test VALUES (92.345678);
INSERT 0 1
studentdb=> INSERT INTO test VALUES (92.3456789);
INSERT 0 1
studentdb=> SELECT * FROM test;
  col1
---------
   92.3
   92.34
   92.345
   92.3456
   92.3457
   92.3457
   92.3457
(7 rows)
studentdb=>
```

可以看到，指定 float(2) 后，数据库中存储的数最多保留了小数点后面的 4 位。

4. 序列类型

（1）smallserial   smallserial 类型的数据用两个字节存储，范围是 1~32767。

执行下面的 SQL 语句系列，测试 smallserial 数据类型：

```
studentdb=> DROP TABLE IF EXISTS test;
DROP TABLE
studentdb=> -- 创建一个表，其 col1 列的数据类型是 smallserial
studentdb=> CREATE TABLE test (col1 smallserial,col2 char(10));
NOTICE:  CREATE TABLE will create implicit sequence "test_col1_seq" for serial column "test.col1"
CREATE TABLE
studentdb=> -- 查看序列的信息
studentdb=> \d test_col1_seq;
     Sequence "public.test_col1_seq"
    Column       | Type  |          Value
--------------------+----------+-----------------------------
 sequence_name | name  | test_col1_seq
 last_value    | bigint | 1
 start_value   | bigint | 1
 increment_by  | bigint | 1
 max_value     | bigint | 9223372036854775807
 min_value     | bigint | 1
```

```
cache_value    | bigint  | 1
log_cnt        | bigint  | 0
is_cycled      | boolean | f
is_called      | boolean | f
uuid           | bigint  | 0
Owned by: public.test.col1


studentdb=> -- 使用序列插入两条记录
studentdb=> INSERT INTO test(col2) VALUES('zqf');
INSERT 0 1
studentdb=> INSERT INTO test(col2) VALUES('zqf');
INSERT 0 1
studentdb=> SELECT * FROM test;
 col1 |   col2
------+-----------
   1  | zqf
   2  | zqf
(2 rows)


studentdb=> -- 将序列的当前值设置为 32766
studentdb=> SELECT setval('test_col1_seq', 32766, false);
 setval
--------
 32766
(1 row)
studentdb=> -- 使用序列插入 3 条记录（插入第 3 条的时候会出错！）
studentdb=> INSERT INTO test(col2) VALUES('zqf'); -- 正常
INSERT 0 1
studentdb=> INSERT INTO test(col2) VALUES('zqf'); -- 正常
INSERT 0 1
studentdb=> INSERT INTO test(col2) VALUES('zqf'); -- 报错，超过了最大值
ERROR:  smallint out of range
CONTEXT:  referenced column: col1
studentdb=>
studentdb=> -- 查看序列的信息
studentdb=> \d test_col1_seq;
     Sequence "public.test_col1_seq"
    Column     | Type   |          Value
---------------+--------+------------------------------
 sequence_name | name   | test_col1_seq
 last_value    | bigint | 32768
 start_value   | bigint | 1
 increment_by  | bigint | 1
 max_value     | bigint | 9223372036854775807
 min_value     | bigint | 1
 cache_value   | bigint | 1
 log_cnt       | bigint | 30
 is_cycled     | boolean | f
 is_called     | boolean | t
 uuid          | bigint | 0
Owned by: public.test.col1
studentdb=>
```

（2）serial　serial 类型的数据用 4 个字节存储，范围是 1~2147483647。

执行下面的 SQL 语句系列，测试 serial 数据类型：

```
studentdb=> DROP TABLE IF EXISTS test;
DROP TABLE
studentdb=> CREATE TABLE test (col1 serial,col2 char(10));
NOTICE:  CREATE TABLE will create implicit sequence "test_col1_seq" for serial column "test.col1"
CREATE TABLE
studentdb=> -- 查看序列的信息
studentdb=> \d test_col1_seq;
      Sequence "public.test_col1_seq"
    Column       |  Type    |           Value
-------------------+----------+-----------------------------
 sequence_name   | name    | test_col1_seq
 last_value      | bigint  | 1
 start_value     | bigint  | 1
 increment_by    | bigint  | 1
 max_value       | bigint  | 9223372036854775807
 min_value       | bigint  | 1
 cache_value     | bigint  | 1
 log_cnt         | bigint  | 0
 is_cycled       | boolean | f
 is_called       | boolean | f
 uuid            | bigint  | 0
Owned by: public.test.col1
studentdb=>
studentdb=> -- 使用序列插入两条记录
studentdb=> INSERT INTO test(col2) VALUES('zqf');
INSERT 0 1
studentdb=> INSERT INTO test(col2) VALUES('zqf');
INSERT 0 1
studentdb=> SELECT * FROM test;
 col1 |   col2
------+------------
   1  | zqf
   2  | zqf
(2 rows)
studentdb=>
studentdb=> -- 将序列的当前值设置为 2147483646
studentdb=> SELECT setval('test_col1_seq',2147483646, false);
     setval
------------------
 2147483646
(1 row)
studentdb=> -- 使用序列插入 3 条记录（插入第 3 条的时候会出错!）
studentdb=> INSERT INTO test(col2) VALUES('zqf'); -- 正常
INSERT 0 1
studentdb=> INSERT INTO test(col2) VALUES('zqf'); -- 正常
INSERT 0 1
studentdb=> INSERT INTO test(col2) VALUES('zqf'); -- 报错，超过了最大值
ERROR:  integer out of range
CONTEXT:  referenced column: col1
```

```
studentdb=>
studentdb=> -- 查看序列的信息
studentdb=> \d test_col1_seq;
      Sequence "public.test_col1_seq"
    Column      |  Type    |          Value
------------------+----------+----------------------------
 sequence_name   | name     | test_col1_seq
 last_value      | bigint   | 2147483648
 start_value     | bigint   | 1
 increment_by    | bigint   | 1
 max_value       | bigint   | 9223372036854775807
 min_value       | bigint   | 1
 cache_value     | bigint   | 1
 log_cnt         | bigint   | 30
 is_cycled       | boolean  | f
 is_called       | boolean  | t
 uuid            | bigint   | 0
Owned by: public.test.col1
studentdb=>
```

（3）bigserial　　bigserial 类型的数据用 8 个字节存储，范围是 1~9223372036854775807。
执行下面的 SQL 语句系列，测试 bigserial 数据类型：

```
studentdb=> DROP TABLE IF EXISTS test;
DROP TABLE
studentdb=> CREATE TABLE test (col1 bigserial,col2 char(10));
NOTICE:  CREATE TABLE will create implicit sequence "test_col1_seq" for serial column "test.col1"
CREATE TABLE
studentdb=> -- 查看序列的信息
studentdb=> \d test_col1_seq;
      Sequence "public.test_col1_seq"
    Column      |  Type    |          Value
------------------+----------+----------------------------
 sequence_name   | name     | test_col1_seq
 last_value      | bigint   | 1
 start_value     | bigint   | 1
 increment_by    | bigint   | 1
 max_value       | bigint   | 9223372036854775807
 min_value       | bigint   | 1
 cache_value     | bigint   | 1
 log_cnt         | bigint   | 0
 is_cycled       | boolean  | f
 is_called       | boolean  | f
 uuid            | bigint   | 0
Owned by: public.test.col1
studentdb=> -- 使用序列插入两条记录
studentdb=> INSERT INTO test(col2) VALUES('zqf');
INSERT 0 1
studentdb=> INSERT INTO test(col2) VALUES('zqf');
INSERT 0 1
studentdb=> SELECT * FROM test;
```

```
 col1 |   col2
------+------------
    1 | zqf
    2 | zqf
(2 rows)
studentdb=>
studentdb=> -- 将序列的当前值设置为 9223372036854775806
studentdb=> SELECT setval('test_col1_seq', 9223372036854775806, false);
    setval
------------------------------
 9223372036854775806
(1 row)
studentdb=> -- 使用序列插入 3 条记录（插入第 3 条的时候会出错！）
studentdb=> INSERT INTO test(col2) VALUES('zqf'); -- 正常
INSERT 0 1
studentdb=> INSERT INTO test(col2) VALUES('zqf'); -- 正常
INSERT 0 1
studentdb=> INSERT INTO test(col2) VALUES('zqf'); -- 报错，超过了最大值
ERROR:  nextval: reached maximum value of sequence "test_col1_seq" (9223372036854775807)
CONTEXT:  referenced column: col1
studentdb=>
studentdb=> -- 查看序列的信息
studentdb=> \d test_col1_seq;
     Sequence "public.test_col1_seq"
    Column      | Type    |           Value
----------------+---------+------------------------------
 sequence_name  | name    | test_col1_seq
 last_value     | bigint  | 9223372036854775807
 start_value    | bigint  | 1
 increment_by   | bigint  | 1
 max_value      | bigint  | 9223372036854775807
 min_value      | bigint  | 1
 cache_value    | bigint  | 1
 log_cnt        | bigint  | 0
 is_cycled      | boolean | f
 is_called      | boolean | t
 uuid           | bigint  | 0
Owned by: public.test.col1
studentdb=>
```

5. 货币类型

使用 money 数据类型时，会根据环境变量 lc_monetary 值的不同，显式不同的货币符号。

执行下面的 SQL 语句系列，测试 money 数据类型：

```
studentdb=> DROP TABLE IF EXISTS test;
DROP TABLE
studentdb=> CREATE TABLE test(col1 money);
CREATE TABLE
studentdb=> SHOW lc_monetary;
 lc_monetary
----------------
```

```
    C
  (1 row)
 studentdb=> INSERT INTO test VALUES (100);
 INSERT 0 1
 studentdb=> SELECT * FROM test;
   col1
 ------------
  $100.00
  (1 row)
 studentdb=> SET lc_monetary="zh_CN.utf8";
 SET
 studentdb=> SELECT * FROM test;
   col1
 ------------
  ￥100.00
  (1 row)
 studentdb=> SET lc_monetary="en_US.utf8";
 SET
 studentdb=> SELECT * FROM test;
   col1
 ------------
  $100.00
  (1 row)
 studentdb=>
```

三、测试字符串类型

1. character(n) 或者 char(n)

character(n) 或者 char(n) 是定长字符串类型，该类型数据长度不足时会使用空格来进行填充。

执行下面的 SQL 语句系列，测试 character(n) 数据类型：

```
 studentdb=> DROP TABLE IF EXISTS test;
 DROP TABLE
 studentdb=> CREATE TABLE test (col1 character(10));
 CREATE TABLE
 studentdb=> INSERT INTO test VALUES ('1234567890');  -- 在长度范围之内
 INSERT 0 1
 studentdb=> INSERT INTO test VALUES ('12345678901'); -- 报错，超过了最大长度
 ERROR:  value too long for type character(10)
 CONTEXT:  referenced column: col1
 studentdb=> INSERT INTO test VALUES ('123');          -- 在长度范围之内
 INSERT 0 1
 studentdb=> SELECT col1, length(col1) FROM test;
   col1      | length
 ---------------+--------
  1234567890 |   10
  123        |   10
  (2 rows)
 studentdb=>
```

2. character varying(n) 或者 varchar(n)

character varying(n) 和 varchar(n) 这两种数据类型等价，都是变长字符串类型，该类型数据按实际的字符数进行存储，但是不能超过最大的预定义长度 n。

执行下面的 SQL 语句系列，测试 character varying(n) 数据类型：

```
studentdb=> DROP TABLE IF EXISTS test;
DROP TABLE
studentdb=> CREATE TABLE test (col1 character varying(10));
CREATE TABLE
studentdb=> INSERT INTO test VALUES ('1234567890'); -- 在长度范围之内
INSERT 0 1
studentdb=> INSERT INTO test VALUES ('12345678901'); -- 报错，超过了最大长度
ERROR:  value too long for type character varying(10)
CONTEXT:  referenced column: col1
studentdb=> INSERT INTO test VALUES ('123');        -- 在长度范围之内
INSERT 0 1
studentdb=> SELECT col1, length(col1) FROM test;
   col1      | length
-------------+--------
 1234567890 |   10
 123        |    3
(2 rows)
studentdb=>
```

执行下面的 SQL 语句系列，测试 varchar（n）数据类型：

```
studentdb=> DROP TABLE IF EXISTS test;
DROP TABLE
studentdb=> CREATE TABLE test (col1 varchar(10));
CREATE TABLE
studentdb=> INSERT INTO test VALUES ('1234567890'); -- 在长度范围之内
INSERT 0 1
studentdb=> INSERT INTO test VALUES ('12345678901'); -- 报错，超过了最大长度
ERROR:  value too long for type character varying(10)
CONTEXT:  referenced column: col1
studentdb=> INSERT INTO test VALUES ('123');        -- 在长度范围之内
INSERT 0 1
studentdb=> SELECT col1, length(col1) FROM test;
   col1      | length
-------------+--------
 1234567890 |   10
 123        |    3
(2 rows)
studentdb=>
```

3. text

text 是变长字符串类型，其最大存储空间为 1GB。text 等价于 varchar（这里 varchar 没有限制最大长度 n）。

执行下面的 SQL 语句系列，测试 text 数据类型：

```
studentdb=> DROP TABLE IF EXISTS test;
DROP TABLE
studentdb=> CREATE TABLE test (col1 text);
CREATE TABLE
studentdb=> INSERT INTO test VALUES ('1234567890');
```

```
INSERT 0 1
studentdb=> SELECT col1, length(col1) FROM test;
   col1     | length
-------------+--------
 1234567890 |     10
(1 row)
studentdb=>
```

执行下面的 SQL 语句系列，测试 varchar 数据类型：

```
studentdb=> DROP TABLE IF EXISTS test;
DROP TABLE
studentdb=> CREATE TABLE test (col1 varchar);  -- varchar 没有限制最大长度 n
CREATE TABLE
studentdb=> INSERT INTO test VALUES ('1234567890');
INSERT 0 1
studentdb=> SELECT col1, length(col1) FROM test;
   col1     | length
-------------+--------
 1234567890 |     10
(1 row)
studentdb=>
```

四、测试布尔类型

boolean 是布尔类型，该类型的数据只存储两个值：true 或者 false。

执行下面的 SQL 语句系列，测试 boolean 数据类型：

```
studentdb=> DROP TABLE IF EXISTS test;
DROP TABLE
studentdb=> CREATE TABLE test (col1 boolean);
CREATE TABLE
studentdb=> INSERT INTO test VALUES ('t');
INSERT 0 1
studentdb=> INSERT INTO test VALUES ('f');
INSERT 0 1
studentdb=> INSERT INTO test VALUES ('y');
INSERT 0 1
studentdb=> INSERT INTO test VALUES ('n');
INSERT 0 1
studentdb=> INSERT INTO test VALUES ('1');
INSERT 0 1
studentdb=> INSERT INTO test VALUES ('0');
INSERT 0 1
studentdb=> INSERT INTO test VALUES ('on');
INSERT 0 1
studentdb=> INSERT INTO test VALUES ('off');
INSERT 0 1
studentdb=> INSERT INTO test VALUES ('yes');
INSERT 0 1
studentdb=> INSERT INTO test VALUES ('no');
INSERT 0 1
studentdb=> INSERT INTO test VALUES ('true');
INSERT 0 1
studentdb=> INSERT INTO test VALUES ('false');
```

```
INSERT 0 1
studentdb=> SELECT col1 FROM test;
 col1
------
 t
 f
 t
 f
 t
 f
 t
 f
 t
 f
 t
 f
(12 rows)
studentdb=>
```

可以看到，无论在插入时使用什么来表示 bool 类型的值，在查询显示时都显示为"t"或者"f"。

五、测试日期类型和时间类型

1. 时区

时区是当地时间与格林尼治时间的时差。格林尼治时间也称为格林尼治标准时（Greenwich Mean Time，GMT），现在称为协调世界时（英：Coordinated Universal Time。法：Temps Universel Coordonné），又称为世界统一时间、世界标准时间、国际协调时间。其英文缩写（CUT）和法文缩写 (TUC) 不同，作为妥协，简称为 UTC。

时区有多种表示方法。第一种表示方法是 POSIX 时区表示法，如 STDoffset、STDoffsetDST，其中 STD 是一个区域的缩写，offset 是相对于 UTC 的偏移量，DST 是一个可选的夏令时区域缩写。第二种表示方法使用时区的缩写，如 PST、PRC。第三种表示方法使用完整的时区名字，如 America/New_York。

2. DATE 数据类型

DATE 数据类型使用 4 个字节来存储日期（即年月日，不包括一天中的时分秒）数据。

执行下面的语句系列，为表的列输入 DATE 类型的数据：

```
studentdb=> DROP TABLE IF EXISTS test;
DROP TABLE
studentdb=> CREATE TABLE test ( col1 DATE );
CREATE TABLE
studentdb=> show datestyle;      -- 显示日期的格式
 DateStyle
--------------
 ISO, MDY
(1 row)
studentdb=> INSERT INTO test VALUES (date '08-09-2017');
INSERT 0 1
studentdb=> set datestyle='YMD';  -- 设置日期的格式
SET
studentdb=> INSERT INTO test VALUES (date '2018-09-10');
INSERT 0 1
```

```
studentdb=> SELECT * FROM test;
        col1
-------------------------
 2017-08-09 00:00:00
 2018-09-10 00:00:00
(2 rows)
studentdb=>
```

下面是另外一种输入日期类型数据的方法，它使用了 to_date 函数：

```
studentdb=> DROP TABLE test;
DROP TABLE
studentdb=> CREATE TABLE test ( col1 DATE );
CREATE TABLE
studentdb=> INSERT INTO test VALUES (to_date('08-09-2017','MM-DD-YYYY'));
INSERT 0 1
studentdb=> INSERT INTO test VALUES (to_date('08-09-2017 01:02:03','MM-DD-YYYY HH:MI:SS'));
INSERT 0 1
studentdb=> SELECT col1,length(col1) FROM test;
        col1          | length
----------------------+--------
 2017-08-09 00:00:00 |   19
 2017-08-09 01:02:03 |   19
(2 rows)
studentdb=> SELECT (to_char(col1,'HH24:MI:SS')) col1_TIME FROM  test ;
 col1_time
------------
 00:00:00
 01:02:03
(2 rows)
studentdb=> SELECT (to_char(col1,'MM-DD-YYYY')) col1_Date FROM  test;
 col1_date
----------------
 08-09-2017
 08-09-2017
(2 rows)
studentdb=> SELECT (to_char(col1,'MM-DD-YYYY HH:MI:SS')) col1_DateAndTime FROM  test;
  col1_dateandtime
--------------------------
 08-09-2017 12:00:00
 08-09-2017 01:02:03
(2 rows)
studentdb=>
```

3. TIMESTAMPTZ(p) 和 TIMESTAMP(p) with time zone

TIMESTAMPTZ(p) 和 TIMESTAMP(p) with time zone 这两种数据类型存储了带有时区信息的时间戳数据。

执行下面的语句系列，为表的列输入带有时区信息的时间戳数据：

```
studentdb=> DROP TABLE test;
DROP TABLE
studentdb=> CREATE TABLE test ( col1 TIMESTAMPTZ(3));
```

```
CREATE TABLE
studentdb=> show datestyle;
 DateStyle
---------------
 ISO, YMD
(1 row)
studentdb=> INSERT INTO test VALUES (timestamp'08-09-2017 9:00:01.234');
ERROR:  date/time field value out of range: "08-09-2017 9:00:01.234"
LINE 1: INSERT INTO test VALUES (timestamp'08-09-2017 9:00:01.234');
HINT:  Perhaps you need a different "datestyle" setting.
studentdb=> INSERT INTO test VALUES (timestamp'08-09-2018 9:00:01.2345');
ERROR:  date/time field value out of range: "08-09-2018 9:00:01.2345"
LINE 1: INSERT INTO test VALUES (timestamp'08-09-2018 9:00:01.2345')...
HINT:  Perhaps you need a different "datestyle" setting.
studentdb=> SELECT col1 FROM test;
 col1
--------
(0 rows)
studentdb=> select now();   -- now() 函数返回一个带时区的时间戳
              now
-----------------------------------------
 2020-11-01 20:26:21.860408+08
(1 row)
studentdb=>
```

下面是另外一种输入时间戳数据的方法，它使用了 to_timestamp 函数：

```
studentdb=> DROP TABLE test;
DROP TABLE
studentdb=> CREATE TABLE test( col1 TIMESTAMPTZ(3));
CREATE TABLE
studentdb=> INSERT INTO test VALUES (to_timestamp('08-09-2017 9:00:01','MM-DD-YYYY
hh24:mi:ss'));
INSERT 0 1
studentdb=> INSERT INTO test VALUES (now());
INSERT 0 1
studentdb=> SELECT col1 FROM test;
         col1
-----------------------------------------
 2017-08-09 09:00:01+08
 2020-11-01 20:27:03.127+08
(2 rows)
studentdb=>
```

4. TIMESTAMP(p) 和 TIMESTAMP(p) whithout time zone

TIMESTAMP(p) 和 TIMESTAMP(p) without time zone 这两种数据类型存储了不带有时区信息的时间戳数据。

执行下面的语句系列，为表的列输入不带有时区信息的时间戳数据：

```
studentdb=> DROP TABLE test;
DROP TABLE
studentdb=> CREATE TABLE test ( col1 TIMESTAMP(3));
```

```
      CREATE TABLE
      studentdb=> INSERT INTO test VALUES (timestamp'08-09-2017 9:00:01.234');
      INSERT 0 1
      studentdb=> INSERT INTO test VALUES (timestamp'08-09-2018 9:00:01.2345');
      INSERT 0 1
      studentdb=> SELECT col1 FROM test;
             col1
      --------------------------------
       2017-08-09 09:00:01.234
       2018-08-09 09:00:01.235
      (2 rows)
      studentdb=>
```

下面是另外一种输入时间戳数据的方法，它使用了 to_timestamp 函数：

```
      studentdb=> DROP TABLE test;
      DROP TABLE
      studentdb=> CREATE TABLE test ( col1 TIMESTAMP(3));
      CREATE TABLE
      studentdb=> INSERT INTO test VALUES (to_timestamp('08-09-2017 9:00:01','MM-DD-YYYY
      hh24:mi:ss'));
      INSERT 0 1
      studentdb=> INSERT INTO test VALUES (now());
      INSERT 0 1
      studentdb=> SELECT col1 FROM test;
             col1
      --------------------------------
       2017-08-09 09:00:01
       2020-11-01 20:28:44.028
      (2 rows)
      studentdb=>
```

5. TIME(p) with time zone

TIME(p) with time zone 数据类型存储了带有时区信息的时间（时分秒）数据。

执行下面的语句系列，为表的列输入带有时区信息的时间（时分秒）数据：

```
      studentdb=> DROP TABLE test;
      DROP TABLE
      studentdb=> CREATE TABLE test ( col1 TIME(3) with time zone);
      CREATE TABLE
      studentdb=> INSERT INTO test VALUES ('9:00:01');
      INSERT 0 1
      studentdb=> INSERT INTO test VALUES ('9:00:01.234');
      INSERT 0 1
      studentdb=> INSERT INTO test VALUES ('9:00:01.235');
      INSERT 0 1
      studentdb=> SELECT col1 FROM test;
           col1
      ---------------------
       09:00:01+08
       09:00:01.234+08
       09:00:01.235+08
```

```
(3 rows)
studentdb=>
```

6.TIME(p) without time zone

TIME(p) without time zone 数据类型存储了不带有时区信息的时间（时分秒）数据。

执行下面的语句系列，为表的列输入不带有时区信息的时间（时分秒）数据：

```
studentdb=> DROP TABLE test;
DROP TABLE
studentdb=> CREATE TABLE test ( col1 TIME(3) without time zone);
CREATE TABLE
studentdb=> INSERT INTO test VALUES ('9:00:01');
INSERT 0 1
studentdb=> SELECT col1 FROM test;
   col1
------------
 09:00:01
(1 row)
studentdb=>
```

7. interval

Interval 数据类型存储两个时间戳计算出的时间间隔数据。

```
studentdb=> DROP TABLE test;
DROP TABLE
studentdb=> CREATE TABLE test ( col1 TIMESTAMPTZ,col2 TIMESTAMPTZ);
CREATE TABLE
studentdb=> INSERT INTO test VALUES (to_timestamp('08-09-2017 9:00:01','MM-DD-YYYY
hh24:mi:ss'),now());
INSERT 0 1
studentdb=> SELECT col2-col1 days FROM test;
              days
-----------------------------------
 1180 days 11:30:17.721702
(1 row)
studentdb=> DROP TABLE test;
DROP TABLE
studentdb=> CREATE TABLE test ( col1 interval day(3) to second(4));
CREATE TABLE
studentdb=> INSERT INTO test VALUES (interval '3' DAY);
INSERT 0 1
studentdb=> INSERT INTO test VALUES (interval '3' YEAR);
INSERT 0 1
studentdb=> SELECT * FROM test;
  col1
---------
 3 days
 3 years
(2 rows)
studentdb=>
```

8. 使用日期类型和时间类型的好处

使用日期类型和时间类型最大的好处是，可以支持日期和时间运算。

```
studentdb=> DROP TABLE test;
DROP TABLE
studentdb=> CREATE TABLE test ( col1 DATE );
CREATE TABLE
studentdb=> insert into test values(now());
INSERT 0 1
studentdb=> insert into test values(now()+7);
INSERT 0 1
studentdb=> insert into test values(now()−31);
INSERT 0 1
studentdb=> select (to_char(col1,'MM-DD-YYYY HH:MI:SS')) col1_DateAndTime from  test;
 col1_dateandtime
-------------------------
 11-01-2020 08:32:35
 11-08-2020 08:32:35
 10-01-2020 08:32:35
(3 rows)
studentdb=> select * from test;
      col1
-------------------------
 2020-11-01 20:32:35
 2020-11-08 20:32:35
 2020-10-01 20:32:35
(3 rows)
studentdb=>
```

9. 时间值函数

（1）now() 函数　now() 函数返回当前的日期和时间。

```
studentdb=> select now();
              now
---------------------------------------
 2020-11-01 20:33:12.67533+08
(1 row)
studentdb=>
```

（2）ADD_MONTHS() 函数　ADD_MONTHS() 函数有两个参数：DATE 类型数据和一个数（正负表示时间的前后）。

```
studentdb=> DROP TABLE test;
DROP TABLE
studentdb=> CREATE TABLE test (col1 DATE);
CREATE TABLE
studentdb=> insert into test values(now());
INSERT 0 1
studentdb=> select * from test;
      col1
-------------------------
 2020-11-01 20:33:43
(1 row)
studentdb=> select ADD_MONTHS(col1,12) from test;
   add_months
```

```
-------------------------
 2021-11-01 20:33:43
(1 row)
studentdb=> select ADD_MONTHS(col1,−12) from test;
   add_months
-------------------------
 2019-11-01 20:33:43
(1 row)
studentdb=>
```

（3）LAST_DAY() 函数　LAST_DAY（）函数返回时间点当月最后一天的时间。

```
studentdb=> select * from test;
     col1
-------------------------
 2020-11-01 20:33:43
(1 row)
studentdb=> select LAST_DAY(col1) from test;
   last_day
-------------------------
 2020-11-30 20:33:43
(1 row)
studentdb=>
```

（4）NEXT_DAY() 函数　NEXT_DAY() 函数有两个参数：第 1 个参数 x 是一个时间；第 2 个参数 y 表示星期几，1 表示星期日，7 表示星期六。该函数用于计算从时间点 x 开始的下一个星期几（y）对应的时间。

```
studentdb=> DROP TABLE test;
DROP TABLE
studentdb=> CREATE TABLE test (
studentdb(> col1 DATE
studentdb(> );
CREATE TABLE
studentdb=> insert into test values(now());
INSERT 0 1
studentdb=> select col1,NEXT_DAY(col1,1) from test;
        col1          |       next_day
-------------------------+-------------------------
 2020-11-01 20:35:44  | 2020-11-08 20:35:44
(1 row)
studentdb=> select col1,NEXT_DAY(col1,7) from test;
        col1          |       next_day
-------------------------+-------------------------
 2020-11-01 20:35:44  | 2020-11-07 20:35:44
(1 row)
studentdb=>
```

六、测试枚举类型

数据库中的枚举类型，对应于一些编程语言中的 enum 类型。

执行下面的语句，创建和测试一个枚举类型：

```
studentdb=> CREATE TYPE weekday as
studentdb->           ENUM('Sun','Mon','Tues','Wed','Thur','Fri','Sat');
CREATE TYPE
studentdb=> DROP TABLE test;
DROP TABLE
studentdb=> CREATE TABLE test(col1 weekday);
CREATE TABLE
studentdb=> INSERT INTO  test VALUES ('Sun');
INSERT 0 1
studentdb=> INSERT INTO  test VALUES ('Mon');
INSERT 0 1
studentdb=> INSERT INTO  test VALUES ('Tues');
INSERT 0 1
studentdb=> INSERT INTO  test VALUES ('Wed');
INSERT 0 1
studentdb=> INSERT INTO  test VALUES ('Thur');
INSERT 0 1
studentdb=> INSERT INTO  test VALUES ('Fri');
INSERT 0 1
studentdb=> INSERT INTO  test VALUES ('Sat');
INSERT 0 1
studentdb=> SELECT * FROM test;
 col1
------
 Sun
 Mon
 Tues
 Wed
 Thur
 Fri
 Sat
(7 rows)
studentdb=>
```

七、任务的扫尾工作

```
studentdb=> DROP TABLE test;
DROP TABLE
studentdb=> \q
[omm@test ~]$
```

测试 openGauss DBMS 的数据库约束

9

任务目标

机构组织的业务规则，有相当一部分通过数据库约束来实现。通过本任务，读者可以掌握 openGauss DBMS 的主键（PRIMARY KEY）约束、UNIQUE 约束、NOT NULL 约束、外键（FOREIGN KEY）约束、CHECK 约束，并能为某个属性设置默认值（DEFAULT）。

实施步骤

一、登录到数据库 studentdb

使用 Linux 用户 omm，打开一个 Linux 终端窗口，执行如下的命令，使用数据库用户 student 登录到数据库 studentdb：

```
gsql -d studentdb -h 192.168.100.91 -U student -p 26000 -W student@ustb2020 -r
```

二、测试 CHECK 约束

1. 列级 CHECK 约束

在创建表的时候，创建列级 CHECK 约束：

```
studentdb=> DROP TABLE IF EXISTS test;
NOTICE:  table "test" does not exist, skipping
DROP TABLE
studentdb=> -- 创建表，age 列的值表示活着的人的年龄，为整数，0<=age<200
studentdb=> -- 在列级创建该 CHECK 约束
studentdb=> CREATE TABLE test(age INT CHECK(age>=0 AND age<200),
studentdb(>                    sex INT);
CREATE TABLE
studentdb=> INSERT INTO test VALUES(-20,1); -- 插入值不满足 CHECK 约束，插入报错！
ERROR:  new row for relation "test" violates check constraint "test_age_check"
DETAIL:  Failing row contains (−20, 1).
studentdb=> INSERT INTO test VALUES(20,1);   -- 插入值满足 CHECK 约束
INSERT 0 1
studentdb=> INSERT INTO test VALUES(201,1); -- 插入值不满足 CHECK 约束，插入报错！
ERROR:  new row for relation "test" violates check constraint "test_age_check"
DETAIL:  Failing row contains (201, 1).
studentdb=>
```

2. 表级 CHECK 约束

在创建表的时候，创建表级 CHECK 约束：

```
studentdb=> DROP TABLE IF EXISTS test;
DROP TABLE
studentdb=> -- 创建表，age 列的值表示活着的人的年龄，为整数，0<=age<200
studentdb=> -- 在表级创建该 CHECK 约束
studentdb=> CREATE TABLE test( age INT,
studentdb(>                    sex INT,
```

```
studentdb(>                     CHECK(age>=0 AND age<200)
studentdb(>                     );
CREATE TABLE
studentdb=> INSERT INTO test VALUES(-20,1);  -- 插入值不满足 CHECK 约束，插入报错！
ERROR:  new row for relation "test" violates check constraint "test_age_check"
DETAIL:  Failing row contains (-20, 1).
studentdb=> INSERT INTO test VALUES(20,1);   -- 插入值满足 CHECK 约束
INSERT 0 1
studentdb=> INSERT INTO test VALUES(201,1);  -- 插入值不满足 CHECK 约束，插入报错！
ERROR:  new row for relation "test" violates check constraint "test_age_check"
DETAIL:  Failing row contains (201, 1).
studentdb=>
```

三、测试 NOT NULL 约束

在创建表的时候，创建列级 NOT NULL 约束：

```
studentdb=> DROP TABLE IF EXISTS test;
DROP TABLE
studentdb=> CREATE TABLE test( sno int NOT NULL, -- 在列级创建 NOT NULL 约束
studentdb(>                     age int CHECK(age>0 and age<200)
studentdb(>                     );
CREATE TABLE
studentdb=> INSERT INTO test VALUES(1,20);          -- 插入的行满足 sno 列非空
INSERT 0 1
studentdb=> INSERT INTO test VALUES (NULL,20);      -- 插入的行不满足 sno 列非空，报错
ERROR:  null value in column "sno" violates not-null constraint
DETAIL:  Failing row contains (null, 20).
studentdb=>
```

四、验证一个属性可以有多个列级约束

创建表的时候，可以同时指定多个列级约束：

```
studentdb=> DROP TABLE IF EXISTS test;
DROP TABLE
studentdb=> -- 一个属性在列级可以有多个约束
studentdb=> --      NOT NULL 约束
studentdb=> --      CHECK 约束
studentdb=> CREATE TABLE test( age INT NOT NULL CHECK(age>0 AND age<200) );
CREATE TABLE
studentdb=>
studentdb=> INSERT INTO test VALUES(20);   -- 插入的行满足 age 列非空且满足 CHECK 约束
INSERT 0 1
studentdb=> INSERT INTO test VALUES(201); -- 插入的行满足 age 列非空但不满足 CHECK 约束，报错
ERROR:  new row for relation "test" violates check constraint "test_age_check"
DETAIL:  Failing row contains (201).
studentdb=>
```

五、测试 UNIQUE 约束

执行下面的语句，测试列级 UNIQUE 约束：

```
studentdb=> DROP TABLE IF EXISTS test;
DROP TABLE
```

```
studentdb=> CREATE TABLE test(   sno INT,
studentdb(>                      age INT UNIQUE   -- 列级 UNIQUE 约束
studentdb(>                      );
NOTICE:  CREATE TABLE / UNIQUE will create implicit index "test_age_key" for table "test"
CREATE TABLE
studentdb=> INSERT INTO test VALUES(1,20);        -- 插入的行满足 age 唯一约束
INSERT 0 1
studentdb=> INSERT INTO test VALUES(2,20);        -- 插入的行不满足 age 唯一约束
ERROR:  duplicate key value violates unique constraint "test_age_key"
DETAIL:  Key (age)=(20) already exists.
studentdb=>
```

执行下面的语句，测试表级 UNIQUE 约束：

```
studentdb=> DROP TABLE IF EXISTS test;
DROP TABLE
studentdb=> CREATE TABLE test(
studentdb(>                      sno int,
studentdb(>                      col1 int,
studentdb(>                      col2 int,
studentdb(>                      UNIQUE(col1,col2)  -- 表级多列组合值唯一约束
studentdb(>                      );
NOTICE:  CREATE TABLE / UNIQUE will create implicit index "test_col1_col2_key" for table "test"
CREATE TABLE
studentdb=> INSERT INTO test VALUES(1,20,20);          -- 插入的行满足多列组合值唯一约束
INSERT 0 1
studentdb=> INSERT INTO test VALUES(2,20,20);          -- 插入的行不满足多列组合值唯一约束，报错
ERROR:  duplicate key value violates unique constraint "test_col1_col2_key"
DETAIL:  Key (col1, col2)=(20, 20) already exists.
studentdb=>
```

六、测试主键约束

执行下面的语句，测试列级主键约束：

```
studentdb=> DROP TABLE IF EXISTS test;
DROP TABLE
studentdb=> CREATE TABLE test(
studentdb(>                      sno int PRIMARY KEY, -- 列级主键约束
studentdb(>                      age int
studentdb(>                      );
NOTICE:  CREATE TABLE / PRIMARY KEY will create implicit index "test_pkey" for table "test"
CREATE TABLE
studentdb=> INSERT INTO test VALUES(1,20);    -- 插入的行满足主键约束
INSERT 0 1
studentdb=> INSERT INTO test VALUES(2,20);    -- 插入的行满足主键约束
INSERT 0 1
studentdb=> INSERT INTO test VALUES(2,20);    -- 插入的行不满足主键约束，报错！
ERROR:  duplicate key value violates unique constraint "test_pkey"
DETAIL:  Key (sno)=(2) already exists.
studentdb=>
```

七、测试 DEFAULT（给属性赋默认值）

如果没有定义列的默认值，默认值缺省为 null：

```
studentdb=> DROP TABLE IF EXISTS test;
DROP TABLE
studentdb=> CREATE TABLE test(
studentdb(                        sno int PRIMARY KEY,
studentdb(                        age int                -- 没有定义该列的默认值，默认值缺省为 null
studentdb(                        );
NOTICE:  CREATE TABLE / PRIMARY KEY will create implicit index "test_pkey" for table "test"
CREATE TABLE
studentdb=> INSERT INTO test VALUES(1,20);              -- 插入的行提供了所有的值
INSERT 0 1
studentdb=> INSERT INTO test(sno) VALUES(2);           -- 插入的行未提供 age 的值，赋予默认值 null
INSERT 0 1
studentdb=> SELECT * FROM test;
 sno | age
-----+-----
   1 |  20
   2 |
(2 rows)
studentdb=>
```

执行下面的语句，为某个列（属性）指定默认值：

```
studentdb=> DROP TABLE IF EXISTS test;
DROP TABLE
studentdb=> CREATE TABLE test(
studentdb(                        sno int PRIMARY KEY,
studentdb(                        age int DEFAULT 20  -- 如果没有提供该列的值，赋予默认值 20
studentdb(                        );
NOTICE:  CREATE TABLE / PRIMARY KEY will create implicit index "test_pkey" for table "test"
CREATE TABLE
studentdb=> INSERT INTO test VALUES(1,20);              -- 插入的行提供了所有的值
INSERT 0 1
studentdb=> INSERT INTO test(sno) VALUES(2);           -- 插入的行未提供 age 的值，赋予默认值 20
INSERT 0 1
studentdb=> SELECT * FROM test;
 sno | age
-----+-----
   1 |  20
   2 |  20
(2 rows)
studentdb=>
```

八、测试外键约束

1. 测试外键约束的默认行为

外键约束的默认行为是：只能为子表添加这样的行，其外键值是父表主键值集合中的元素；只能删除父表中这些行，其主键值已经不被子表外键所引用。

第一个例子是为子表添加行的例子。水果店出售不同品种的水果，水果店销售的水果只能是水果店进货的水果，没在进货列表的水果，没法记录在销售记录表中。下面的测试说明了这一点：

```
studentdb=> DROP TABLE IF EXISTS sell;
DROP TABLE
```

```
studentdb=> DROP TABLE IF EXISTS fruitstock;
DROP TABLE
studentdb=> CREATE TABLE fruitstock ( fruitname varchar(30) PRIMARY KEY);
NOTICE:  CREATE TABLE / PRIMARY KEY will create implicit index "fruitstock_pkey" for table "fruit-
stock"
CREATE TABLE
studentdb=> CREATE TABLE sell( sellno INT PRIMARY KEY,
studentdb(>                            fruitname varchar(30)  REFERENCES fruitstock(fruitname)
studentdb(>                            );
NOTICE:  CREATE TABLE / PRIMARY KEY will create implicit index "sell_pkey" for table "sell"
CREATE TABLE
studentdb=>
studentdb=> -- 水果店只卖 apple、banana 和 pear
studentdb=> -- 往表 fruitstock 中插入水果 apple、banana 和 pear
studentdb=> insert into fruitstock values('apple');
INSERT 0 1
studentdb=> insert into fruitstock values('banana');
INSERT 0 1
studentdb=> insert into fruitstock values('pear');
INSERT 0 1
studentdb=>
studentdb=> -- 表 sell 记录销售情况，只要销售的水果名字都是表 fruitstock 记录的，就满足外键约束
studentdb=> insert into sell values(1,'apple');
INSERT 0 1
studentdb=> insert into sell values(2,'apple');
INSERT 0 1
studentdb=> insert into sell values(3,'banana');
INSERT 0 1
studentdb=> insert into sell values(4,'banana');
INSERT 0 1
studentdb=> insert into sell values(5,'pear');
INSERT 0 1
studentdb=> insert into sell values(6,'pear');
INSERT 0 1
studentdb=>
studentdb=> -- 往子表 sell 中插入的行，其水果名如果没有记录在表 fruitstock 中，则不满足外键约束
studentdb=> -- 父表 fruitstock 的 fruitname 列中没有值为 mongo 的行
studentdb=> insert into sell values(7,'mango');
ERROR:  insert or update on table "sell" violates foreign key constraint "sell_fruitname_fkey"
DETAIL:  Key (fruitname)=(mango) is not present in table "fruitstock".
studentdb=>
```

第二个例子是删除行的例子。我们想删除父表中的水果 pear，但是由于子表中还有关于 pear 的销售记录，因此无法删除父表中名为 pear 的记录。

```
studentdb=> -- 删除父表 fruitstock 中的 pear，因为子表 sell 还包含值为 pear 的行，违反外键约束
studentdb=> -- 因此无法删除父表中的 pear 记录
studentdb=> delete from fruitstock where fruitname='pear';
ERROR:  update or delete on table "fruitstock" violates foreign key constraint "sell_fruitname_fkey" on
table "sell"
DETAIL:  Key (fruitname)=(pear) is still referenced from table "sell".
studentdb=>
```

如果我们先删除子表中外键值为 pear 的行，那么在这些行被删除之后，就可以删除父表 fruitstock 中包含 pear 值的记录了。读者可以自己完成这个操作。

2. 测试外键约束的 on delete cascade 特性

查看表 sell 上的约束（查看表的信息就可以看到该表上的约束情况）：

```
studentdb=> \d sell
           Table "public.sell"
  Column    |        Type         | Modifiers
------------+---------------------+---------------
 sellno     | integer             | not null
 fruitname  | character varying(30) |
Indexes:
    "sell_pkey" PRIMARY KEY, btree (sellno) TABLESPACE student_ts
Foreign-key constraints:
    "sell_fruitname_fkey" FOREIGN KEY (fruitname) REFERENCES fruitstock(fruitname)
studentdb=>
```

若要修改表约束，只能先删除约束然后再重建约束。下面将约束特性修改为 on delete cascade 和 on update cascade：

```
studentdb=> \set AUTOCOMMIT off
studentdb=> alter table sell drop constraint sell_fruitname_fkey;
ALTER TABLE
studentdb=> alter table sell add constraint sell_fruitname_fkey foreign key (fruitname)
studentdb->      references fruitstock(fruitname) on delete cascade on update cascade;
ALTER TABLE
studentdb=> commit;
COMMIT
studentdb=>
```

约束具有 on delete cascade 特性，意味着如果删除父表的记录，同时会将子表的对应记录页删除。下面的例子中，删除父表 fruitstock 中的 pear 记录，子表 sell 中关于水果 pear 的相应记录也会被删除：

```
studentdb=> select * from fruitstock;
 fruitname
-----------
 apple
 banana
 pear
(3 rows)
studentdb=> select * from sell;
 sellno| fruitname
--------+-------------
      1 | apple
      2 | apple
      3 | banana
      4 | banana
      5 | pear
      6 | pear
(6 rows)
```

```
studentdb=> -- 约束特性是 on delete cascade，因此可以删除父表 fruitstock 中值为 pear 的行，
studentdb=> -- 但同时会级联删除子表 sell 中还包含值为 pear 的行
studentdb=> delete from fruitstock where fruitname='pear';
DELETE 1
studentdb=> select * from fruitstock;
 fruitname
-----------
 apple
 banana
(2 rows)
studentdb=> select * from sell;
 sellno | fruitname
--------+-------------
      1 | apple
      2 | apple
      3 | banana
      4 | banana
(4 rows)
studentdb=> rollback;
ROLLBACK
studentdb=>
```

可以看出，约束特性是 on delete cascade 时，在删除父表 fruitstock 中的记录后，会把子表中的相应记录级联删除。最后执行回滚语句，使测试数据恢复原状，以便继续进行下面的测试。

3. 测试外键约束的 on update cascade 特性

下面测试外键约束的 on update cascade 特性：

```
studentdb=> \set AUTOCOMMIT off
studentdb=> select * from fruitstock;
 fruitname
-------------
 apple
 banana
 pear
(3 rows)
studentdb=> select * from sell;
 sellno | fruitname
--------+-------------
      1 | apple
      2 | apple
      3 | banana
      4 | banana
      5 | pear
      6 | pear
(6 rows)
studentdb=> -- 更新父表 fruitstock 中的 pear 为 grape，因为外键约束特性是 on update cascade，
studentdb=> -- 因此允许更新父表中的记录 pear 为 grape，同时把子表 sell 中值为 pear 的行也修改为 grape
studentdb=> update fruitstock set fruitname='grape'where fruitname='pear';
UPDATE 1
studentdb=> select * from fruitstock;
```

```
 fruitname
-------------
 apple
 banana
 grape
(3 rows)
studentdb=> select * from sell;
 sellno| fruitname
--------+------------
      1 | apple
      2 | apple
      3 | banana
      4 | banana
      5 | grape
      6 | grape
(6 rows)
studentdb=> rollback;
ROLLBACK
studentdb=>
```

4. 测试外键约束的 on delete set null 特性

首先修改外键约束特性为 on delete set null 和 on update set null：

```
studentdb=> \set AUTOCOMMIT off
studentdb=> alter table sell drop constraint sell_fruitname_fkey;
ALTER TABLE
studentdb=> alter table sell add constraint sell_fruitname_fkey foreign key (fruitname)
studentdb->      references fruitstock(fruitname) on delete set null on update set null;
ALTER TABLE
studentdb=> commit;
COMMIT
studentdb=>
```

下面测试外键约束的 on delete set null 特性：

```
studentdb=> select * from fruitstock;
 fruitname
-------------
 apple
 banana
 pear
(3 rows)
studentdb=> select * from sell;
 sellno| fruitname
--------+------------
      1 | apple
      2 | apple
      3 | banana
      4 | banana
      5 | pear
      6 | pear
(6 rows)
```

```
studentdb=> -- 外键约束具有 on delete set null 特性，因此可以删除父表 fruitstock 中的 pear，
studentdb=> -- 但是会在删除父表相关记录的同时，将子表 sell 中外键的相应值设置为 null
studentdb=> delete from fruitstock where fruitname='pear';
DELETE 1
studentdb=> select * from fruitstock;
 fruitname
-------------
 apple
 banana
(2 rows)
studentdb=> select * from sell;
 sellno | fruitname
--------+-------------
      1 | apple
      2 | apple
      3 | banana
      4 | banana
      5 |
      6 |
(6 rows)
studentdb=> rollback;
ROLLBACK
studentdb=>
```

5. 测试外键约束的 on delete set null 特性

下面测试外键约束的 on delete set null 特性。将父表 fruitstock 中的 pear 更新为 grape：

```
studentdb=> select * from fruitstock;
 fruitname
-------------
 apple
 banana
 pear
(3 rows)

studentdb=> select * from sell;
 sellno | fruitname
--------+-------------
      1 | apple
      2 | apple
      3 | banana
      4 | banana
      5 | pear
      6 | pear
(6 rows)
studentdb=> -- 外键约束具有 on update set null 特性，因此可以更新父表 fruitstock 中的 pear 为 grape，
studentdb=> -- 但在更新父表相关记录的同时，会将子表 sell 中外键的相应值设置为 null
studentdb=> update fruitstock set fruitname='grape'where fruitname='pear';
UPDATE 1
studentdb=> select * from fruitstock;
 fruitname
-------------
```

```
        apple
        banana
        grape
   (3 rows)
   studentdb=> select * from sell;
    sellno | fruitname
   --------+-------------
        1 | apple
        2 | apple
        3 | banana
        4 | banana
        5 |
        6 |
   (6 rows)
   studentdb=> rollback;
   ROLLBACK
   studentdb=>
```

九、查看表的约束

使用 \d tableName 命令查看表及其上的约束信息：

```
   studentdb=> \d instructor
          Table "public.instructor"
        Column      |        Type         | Modifiers
   -----------------+---------------------+------------
    id              | character varying(5)  | not null
    dept_name       | character varying(20) |
    name            | character varying(20) | not null
    salary          | numeric(8,2)          |
   Indexes:
       "instructor_pkey" PRIMARY KEY, btree (id) TABLESPACE student_ts
   Foreign-key constraints:
       "fk_sys_c0011280" FOREIGN KEY (dept_name) REFERENCES department(dept_name) ON UPDATE
   RESTRICT ON DELETE RESTRICT
       Referenced by:
       TABLE "teaches" CONSTRAINT "fk_sys_c0011287" FOREIGN KEY (id) REFERENCES instructor(id)
   ON UPDATE RESTRICT ON DELETE RESTRICT
       TABLE "advisor" CONSTRAINT "fk_sys_c0011297" FOREIGN KEY (id) REFERENCES instructor(id)
   ON UPDATE RESTRICT ON DELETE RESTRICT
       studentdb=>
```

也可以使用以下的语句来查询：

```
SELECT
tc.constraint_name, tc.table_name, kcu.column_name,
ccu.table_name AS foreign_table_name,
ccu.column_name AS foreign_column_name,
tc.is_deferrable,tc.initially_deferred
FROM
information_schema.table_constraints AS tc
JOIN information_schema.key_column_usage AS kcu ON tc.constraint_name = kcu.constraint_name
JOIN information_schema.constraint_column_usage AS ccu ON ccu.constraint_name = tc.constraint_name
WHERE constraint_type = 'XXXXX' AND tc.table_name = 'XXXXX';
```

其中，constraint_type 有四种：UNIQUE、PRIMARY KEY、CHECK、FOREIGN KEY。

以下的例子是查询表 instructor 的主键约束：

```
studentdb=> SELECT
studentdb-> tc.constraint_name, tc.table_name, kcu.column_name,
studentdb-> ccu.table_name AS foreign_table_name,
studentdb-> ccu.column_name AS foreign_column_name,
studentdb-> tc.is_deferrable,tc.initially_deferred
studentdb-> FROM
studentdb-> information_schema.table_constraints AS tc
studentdb-> JOIN information_schema.key_column_usage AS kcu ON tc.constraint_name = kcu.con-
straint_name
studentdb-> JOIN information_schema.constraint_column_usage AS ccu ON ccu.constraint_name =
tc.constraint_name
studentdb-> WHERE constraint_type = 'PRIMARY KEY' AND tc.table_name = 'instructor';
 constraint_name | table_name | column_name | foreign_table_name | foreign_column_name | is_deferrable
| initially_deferred
    --------------------+--------------+-----------------+-----------------------+--------------------------+-----------------
+-------
 instructor_pkey | instructor | id         | instructor        | id                  | NO
| NO
(1 row)
studentdb=>
```

以下的例子是查询表 instructor 的外键约束：

```
studentdb=> SELECT
studentdb-> tc.constraint_name, tc.table_name, kcu.column_name,
studentdb-> ccu.table_name AS foreign_table_name,
studentdb-> ccu.column_name AS foreign_column_name,
studentdb-> tc.is_deferrable,tc.initially_deferred
studentdb-> FROM
studentdb-> information_schema.table_constraints AS tc
studentdb-> JOIN information_schema.key_column_usage AS kcu ON tc.constraint_name = kcu.con-
straint_name
studentdb-> JOIN information_schema.constraint_column_usage AS ccu ON ccu.constraint_name =
tc.constraint_name
studentdb-> WHERE constraint_type = 'FOREIGN KEY' AND tc.table_name = 'instructor';
 constraint_name | table_name | column_name | foreign_table_name | foreign_column_name | is_deferrable
| initially_deferred
    --------------------+--------------+-----------------+-----------------------+--------------------------+-----------------
+-------
 fk_sys_c0011280| instructor | dept_name  | department        | dept_name           | NO
| NO
(1 row)
studentdb=>
```

十、任务的扫尾工作

```
studentdb=> DROP TABLE IF EXISTS test;
DROP TABLE
studentdb=> DROP TABLE IF EXISTS sell;
DROP TABLE
studentdb=> DROP TABLE IF EXISTS fruitstock;
DROP TABLE
studentdb=> \q
[omm@test ~]$
```

openGauss 逻辑结构：表空间管理

任务目标

表空间是数据的容器。通过本任务，读者应能掌握表空间的管理，包括创建表空间、删除表空间、重命名表空间、查看表空间的情况。

实施步骤

一、创建表空间

使用用户 omm 打开一个 Linux 终端窗口，执行如下的命令，登录到 openGauss 数据库，并创建一个名为 ustb_ts 的表空间：

```
[omm@test ~]$ gsql -d postgres -p 26000 -r
postgres=# CREATE TABLESPACE ustb_ts RELATIVE LOCATION 'tablespace/ustb_ts1';
CREATE TABLESPACE
postgres=#
```

二、查看系统有哪些表空间

执行下面的 SQL 语句和 gsql 元命令 \db，查看 openGauss 数据库下有什么表空间：

```
postgres=# SELECT spcname FROM pg_tablespace;
  spcname
------------
 pg_default
 pg_global
 student_ts
 ustb_ts
(4 rows)
postgres=# \db
              List of tablespaces
    Name      | Owner |      Location
--------------+-------+---------------------------
 pg_default   | omm   |
 pg_global    | omm   |
 student_ts   | omm   | tablespace/student_ts1
 ustb_ts      | omm   | tablespace/ustb_ts1
(4 rows)
postgres=#
```

三、查看表空间目前的大小

执行下面的 SQL 语句，查看表空间的大小（单位是字节，例子是新建的表空间，只有 6 个字节大小）：

```
postgres=# SELECT PG_TABLESPACE_SIZE('ustb_ts');
 pg_tablespace_size
------------------------
                     6
(1 row)
postgres=# \q
[omm@test ~]$
```

有了表空间目前大小的数据，可以计算表空间的使用率：

表空间的使用率 = 表空间的大小 / 表空间所在磁盘分区的大小 × 100%

四、查看某个表空间下有哪些对象

1. 查看数据库的默认表空间下有哪些对象

使用 Linux 用户 omm，打开一个 Linux 终端窗口，执行如下命令和 SQL 语句，用数据库用户 student 连接 openGauss DBMS 的数据库 studentdb：

gsql -d studentdb -h 192.168.100.91 -U student -p 26000 -W student@ustb2020 -r

执行下面的 SQL 语句，查看数据库 studentdb 的默认表空间下有哪些对象：

```
studentdb=> with objectInDefaultTS as
studentdb->       ( select relname, relkind, relpages,pg_size_pretty(pg_relation_size(a.oid)),
studentdb(>               reltablespace,relowner
studentdb(>         from pg_class a
studentdb(>         where a.relkind in ('r', 'i')  and reltablespace='0'
studentdb(>       )
studentdb-> select *
studentdb-> from objectInDefaultTS
studentdb-> -- where 子句中的过滤条件是：结果记录不以 pg_% 开头，或者不以 gs_ 开头
studentdb-> -- 设 p 表示结果记录以 pg_% 开头，q 表示结果记录以 gs_ 开头，
studentdb-> -- 使用德摩根定律 not（p or q）⇔（not p）and（not q）进行等价转换
studentdb-> -- where 子句中的过滤条件改写为：结果记录既不以 pg_% 开头，也不以 gs_ 开头
studentdb-> where relname not like 'pg_%' and relname not like 'gs_%' and relname not like 'sql_%'
studentdb-> order by relpages desc;
    relname      | relkind | relpages | pg_size_pretty | reltablespace | relowner
-----------------+---------+----------+----------------+---------------+-----------
 prereq_pkey     | i       |        1 | 16 kB          |             0 | 16445
 section_pkey    | i       |        1 | 16 kB          |             0 | 16445
 ……（省略了一些输出信息）
 advisor_pkey    | i       |        1 | 16 kB          |             0 | 16445
 fruitstock      | r       |        0 | 8192 bytes     |             0 | 16445
 sell            | r       |        0 | 8192 bytes     |             0 | 16445
 time_slot       | r       |        0 | 8192 bytes     |             0 | 16445
 advisor         | r       |        0 | 8192 bytes     |             0 | 16445
 prereq          | r       |        0 | 8192 bytes     |             0 | 16445
 course          | r       |        0 | 8192 bytes     |             0 | 16445
 classroom       | r       |        0 | 8192 bytes     |             0 | 16445
 department      | r       |        0 | 8192 bytes     |             0 | 16445
 student         | r       |        0 | 8192 bytes     |             0 | 16445
 takes           | r       |        0 | 8192 bytes     |             0 | 16445
 instructor      | r       |        0 | 8192 bytes     |             0 | 16445
 section         | r       |        0 | 8192 bytes     |             0 | 16445
 teaches         | r       |        0 | 8192 bytes     |             0 | 16445
```

```
plan_table_data | r       |       0 | 0 bytes        |        0 |   10
test            | r       |       0 | 8192 bytes     |        0 |   16445
(29 rows)
studentdb=>
```

2. 查看数据库的非默认表空间下有哪些对象

由于当前数据库 studentdb 的默认表空间是 student_ts，为了进行测试，首先在表空间 ustb_ts 中为数据库 studentdb 创建一个测试表 ttt：

create table ttt(col1 varchar(10)) tablespace ustb_ts;

执行下面的 SQL 语句，查询数据库 studentdb 的非默认表空间 ustb_ts 下有哪些对象：

```
studentdb=> select relname,relkind,relpages,pg_size_pretty(pg_relation_size(a.oid)),
studentdb->          reltablespace,relowner
studentdb-> from pg_class a, pg_tablespace tb
studentdb-> where a.relkind in ('r', 'i')
studentdb-> and a.reltablespace=tb.oid
studentdb-> and tb.spcname='ustb_ts'
studentdb-> order by a.relpages desc;
 relname | relkind | relpages | pg_size_pretty | reltablespace | relowner
---------+---------+----------+----------------+---------------+----------
 ttt     | r       |        0 | 0 bytes        |         16890 |   16445
(1 row)
studentdb=>
```

执行下面的 SQL 语句，删除测试表 ttt，并退出 gsql 会话：

```
studentdb=> drop table ttt;
DROP TABLE
studentdb=> \q
[omm@test ~]$
```

五、重命名表空间

使用用户 omm 打开一个 Linux 终端窗口，执行如下的命令，登录到 openGauss 数据库，将表空间 ustb_ts 命名为 app_ts：

gsql -d postgres -p 26000 -r
ALTER TABLESPACE ustb_ts RENAME TO app_ts;

执行下面的 gsql 命令，查看数据库当前的表空间信息：

```
postgres=# \db
           List of tablespaces
   Name     | Owner |      Location
------------+-------+-------------------------
 app_ts     | omm   | tablespace/ustb_ts1
 pg_default | omm   |
 pg_global  | omm   |
 student_ts | omm   | tablespace/student_ts1
(4 rows)
postgres=#
```

可以看到，表空间 ustb_ts 已经更名为 app_ts，但是底层的文件并没有更名，仍然是 ustb_ts1。

六、删除表空间

用户必须是表空间的 Owner 或者系统管理员才能删除表空间。执行下面的 SQL 语句，删除表空间 app_ts：

```
postgres=# DROP TABLESPACE app_ts;
DROP TABLESPACE
postgres=#
```

执行下面的 gsql 命令，再次查看数据库当前的表空间信息，并退出 gsql：

```
postgres=# \db
            List of tablespaces
    Name     | Owner |       Location
-------------+-------+----------------------------
 pg_default  | omm   |
 pg_global   | omm   |
 student_ts  | omm   | tablespace/student_ts1
(3 rows)
postgres=# \q
[omm@test ~]$
```

openGauss 逻辑结构：数据库管理

任务目标

数据库是数据库对象的容器，在数据库中可以创建模式、表、索引等数据库对象。openGauss 数据库管理包括创建数据库、删除数据库、重命名数据库、查看数据库的信息。

实施步骤

一、登录到 openGauss

使用用户 omm 打开一个 Linux 终端窗口，执行如下的命令：

gsql -d postgres -p 26000 -r

二、创建数据库

执行下面的 SQL 语句，创建表空间 ustb_ts 和数据库 ustbdb：

```
postgres=# CREATE TABLESPACE ustb_ts RELATIVE LOCATION 'tablespace/ustb_ts1';
CREATE TABLESPACE
postgres=# CREATE DATABASE ustbdb WITH TABLESPACE = ustb_ts;
CREATE DATABASE
postgres=#
```

三、查看数据库集群中有哪些数据库

执行下面的 gsql 命令，查看当前系统上有哪些数据库：

```
postgres=# \l
                          List of databases
    Name     | Owner| Encoding     | Collate  | Ctype   | Access privileges
-------------+--------+----------------+-----------+---------+----------------------
 postgres    | omm   | SQL_ASCII    | C        | C       |
 studentdb   | omm   | SQL_ASCII    | C        | C       |
 template0   | omm   | SQL_ASCII    | C        | C       | =c/omm          +
             |       |              |          |         | omm=CTc/omm
 template1   | omm   | SQL_ASCII    | C        | C       | =c/omm          +
             |       |              |          |         | omm=CTc/omm
 ustbdb      | omm   | SQL_ASCII    | C        | C       |
(5 rows)
postgres=#
```

执行下面的 SQL 语句，查看当前系统上有哪些数据库：

```
postgres=# SELECT datname FROM pg_database;
  datname
-------------
 template1
```

```
    studentdb
    template0
    postgres
    ustbdb
    (5 rows)
    postgres=# \q
    [omm@test ~]$
```

四、查看数据库默认表空间的信息

使用用户 omm 打开一个 Linux 终端窗口，执行如下的命令登录 openGauss 数据库：

gsql -d studentdb -h 192.168.100.91 -U student -p 26000 -W student@ustb2020 -r

可以分两步来查看数据库 studentdb 默认表空间的信息。首先执行下面的语句，查看数据库 studentdb 默认表空间的 OID：

```
studentdb=> select datname,dattablespace from pg_database where datname='studentdb';
  datname| dattablespace
------------+-----------------
 studentdb  |      16449
 (1 row)
studentdb=>
```

注意：读者在做实验的时候，显示的 OID 可能会不同于这里的值 16449。

然后使用刚刚获得的表空间的 OID，来查看表空间的名字：

```
studentdb=> select oid,spcname from pg_tablespace where oid=16449;
  oidc        | spcname
------------- +------------
 16449        | student_ts
 (1 row)
studentdb=>
```

可以将上面的两条语句合并成一条语句，来查询数据库 studentdb 的默认表空间的名字：

```
select spcname
from pg_tablespace
where oid=(select dattablespace
           from pg_database
           where datname='studentdb');
```

五、查看数据库下有哪些模式

执行下面的 SQL 语句，查看当前数据库下有哪些模式：

```
studentdb=> SELECT catalog_name, schema_name, schema_owner
studentdb-> FROM information_schema.schemata;
 catalog_name  |   schema_name          | schema_owner
---------------+------------------------+--------------------
 studentdb     | pg_toast               | omm
 studentdb     | cstore                 | omm
 studentdb     | dbe_perf               | omm
 studentdb     | snapshot               | omm
 studentdb     | pg_catalog             | omm
 studentdb     | public                 | omm
```

```
    studentdb     | information_schema    | omm
(7 rows)
studentdb=>
```

也可以执行下面的 gsql 命令，查看当前数据库下有哪些模式：

```
studentdb=> \dn+
                          List of schemas
   Name      | Owner  | Access privileges |          Description
-------------+--------+-------------------+------------------------------------------
 cstore      | omm    |                   | reserved schema for DELTA tables
 dbe_perf    | omm    |                   | dbe_perf schema
 public      | omm    | omm=UC/omm       +| standard public schema
             |        | =U/omm           |
 snapshot    | omm    |                   | snapshot schema
(4 rows)
studentdb=>
```

六、查看数据库下有哪些表

执行下面的 SQL 语句，可以查询当前连接的数据库下有哪些表：

```
studentdb=> with my_tables(table_catalog, table_schema, table_name, table_type) as
studentdb->   (   select table_catalog, table_schema, table_name, table_type
studentdb(>         from information_schema.tables
studentdb(>         where table_schema not in ('pg_catalog', 'information_schema','dbe_perf')
studentdb(>     )
studentdb-> select * from my_tables;
 table_catalog | table_schema | table_name | table_type
---------------+--------------+------------+-------------------
 studentdb     | public       | sell       | BASE TABLE
……（省略了一些输出）
 studentdb     | public       | time_slot  | BASE TABLE
(14 rows)
studentdb=>
```

为了完成下一个实验，请保持这个窗口不退出。

七、修改数据库的默认表空间

如果数据库被一个用户打开，就无法更改数据库的默认表空间。

下面用实验证明这一点。先保持用户 student 连接到数据库 studentdb（不要关闭刚才执行 SQL 语句的 Linux 终端窗口。）

使用用户 omm 打开另外一个 Linux 终端窗口（我们将该窗口命名为 working 窗口），执行下面的语句，先创建表空间 app_ts：

gsql -d postgres -p 26000 -r
CREATE TABLESPACE app_ts RELATIVE LOCATION 'tablespace/app_ts1';

然后在 working 窗口下，执行下面的语句，修改数据库 studentdb 的默认表空间为 app_ts：

```
postgres=# ALTER DATABASE studentdb SET TABLESPACE app_ts;
ERROR:  database "studentdb" is being accessed by other users
DETAIL:  There is 1 other session using the database.
postgres=#
```

输出显示，更改数据库 studentdb 的默认表空间为 app_ts 的语句没有执行成功。可见，必须关闭所有用户对数据库 studentdb 的连接，才能完成修改数据库 studentdb 的默认表空间的任务。

执行下面的 gsql 元命令，关闭对数据库 studentdb 的所有会话连接（至少得关闭刚才保留的会话）：

```
studentdb=> \q
[omm@test ~]$
```

在 working 窗口，重新执行上面的命令：

```
postgres=# ALTER DATABASE studentdb SET TABLESPACE app_ts;
ALTER DATABASE
postgres=#
```

再次执行下面的 SQL 语句，查询数据库 studentdb 的默认表空间：

```
postgres=# select spcname
postgres-# from pg_tablespace
postgres-# where oid=( select dattablespace
postgres(#                 from pg_database
postgres(#                 where datname='studentdb' );
 spcname
---------------
 app_ts
(1 row)
postgres=#
```

可以看到，目前数据库 studentdb 的默认表空间是 app_ts 了。

执行下面的 SQL 语句，重新把数据库 studentdb 的默认表空间设置为表空间 student_ts，并退出 gsql：

```
postgres=# ALTER DATABASE studentdb SET TABLESPACE student_ts;
ALTER DATABASE
postgres=# drop tablespace app_ts;
DROP TABLESPACE
postgres=# \q
[omm@test ~]$
```

八、重命名数据库

使用 Linux 用户 omm，执行下面的命令和 SQL 语句，查看当前 openGauss 上有哪些数据库：

```
[omm@test ~]$ gsql -d postgres -p 26000 -r
postgres=# \l
                        List of databases
    Name     | Owner | Encoding | Collate | Ctype | Access privileges
---------------+----------+----------------+----------+----------+-----------------------------
 postgres     | omm   | SQL_ASCII | C       | C     |
 studentdb    | omm   | SQL_ASCII | C       | C     |
 template0    | omm   | SQL_ASCII | C       | C     | =c/omm              +
              |       |          |         |       | omm=CTc/omm
 template1    | omm   | SQL_ASCII | C       | C     | =c/omm              +
              |       |          |         |       | omm=CTc/omm
```

```
   ustbdb        | omm    | SQL_ASCII  | C       | C       |
(5 rows)
postgres=#
```

执行下面的 SQL 语句，将数据库 ustbdb 更名为 beikedadb：

```
postgres=# ALTER DATABASE ustbdb RENAME TO  beikedadb;
ALTER DATABASE
postgres=#
```

执行下面的 gsql 元命令，查看当前系统上有哪些数据库：

```
postgres=# \l
                         List of databases
     Name       | Owner  | Encoding   | Collate    | Ctype    | Access privileges
----------------+--------+------------+------------+----------+---------------------------
 beikedadb      | omm    | SQL_ASCII  | C          | C        |
 postgres       | omm    | SQL_ASCII  | C          | C        |
 studentdb      | omm    | SQL_ASCII  | C          | C        |
 template0      | omm    | SQL_ASCII  | C          | C        | =c/omm                    +
                |        |            |            |          | omm=CTc/omm
 template1      | omm    | SQL_ASCII  | C          | C        | =c/omm                    +
                |        |            |            |          | omm=CTc/omm
(5 rows)
postgres=#
```

可以看到，已经把数据库 ustbdb 更名为 beikedadb 了。

九、删除数据库

执行下面的命令，删除数据库 beikedadb：

DROP DATABASE beikedadb;

为了继续下面的测试，重新创建数据库 ustbdb：

CREATE DATABASE ustbdb WITH TABLESPACE = ustb_ts;
\q

十、修改数据库的默认用户

使用用户 omm 打开一个 Linux 终端窗口，执行下面的命令，登录到 openGauss DBMS：
gsql -d postgres -p 26000 -r

执行下面的 SQL 语句，创建数据库用户 zqf，并授予用户 zqf SYSADMIN 权限：
CREATE USER zqf IDENTIFIED BY 'zqf@ustb2020';
ALTER USER zqf SYSADMIN;

执行下面的 gsql 元命令，查看数据库的属主用户是谁：

```
postgres=# \l
                         List of databases
     Name      | Owner  | Encoding   | Collate    | Ctype    | Access privileges
---------------+--------+------------+------------+----------+---------------------------
 postgres      | omm    | SQL_ASCII  | C          | C        |
 studentdb     | omm    | SQL_ASCII  | C          | C        |
 template0     | omm    | SQL_ASCII  | C          | C        | =c/omm                    +
               |        |            |            |          | omm=CTc/omm
 template1     | omm    | SQL_ASCII  | C          | C        | =c/omm                    +
```

```
            |        |          |        |         | omm=CTc/omm
 ustbdb     | omm    | SQL_ASCII | C      | C       |
(5 rows)
postgres=#
```

从输出可以看出，数据库 ustbdb 的拥有者是用户 omm。

执行下面的 SQL 语句，将数据库 ustbdb 的拥有者变更为数据库用户 zqf：

```
postgres=# ALTER DATABASE ustbdb OWNER to zqf;
ALTER DATABASE
postgres=#
```

再次执行下面的 gsql 元命令，查看数据库的属主情况：

```
postgres=# \l
                    List of databases
  Name     | Owner  | Encoding  | Collate | Ctype | Access privileges
-----------+--------+-----------+---------+-------+---------------------------
 postgres  | omm    | SQL_ASCII | C       | C     |
 studentdb | omm    | SQL_ASCII | C       | C     |
 template0 | omm    | SQL_ASCII | C       | C     | =c/omm              +
           |        |           |         |       | omm=CTc/omm
 template1 | omm    | SQL_ASCII | C       | C     | =c/omm              +
           |        |           |         |       | omm=CTc/omm
 ustbdb    | zqf    | SQL_ASCII | C       | C     |
(5 rows)
postgres=#
```

从输出可以看到，数据库 ustbdb 的属主用户已经变更为用户 zqf 了。执行下面的 SQL 语句，重新将数据库 ustbdb 的属主更改为用户 omm：

```
ALTER DATABASE ustbdb OWNER to omm;
```

十一、任务的扫尾工作

继续后面的任务之前，执行下面的 SQL 语句，删除用户 zqf、数据库 ustbdb、表空间 ustb_ts，并退出 gsql：

```
drop user zqf;
drop database ustbdb;
drop tablespace ustb_ts;
\q
```

12

openGauss 逻辑结构：模式管理

任务目标

在一个数据库中可以有多个模式。模式可以把一组对象组织在一起，这样组织机构有多少个应用，我们就可以将数据库对象组织成多少个模式；若组织机构有多个部门，也可以为每个部门创建单独的模式。默认情况下，用户将访问数据库的 public 模式。

模式管理包括为数据库创建模式、删除模式、查看和设置模式的搜索路径、查看模式中的信息。

实施步骤

一、准备工作

使用 Linux 用户 omm 打开一个 Linux 终端窗口，执行如下的命令和 SQL 语句，创建表空间 ustb_ts 和数据库 ustbdb：

```
gsql -d postgres -p 26000-r
CREATE TABLESPACE ustb_ts RELATIVE LOCATION 'tablespace/ustb_ts1';
CREATE DATABASE ustbdb WITH TABLESPACE = ustb_ts;
```

执行下面的 gsql 元命令 \l，查看 openGauss 数据库集群上有哪些数据库：

```
postgres=# \l
                        List of databases
    Name    | Owner | Encoding  | Collate | Ctype | Access privileges
------------+-------+-----------+---------+-------+--------------------
 postgres   | omm   | SQL_ASCII | C       | C     |
 studentdb  | omm   | SQL_ASCII | C       | C     |
 template0  | omm   | SQL_ASCII | C       | C     | =c/omm            +
            |       |           |         |       | omm=CTc/omm
 template1  | omm   | SQL_ASCII | C       | C     | =c/omm            +
            |       |           |         |       | omm=CTc/omm
 ustbdb     | omm   | SQL_ASCII | C       | C     |
(5 rows)
postgres=#
```

执行下面的 gsql 元命令 \db，查看 openGauss 数据库集群上有哪些表空间：

```
postgres=# \db
              List of tablespaces
    Name     | Owner |       Location
-------------+-------+----------------------------
 pg_default  | omm   |
 pg_global   | omm   |
 student_ts  | omm   | tablespace/student_ts1
```

```
ustb_ts      | omm       | tablespace/ustb_ts1
(4 rows)
postgres=#
```

执行下面的 gsql 元命令 \du，查看 openGauss 数据库集群上有哪些用户：

```
postgres=# \du
                                    List of roles
 Role name  |                        Attributes                          | Member of
------------+------------------------------------------------------------+-----------
 omm        | Sysadmin, Create role, Create DB, Replication, Administer audit, UseFT | {}
 student    | Sysadmin| {}
postgres=#
```

执行下面的 gsql 元命令 \dn，查看 openGauss 数据库集群上有哪些模式：

```
postgres=# \dn
    List of schemas
   Name     | Owner
------------+---------
 cstore     | omm
 dbe_perf   | omm
 pmk        | omm
 public     | omm
 snapshot   | omm
 student    | student
(6 rows)
postgres=#
```

执行下面的 SQL 语句，创建一个数据库用户 zqf，其密码为 zqf@ustb2020，并授予该用户 SYSADMIN 权限：

```
postgres=# CREATE USER zqf IDENTIFIED BY 'zqf@ustb2020';
CREATE ROLE
postgres=# ALTER USER zqf  SYSADMIN;
ALTER ROLE
postgres=#
```

再次执行下面的 gsql 元命令 \du，查看 openGauss 数据库集群上有哪些用户：

```
postgres=# \du
                                    List of roles
 Role name  |                        Attributes                          | Member of
------------+------------------------------------------------------------+-----------
 omm        | Sysadmin, Create role, Create DB, Replication, Administer audit, UseFT | {}
 student    | Sysadmin                                                    | {}
 zqf        | Sysadmin                                                    | {}
postgres=#
```

再次执行下面的 gsql 元命令 \dn，查看 openGauss 数据库集群上有哪些模式：

```
postgres=# \dn
  List of schemas
```

```
      Name      | Owner
--------------+-------------
  cstore      | omm
  dbe_perf    | omm
  pmk         | omm
  public      | omm
  snapshot    | omm
  student     | student
  zqf         | zqf
(7 rows)
postgres=#
```

我们发现，创建数据库用户 zqf 的同时，会在系统的数据库 postgres 中创建一个与这个用户名同名的模式 zqf。

执行 gsql 命令 \q，退出 gsql：

```
postgres=# \q
[omm@test ~]$
```

二、查看模式

使用 Linux 用户 omm 打开一个新的 Linux 终端窗口，执行如下的命令，让数据库用户 zqf 连接到数据库 ustbdb 上：

gsql -d ustbdb -h 192.168.100.91 -U zqf -p 26000 -W zqf@ustb2020 -r

执行下面的命令，查看当前数据库下有哪些模式：

```
ustbdb=> \dn
 List of schemas
   Name      | Owner
--------------+-----------
  cstore     | omm
  dbe_perf   | omm
  public     | omm
  snapshot   | omm
(4 rows)
ustbdb=>
```

我们发现，新创建数据库用户时，会给该用户创建一个名为 public 的模式。

三、public 模式

openGauss 在创建一个新的数据库时，会自动创建一个 public 模式。当用户登录到该数据库时，如果没有特殊的指定，都是操作在 public 模式中的数据库对象。下面的实验证明了这一点。

执行下面的 SQL 语句，创建一个测试表 test：

create table test(col1 char(10));

执行下面的 gsql 元命令 \dt，查看当前连接的数据库有哪些表：

```
ustbdb=> \dt
                        List of relations
 Schema   | Name  | Type  | Owner |              Storage
-----------+---------+--------+---------+-------------------------------------------
 public    | test    | table  | zqf     | {orientation=row,compression=no}
```

```
(1 row)
ustbdb=>
```

从输出可以看出，默认情况下，用户新创建的表位于 public 模式中。

四、为数据库创建模式

执行下面的 gsql 元命令 \dn，查看当前数据库下有哪些模式：

```
ustbdb=> \dn
 List of schemas
   Name     | Owner
-------------+----------
 cstore      | omm
 dbe_perf    | omm
 public      | omm
 snapshot    | omm
(4 rows)
ustbdb=>
```

执行下面的 SQL 语句，创建一个模式 jtjsj，属主是用户 zqf，并再次查看当前连接的数据库下有哪些模式：

```
ustbdb=> create schema jtjsj AUTHORIZATION zqf;
CREATE SCHEMA
ustbdb=> \dn
 List of schemas
   Name     | Owner
-------------+----------
 cstore      | omm
 dbe_perf    | omm
 jtjsj       | zqf
 public      | omm
 snapshot    | omm
(5 rows)
ustbdb=>
```

从输出可知，我们已经为数据库 ustbdb 创建了一个新的名为 jtjsj 的模式。执行下面的 SQL 语句，继续在数据库 ustbdb 中创建模式 jtxa 和模式 jtwl：

```
ustbdb=> create schema jtxa;
CREATE SCHEMA
ustbdb=> create schema jtwl;
CREATE SCHEMA
ustbdb=>
```

执行下面的 gsql 元命令 \dn，查看当前连接的数据库 ustbdb 下有哪些模式：

```
ustbdb=> \dn
 List of schemas
   Name     | Owner
-------------+----------
 cstore      | omm
```

```
   dbe_perf    | omm
   jtjsj       | zqf
   jtwl        | zqf
   jtxa        | zqf
   public      | omm
   snapshot    | omm
  (7 rows)
  ustbdb=>
```

到目前为止，我们已经在数据库 ustbdb 中创建了三个模式：模式 jtjsj（为计算机专业创建的模式）、模式 jtxa（为信安专业创建的模式）、模式 jtwl（为物联专业创建的模式）。

五、查看和设置模式的搜索路径

执行下面的语句，查看当前连接的数据库模式的搜索路径：

```
  ustbdb=> show SEARCH_PATH;
   search_path
  -------------------
   "$user",public
  (1 row)
  ustbdb=>
```

我们看到，默认的搜索路径中含有 public 模式，这正是我们能够直接操作 public 模式中的数据库对象的原因。

1. 会话级设置模式搜索路径

执行下面的设置命令，在会话级设置模式搜索路径：

```
  ustbdb=> SET SEARCH_PATH TO jtjsj;
  SET
  ustbdb=>
```

执行下面的命令，查看当前会话的模式搜索路径：

```
  ustbdb=> show SEARCH_PATH;
   search_path
  -----------------
   jtjsj
  (1 row)
  ustbdb=>
```

我们发现，搜索路径已经变成了模式 jtjsj。

执行下面的 SQL 语句，创建一个新的测试表 test：

```
  ustbdb=> create table test(col1 char(10));
  CREATE TABLE
  ustbdb=>
```

执行下面的 gsql 元命令 \dt，查看数据库中表的情况：

```
  ustbdb=> \dt
                        List of relations
   Schema  | Name  | Type  | Owner  |           Storage
```

```
------------+----------+---------+----------+--------------------------------------------
 jtjsj      | test     | table   | zqf      | {orientation=row,compression=no}
(1 row)
ustbdb=>
```

我们发现，刚刚创建的表 test 位于模式 jtjsj 下。执行下面的 insert 语句，为表 test 插入一条记录：

```
ustbdb=> insert into test values('jtjsj');
INSERT 0 1
ustbdb=>
```

在插入语句中，如果没有为一个表指定模式，那么将在模式搜索路径中依次搜索该名字的表，直到找到该名字的表的位置。这里，模式搜索路径中只有模式 jtjsj，并且模式 jtjsj 中有名为 test 的表，因此上面的 insert 语句向表 jtjsj.test 中插入了一行数据。

我们可以使用 SchemaName.Tablename 的方式来指定一个表。例如，执行下面的 insert 语句，将向 public 模式下的表 test 插入一行数据：

```
ustbdb=> insert into public.test values('public');
INSERT 0 1
ustbdb=>
```

执行下面的语句可以进行验证，查看上面的 insert 语句到底将数据添加到哪个模式的表 test 中了：

```
ustbdb=> select * from public.test;
   col1
------------
 public
(1 row)
ustbdb=> select * from jtjsj.test;
   col1
------------
 jtjsj
(1 row)
ustbdb=>
```

执行下面的 gsql 命令，退出 gsql：

```
ustbdb=> \q
[omm@test ~]$
```

重新用用户 zqf 连接到数据库 ustbdb，并马上查看模式搜索路径：

```
[omm@test ~]$ gsql -d ustbdb -h 192.168.100.91 -U zqf -p 26000 -W zqf@ustb2020 -r
ustbdb=> show SEARCH_PATH;
  search_path
-------------------
 "$user",public
(1 row)
ustbdb=> \q
```

```
[omm@test ~]$
```

我们发现，数据库用户 zqf 登录到数据库 ustbdb 之后，模式搜索路径又恢复为默认值 "$user",public 了。也就是说，在 gsql 中，执行命令 SET SEARCH_PATH TO jtjsj 可以修改模式搜索路径，但只在 gsql 的会话持续过程中起作用，一旦退出 gsql，这个设置就丢失了。重新登录 gsql 会将模式搜索路径恢复为默认值 "$user"，public。

2. 数据库级设置模式搜索路径

使用 Linux 用户 omm 打开一个 Linux 终端窗口，执行如下的命令和 SQL 语句，在数据库级别设置数据库 ustbdb 的默认搜索路径为模式 jtjsj：

```
gsql -d postgres -p 26000 -r
ALTER DATABASE ustbdb SET SEARCH_PATH TO jtjsj;
\q
```

打开一个 Linux 终端窗口，执行下面的命令，查看数据库用户 zqf 登录数据库 ustbdb 后的模式搜索路径：

```
[omm@test ~]$ gsql -d ustbdb -h 192.168.100.91 -U zqf -p 26000 -W zqf@ustb2020 -r
ustbdb=> show SEARCH_PATH;
 search_path
-----------------
 jtjsj
(1 row)
ustbdb=> \q
[omm@test ~]$
```

从输出可以发现，数据库用户 zqf 登录到数据库 ustbdb 后，其模式搜索路径已经变更为数据库默认的模式搜索路径（模式 jtjsj）。

3. 用户级设置模式搜索路径

使用 Linux 用户 omm 打开一个 Linux 终端窗口，执行下面的命令和 SQL 语句，设置数据库用户 zqf 的模式搜索路径为模式 jtxa：

```
[omm@test ~]$ gsql -d postgres -p 26000 -r
postgres=# ALTER USER zqf SET SEARCH_PATH TO jtxa;
ALTER ROLE
postgres=# \q
[omm@test ~]$
```

打开另外一个 Linux 终端窗口，执行下面的命令，让数据库用户 zqf 登录到数据库 ustbdb，并查看其模式搜索路径：

```
[omm@test ~]$ gsql -d ustbdb -h 192.168.100.91 -U zqf -p 26000 -W zqf@ustb2020 -r
ustbdb=> show SEARCH_PATH;
 search_path
----------------
 jtxa
(1 row)
ustbdb=>
```

从输出我们可以发现，用户 zqf 登录到数据库 ustbdb 后，其模式搜索路径已经变更为数据库用户 zqf 的默认模式搜索路径（模式 jtxa）。

继续执行下面的命令，在会话级修改模式搜索路径为模式 jtwl：

```
ustbdb=> SET SEARCH_PATH TO jtwl;
SET
ustbdb=> show SEARCH_PATH;
 search_path
-----------------
 jtwl
(1 row)
ustbdb=>
```

从输出可以发现，当前的模式搜索路径为模式 jtwl。

实验结论：会话级模式搜索路径的优先级最高，用户级模式搜索路径的优先级第二，数据库级模式搜索路径的优先级最低。

六、查看模式下有哪些表

执行下面的 SQL 语句，查看当前连接的数据库中 public 模式下有哪些表：

```
ustbdb=> select table_catalog,table_schema,table_name,table_type
ustbdb-> from information_schema.tables
ustbdb-> where table_schema = 'public';
 table_catalog  | table_schema  | table_name  | table_type
----------------+---------------+-------------+--------------------
 ustbdb         | public        | test        | BASE TABLE
(1 row)
ustbdb=>
```

在 where 子句中还可以加上 table_catalog 表达式（用于指定数据库名）：

```
ustbdb=> select table_catalog,table_schema,table_name,table_type
ustbdb-> from information_schema.tables
ustbdb-> where table_catalog='ustbdb' and table_schema = 'public';
 table_catalog  | table_schema  | table_name  | table_type
----------------+---------------+-------------+--------------------
 ustbdb         | public        | test        | BASE TABLE
(1 row)
ustbdb=>
```

执行下面的命令，退出 gsql：

```
ustbdb=> \q
[omm@test ~]$
```

七、任务的扫尾工作

在继续后面的任务之前，打开另外一个 Linux 终端窗口，执行下面的命令，做以下清理工作：
```
gsql -d postgres -p 26000-r
DROP DATABASE ustbdb;
DROP USER zqf;
DROP TABLESPACE ustb_ts;
\q
```

openGauss 逻辑结构：表管理

任务目标

本任务的目标是熟练掌握关系表的管理，包括创建表、在创建表时定义约束（列级约束和表级约束）、修改表（添加字段、删除字段、添加约束、删除约束、修改数据类型、修改字段的名字、修改字段的默认值）。

实施步骤

一、准备工作

使用 Linux 用户 omm 打开一个 Linux 终端窗口，执行如下的命令，创建表空间 ustb_ts、数据库 ustbdb、用户 zqf，并授予用户 zqf SYSADMIN 权限：

```
gsql -d postgres -p 26000 -r
CREATE TABLESPACE ustb_ts RELATIVE LOCATION 'tablespace/ustb_ts1';
CREATE DATABASE ustbdb WITH TABLESPACE = ustb_ts;
CREATE USER zqf IDENTIFIED BY 'zqf@ustb2020';
ALTER USER zqf  SYSADMIN;
\q
```

使用 Linux 用户 omm，另外打开一个 Linux 终端窗口，以数据库用户 zqf 的身份，连接到刚刚创建的数据库 ustbdb：

```
gsql -d ustbdb -h 192.168.100.91 -U zqf -p 26000 -W zqf@ustb2020 -r
```

执行下面的 SQL 语句，创建模式 jtjsj 和 jtxa：

```
create schema jtjsj;
create schema jtxa;
```

二、创建表

1. 新建表默认保存在 public 模式中

新创建的表默认保存在数据库的 public 模式中。执行下面的命令，查看当前的模式搜索路径：

```
ustbdb=> show SEARCH_PATH;
  search_path
--------------------
 "$user",public
(1 row)
ustbdb=>
```

执行下面的 SQL 语句，创建一个测试表 testtable，并插入一条数据：

```
ustbdb=> drop table if exists testtable;
NOTICE:  table "testtable" does not exist, skipping
DROP TABLE
ustbdb=> create table testtable(col varchar(100));
```

```
CREATE TABLE
ustbdb=> insert into testtable values('Hello from testtable!');
INSERT 0 1
ustbdb=> select * from testtable;
      col
--------------------------
 Hello from testtable!
(1 row)
ustbdb=>
```

执行下面的 SQL 语句，查看当前数据库 ustbdb 的 public 模式中有哪些表：

```
ustbdb=> select table_catalog,table_schema,table_name,table_type
ustbdb-> from information_schema.tables
ustbdb-> where table_schema = 'public';
 table_catalog | table_schema | table_name | table_type
---------------+--------------+------------+------------------
 ustbdb        | public       | testtable  | BASE TABLE
(1 row)
ustbdb=>
```

实验结论：默认情况下，在某个数据库上创建的数据库对象（本例是表 testtable），都位于该数据库的 public 模式中。

2. 在一个数据库的不同模式下创建表

执行下面的命令，查看当前的模式搜索路径：

```
ustbdb=> show SEARCH_PATH;
  search_path
-------------------
 "$user",public
(1 row)
ustbdb=>
```

执行下面的命令，在会话级重新设置模式搜索路径为模式 jtjsj：

```
ustbdb=> SET SEARCH_PATH TO jtjsj;
SET
ustbdb=>
```

执行下面的命令，再次查看当前的模式搜索路径：

```
ustbdb=> show SEARCH_PATH;
 search_path
----------------
 jtjsj
(1 row)
ustbdb=>
```

执行下面的 SQL 语句，在数据库 ustbdb 的模式 jtjsj 中创建表 testtable、testtable1、testtable2：

```
ustbdb=> create table testtable(col1  char(100));
CREATE TABLE
ustbdb=> create table testtable1(col1 char(100));
CREATE TABLE
```

```
ustbdb=> create table testtable2(col1 char(100));
CREATE TABLE
ustbdb=>
```

可以看出，在不同的模式（public 和 jtjsj）中可以创建同名的表 testtable（其定义可以不同，一个列的数据类型是 varchar(100)，另一个列的数据类型是 char（100））。

执行下面的语句，为模式 jtjsj 下的表 testtable 插入一条测试数据（由于当前的模式搜索路径为模式 jtjsj，因此不需要指定模式名，就可以为 jtjsj.testtable 插入新行）：

```
ustbdb=> insert into testtable values('Hello from testtable IN SCHEMA jtjsj!');
INSERT 0 1
ustbdb=> select * from testtable;
                                        col1
---------------------------------------------------------------------------------------------
 Hello from testtable IN SCHEMA jtjsj!
(1 row)
ustbdb=>
```

虽然当前模式搜索路径没有模式 jtxa，但是我们仍然可以在模式 jtxa 中创建表，方法是使用 SchemaName.TableName 的方式来指定在哪个模式下创建表。下面的实验演示了这一点。

执行下面的 SQL 语句，将在数据库 ustbdb 的模式 jtxa 中创建表 testtable、testtable1、test-table2，并向模式 jtxa 中新创建的表 testtable 插入一条数据：

```
ustbdb=> create table jtxa.testtable(col1  char(100));
CREATE TABLE
ustbdb=> create table jtxa.testtable1(col1 char(100));
CREATE TABLE
ustbdb=> create table jtxa.testtable2(col1 char(100));
CREATE TABLE
ustbdb=> insert into jtxa.testtable values('Hello from testtable IN SCHEMA jtis!');
INSERT 0 1
ustbdb=> select * from jtxa.testtable;
                                        col1
---------------------------------------------------------------------------------------------
 Hello from testtable IN SCHEMA jtis!
(1 row)
ustbdb=> \q
[omm@test ~]$
```

最后再次实验一下 openGauss 在某个用户连接到某个数据库时，可以访问该数据库中不同模式下的数据表。使用 Linux 用户 omm，另外打开一个 Linux 终端窗口，执行如下命令，以数据库用户 zqf 的身份连接到数据库 ustbdb：

```
[omm@test ~]$ gsql -d ustbdb -h 192.168.100.91 -U zqf -p 26000 -W zqf@ustb2020 -r
ustbdb=> -- 查看当前会话的模式搜索路径
ustbdb=> show SEARCH_PATH;
 search_path
-------------------
 "$user",public
(1 row)
```

```
ustbdb=> -- 查看不同模式下的表
ustbdb=> select * from testtable;
        col
---------------------------
 Hello from testtable!
(1 row)
ustbdb=> select * from jtjsj.testtable;
                                    col1
----------------------------------------------------------------------------------
 Hello from testtable IN SCHEMA jtjsj!
(1 row)
ustbdb=> select * from jtxa.testtable;
                                    col1
----------------------------------------------------------------------------------
 Hello from testtable IN SCHEMA jtis!
(1 row)
ustbdb=> \q
[omm@test ~]$
```

3. 创建表的时候定义约束

（1）创建表时定义列级约束　执行下面的命令和 SQL 语句，体验一下在创建表的时候为表定义列级约束：

```
[omm@test ~]$ gsql -d ustbdb -h 192.168.100.91 -U zqf -p 26000 -W zqf@ustb2020 -r
ustbdb=> drop table if exists test;
NOTICE:  table "test" does not exist, skipping
DROP TABLE
ustbdb=> create table test(
ustbdb(>     id bigint primary key,     -- 创建列级主键约束
ustbdb(>     name varchar(50) not null, -- 创建列级 NOT NULL 约束
ustbdb(>     age  int
ustbdb(>     );
NOTICE:  CREATE TABLE / PRIMARY KEY will create implicit index "test_pkey" for table "test"
CREATE TABLE
ustbdb=> insert into test values(1,'zqf',50);
INSERT 0 1
ustbdb=> select * from test;
 id | name | age
----+-------+-----
  1 | zqf  | 50
(1 row)
ustbdb=>
```

这个例子中，我们在列级定义了主键约束（id 列）和 NOT NULL 约束（name 列）。

（2）创建表时定义表级约束　执行下面的 SQL 语句，体验一下在创建表的时候为表定义表级约束：

```
drop table if exists test;
create table test(
    id bigint,
    name varchar(50) not null,-- 创建列级 NOT NULL 约束
    age  int,
-- 创建表级约束
```

```
        primary key(id)
        );
insert into test values(1,'zqf',50);
select * from test;
```

这里在表级定义了主键约束（id列），在列级定义了 NOT NULL 约束（name 列）。在定义单列约束时，表级约束和列级约束没有区别，但无法在表级定义作用在多列上的约束。

（3）为表的属性定义默认值　执行下面的语句，体验一下在创建表的时候为表的某个列定义默认值：

```
drop table if exists test;
create table test(
        id bigint,
        name varchar(50) not null,
        age  int default 20, -- 为该列定义默认值为 20
                        -- 如果插入数据时未提供该列的值，将默认插入 20
        primary key(id)
        );
```

下面的 SQL 语句，在向表 test 插入数据时，没有提供 age 列的值：

```
ustbdb=> insert into test(id,name) values(1,'zqf');
INSERT 0 1
ustbdb=> select * from test;
 id | name | age
----+-------+-----
  1 | zqf  |  20
(1 row)
ustbdb=>
```

可以看到，插入数据时虽然没有提供 age 列的值，但结果显示为该行的 age 列提供了默认值 20。

如果在创建表的时候，没有为某列定义默认值，缺省的默认值是空值 null。执行下面的 SQL 语句可以验证这一点：

```
ustbdb=> drop table if exists test;
DROP TABLE
ustbdb=> create table test(
ustbdb(>        id bigint,
ustbdb(>        name varchar(50) not null,
ustbdb(>        age  int,        -- 未定义该列的默认值
ustbdb(>                        -- 如果插入数据时未提供该列的值，将默认插入空值 null
ustbdb(>        primary key(id)
ustbdb(>        );
NOTICE:  CREATE TABLE / PRIMARY KEY will create implicit index "test_pkey" for table "test"
CREATE TABLE
ustbdb=> insert into test(id,name) values(1,'zqf');
INSERT 0 1
ustbdb=> select * from test;
 id | name | age
----+-------+-----
  1 | zqf  |
(1 row)
ustbdb=>
```

可以看到，插入数据时没有为 age 列提供具体的值，并且没有显式定义 age 列的默认值，结果显示新行的 age 列的值是空值 null。

4. 创建表时使用自增数据类型

发票的编号通常按顺序递增，这种情况可以使用 serial 数据类型。有两种方法可以完成编号顺序递增的任务。

第一种方法是直接使用 serial 数据类型。执行下面的 SQL 语句，创建一个带有 serial 数据类型的测试表 invoice：

```
ustbdb=> drop table if exists invoice;
NOTICE:  table "invoice" does not exist, skipping
DROP TABLE
ustbdb=> create table invoice(invoicenum serial NOT NULL,name varchar(20));
NOTICE:  CREATE TABLE will create implicit sequence "invoice_invoicenum_seq" for serial column "invoice.invoicenum"
CREATE TABLE
ustbdb=>
```

执行下面的 SQL 语句，为表 invoice 插入 3 条记录，并查看插入数据后表的数据：

```
ustbdb=> insert into invoice(name) values('zqf');
INSERT 0 1
ustbdb=> insert into invoice(name) values('zld');
INSERT 0 1
ustbdb=> insert into invoice(name) values('zfz');
INSERT 0 1
ustbdb=> select * from invoice;
 invoicenum | name
------------+--------
          1 | zqf
          2 | zld
          3 | zfz
(3 rows)
ustbdb=>
```

可以看到，每插入一条记录到表 invoice 后，invoicenum 列的值会自增 1。

第二种方法是先创建一个系列，然后将表列的默认值设置为该系列的下一个值。执行下面的语句，首先创建一个系列：

```
DROP SEQUENCE if exists invoicenum_seq;
CREATE SEQUENCE invoicenum_seq
    START WITH 1
    INCREMENT BY 1
    NO MINVALUE
    NO MAXVALUE
    CACHE 1;
```

创建表的时候，指定某个列的默认值为该系列下一个要取的值：

```
DROP TABLE if exists invoice;
create table invoice(
    invoicenum bigint DEFAULT nextval('invoicenum_seq'),
    name varchar(20)
    );
```

执行下面的命令，插入一些数据并进行查看：

```
ustbdb=> insert into invoice(name) values('zqf');
INSERT 0 1
ustbdb=> insert into invoice(name) values('zld');
INSERT 0 1
ustbdb=> insert into invoice(name) values('zfz');
INSERT 0 1
ustbdb=> select * from invoice;
 invoicenum | name
------------+--------
          1 | zqf
          2 | zld
          3 | zfz
(3 rows)
ustbdb=>
```

可以看到，每插入一条记录到表 invoice 后，invoicenum 列的值会自增 1。

5. 使用现有的表创建新表

执行下面的 SQL 语句将创建新表，并且会将旧表的数据拷贝给新表：

```
ustbdb=> DROP TABLE if exists newtestwithdata;
NOTICE:  table "newtestwithdata" does not exist, skipping
DROP TABLE
ustbdb=> CREATE TABLE newtestwithdata AS SELECT * FROM test;
INSERT 0 1
ustbdb=> SELECT * FROM newtestwithdata;
 id | name | age
----+------+-----
  1 | zqf  |
(1 row)
ustbdb=>
```

执行下面的 SQL 语句，将创建新表，并且不会将旧表的数据拷贝给新表：

```
ustbdb=> DROP TABLE if exists testnewwithoutdata;
NOTICE:  table "testnewwithoutdata" does not exist, skipping
DROP TABLE
ustbdb=> CREATE TABLE testnewwithoutdata AS SELECT * FROM test WHERE 1=2;
INSERT 0 0
ustbdb=> SELECT * FROM testnewwithoutdata;
 id | name | age
----+------+-----
(0 rows)
ustbdb=>
```

注意：CREATE TABLE 语句中的 WHERE 子句，其谓词条件 1=2 在逻辑上永远为假，因此不会有表中的任何行数据满足谓词要求，最终结果自然是创建了一个空表。

三、查看表的信息

首先创建一个测试表：

drop table if exists test;

create table test(

```
id bigint,
name varchar(50) not null,
age  int default 20,
primary key(id)
);
```

1. 在 gsql 中查看表的定义

在 gsql 中，使用 \d tableNmae 命令可以查看表的信息。

执行下面的 gsql 元命令，查看表 test 的信息：

```
ustbdb=> \d test
        Table "public.test"
 Column |        Type          | Modifiers
--------+----------------------+------------
 id     | bigint               | not null
 name   | character varying(50)| not null
 age    | integer              | default 20
Indexes:
   "test_pkey" PRIMARY KEY, btree (id) TABLESPACE ustb_ts
ustbdb=>
```

2. 查看当前数据库中有哪些模式属于某个用户

执行下面的 SQL 语句，查看属于用户 zqf 的模式有哪些：

```
ustbdb=> SELECT catalog_name,schema_name,schema_owner
ustbdb-> FROM information_schema.schemata
ustbdb-> WHERE schema_owner='zqf';
 catalog_name | schema_name | schema_owner
--------------+-------------+--------------
 ustbdb       | jtjsj       | zqf
 ustbdb       | jtxa        | zqf
(2 rows)
ustbdb=> \dn
 List of schemas
   Name      | Owner
-------------+--------
 cstore      | omm
 dbe_perf    | omm
 jtjsj       | zqf
 jtxa        | zqf
 public      | omm
 snapshot    | omm
(6 rows)
ustbdb=>
```

3. 查看模式搜索路径下有哪些表

执行下面的 gsql 元命令，查看模式搜索路径下有哪些表：

```
ustbdb=> \dt
                    List of relations
 Schema |   Name    | Type  | Owner |           Storage
--------+-----------+-------+-------+--------------------------------------------
 public | invoice   | table | zqf   | {orientation=row,compression=no}
```

```
 public   | newtestwithdata    | table  | zqf  | {orientation=row,compression=no}
 public   | test               | table  | zqf  | {orientation=row,compression=no}
 public   | testnewwithoutdata | table  | zqf  | {orientation=row,compression=no}
 public   | testtable          | table  | zqf  | {orientation=row,compression=no}
(5 rows)
ustbdb=>
```

4. 查看某个模式下有哪些表

执行下面的 SQL 语句，查看模式 jtjsj 下的所有表名：

```
ustbdb=> SELECT table_name FROM information_schema.tables WHERE table_schema='jtjsj';
 table_name
--------------
 testtable2
 testtable1
 testtable
(3 rows)
ustbdb=>
```

执行下面的 SQL 语句，查看模式 jtxa 下的所有表名：

```
ustbdb=> SELECT table_name FROM information_schema.tables WHERE table_schema='jtxa';
 table_name
--------------
 testtable2
 testtable1
 testtable
(3 rows)
ustbdb=> \q
[omm@test ~]$
```

5. 查看一个表下有哪些约束

使用 gsql 的元命令 \d tableName 可以很方便地查看一个表下有哪些约束。示例如下：

```
[omm@test ~]$ gsql -d studentdb -h 192.168.100.91 -U student -p 26000 -W student@ustb2020 -r
studentdb=> \d instructor
          Table "public.instructor"
  Column    |         Type          | Modifiers
------------+-----------------------+--------------
 id         | character varying(5)  | not null
 dept_name  | character varying(20) |
 name       | character varying(20) | not null
 salary     | numeric(8,2)          |
Indexes:
    "instructor_pkey" PRIMARY KEY, btree (id) TABLESPACE student_ts
Foreign-key constraints:
    "fk_sys_c0011280" FOREIGN KEY (dept_name) REFERENCES department(dept_name) ON UPDATE
RESTRICT ON DELETE RESTRICT
Referenced by:
    TABLE "teaches" CONSTRAINT "fk_sys_c0011287" FOREIGN KEY (id) REFERENCES instructor(id)
ON UPDATE RESTRICT ON DELETE RESTRICT
    TABLE "advisor" CONSTRAINT "fk_sys_c0011297" FOREIGN KEY (id) REFERENCES instructor(id)
ON UPDATE RESTRICT ON DELETE RESTRICT
```

```
studentdb=>
```

也可以使用下面的 SQL 语句来查看表 instructor 下的约束：

```
studentdb=> select conname, connamespace, contype, conkey
studentdb-> from pg_constraint
studentdb-> where conrelid in ( select oid
studentdb(>                     from pg_class
studentdb(>                     where relname='instructor');
     conname       | connamespace | contype | conkey
-------------------+--------------+---------+--------
 instructor_pkey   |    2200      | p       | {1}
 fk_sys_c0011280   |    2200      | f       | {2}
(2 rows)
studentdb=>
```

6. 查看一个表属于哪个数据库的哪个模式

执行下面的 SQL 语句，查看表 instructor 属于哪个数据库的哪个模式：

```
studentdb=> \x on
Expanded display is on.
studentdb=> SELECT * FROM information_schema.tables WHERE table_name='instructor';
-[ RECORD 1 ]----------------------+--------------------
table_catalog                      | studentdb
table_schema                       | public
table_name                         | instructor
table_type                         | BASE TABLE
self_referencing_column_name       |
reference_generation               |
user_defined_type_catalog          |
user_defined_type_schema           |
user_defined_type_name             |
is_insertable_into                 | YES
is_typed                           | NO
commit_action                      |
studentdb=> \x off
Expanded display is off.
studentdb=>
```

可以看出，表 instructor 属于数据库 studentdb 的 public 模式。

四、修改表

首先创建一个测试表：

```
drop table if exists test;
create table test(
    id bigint,
    name varchar(50) not null,
    age  int default 20,
    primary key(id)
    );
```

1. 为表添加字段

执行下面的 gsql 元命令，查看表 test 的信息：

```
studentdb=> \d test
        Table "public.test"
  Column  |          Type          | Modifiers
----------+------------------------+------------
 id       | bigint                 | not null
 name     | character varying(50)  | not null
 age      | integer                | default 20
Indexes:
    "test_pkey" PRIMARY KEY, btree (id) TABLESPACE student_ts
studentdb=>
```

执行下面的 SQL 语句，为表 test 新增一列，列名为 sex，数据类型为 boolean：

alter table test add column sex Boolean;

执行下面的 gsql 元命令，查看表 test 的信息：

```
studentdb=> \d test
            Table "public.test"
  Column  |          Type          | Modifiers
----------+------------------------+------------
 id       | bigint                 | not null
 name     | character varying(50)  | not null
 age      | integer                | default 20
 sex      | boolean                |
Indexes:
    "test_pkey" PRIMARY KEY, btree (id) TABLESPACE student_ts
studentdb=>
```

可以看到，已经为表 test 增加了一列，列名是 sex，数据类型是 boolean。

2. 删除表中的已有字段

执行下面的 SQL 语句，删除刚刚添加的 sex 列：

alter table test drop column sex ;

执行下面的 gsql 元命令，再次查看表 test 的信息：

```
studentdb=> \d test
            Table "public.test"
  Column  |          Type          | Modifiers
----------+------------------------+------------
 id       | bigint                 | not null
 name     | character varying(50)  | not null
 age      | integer                | default 20
Indexes:
    "test_pkey" PRIMARY KEY, btree (id) TABLESPACE student_ts
studentdb=>
```

可以看到，sex 列已经从表 test 中消失了。

3. 删除表的已有约束

执行下面的 gsql 元命令，查看表 test 的信息：

```
studentdb=> \d test
            Table "public.test"
```

```
    Column |          Type          | Modifiers
-----------+------------------------+------------
 id        | bigint                 | not null
 name      | character varying(50)  | not null
 age       | integer                | default 20
Indexes:
    "test_pkey" PRIMARY KEY, btree (id) TABLESPACE student_ts
studentdb=>
```

可以看到，表 test 下有一个名为 test_pkey 的主键约束。执行下面的 SQL 语句，删除这个约束：

alter table test drop constraint test_pkey;

执行下面的 gsql 元命令，再次查看表 test 的信息：

```
studentdb=> \d test
           Table "public.test"
    Column |          Type          | Modifiers
-----------+------------------------+------------
 id        | bigint                 | not null
 name      | character varying(50)  | not null
 age       | integer                | default 20
studentdb=>
```

我们发现表 test 下已经没有了 test_pkey 这个主键约束。

4. 为表添加约束

执行下面的 SQL 命令，为表 test 添加刚刚删除的主键约束：

alter table test add constraint test_pkey primary key(id);

执行下面的 gsql 元命令，再次查看表 test 的信息：

```
studentdb=> \d test
           Table "public.test"
    Column |          Type          | Modifiers
-----------+------------------------+------------
 id        | bigint                 | not null
 name      | character varying(50)  | not null
 age       | integer                | default 20
Indexes:
    "test_pkey" PRIMARY KEY, btree (id) TABLESPACE student_ts
studentdb=>
```

可以看到，已经为表 test 的 id 列重新添加了名为 test_pkey 的主键约束。

5. 修改表中字段的默认值

执行下面的 gsql 元命令，查看表 test 的信息：

```
studentdb=> \d test
           Table "public.test"
    Column |          Type          | Modifiers
-----------+------------------------+------------
 id        | bigint                 | not null
 name      | character varying(50)  | not null
 age       | integer                | default 20
```

```
Indexes:
    "test_pkey" PRIMARY KEY, btree (id) TABLESPACE student_ts
studentdb=>
```

可以看到，age 当前的默认值是 20。

尝试插入一条记录，但不提供 age 的值，看看效果：

```
studentdb=> insert into test(id,name) values(10,'zqf');
INSERT 0 1
studentdb=> select * from test;
 id | name | age
----+------+-----
 10 | zqf  |  20
(1 row)
studentdb=>
```

执行下面的 SQL 语句，将 age 的默认值变更为 25：

alter table test alter column age set default 25;

执行下面的 gsql 元命令，再次查看表 test 的信息：

```
studentdb=> \d test
        Table "public.test"
 Column |         Type          | Modifiers
--------+-----------------------+-----------
 id     | bigint                | not null
 name   | character varying(50) | not null
 age    | integer               | default 25
Indexes:
    "test_pkey" PRIMARY KEY, btree (id) TABLESPACE student_ts
studentdb=>
```

输出显示，age 的默认值已经变更为 25 了。

再次尝试插入一条记录，但是不提供 age 的值，进行测试：

```
studentdb=> insert into test(id,name) values(5,'zqf');
INSERT 0 1
studentdb=> select * from test;
 id | name | age
----+------+-----
 10 | zqf  |  20
  5 | zqf  |  25
(2 rows)
studentdb=>
```

输出表明，尽管插入数据时没有提供 age 的值，但在将记录插入数据库时，还是为该记录的 age 提供了默认值 25。

我们也可以删除默认值。删除默认值，将导致默认值为 NULL。执行下面的语句，删除 age 的默认值：

alter table test alter column age DROP default;

执行下面的 gsql 元命令，再次查看表 test 的信息：

```
studentdb=> \d test
              Table "public.test"
  Column  |          Type          | Modifiers
----------+------------------------+--------------
 id       | bigint                 | not null
 name     | character varying(50)  | not null
 age      | integer                |
Indexes:
    "test_pkey" PRIMARY KEY, btree (id) TABLESPACE student_ts
studentdb=>
```

可以看到，表 test 的 age 没有默认值了。执行下面的语句，插入一条新的记录，还是不提供 age 的值，进行测试：

```
studentdb=> insert into test(id,name) values(6,'zqf');
INSERT 0 1
studentdb=> select * from test;
 id | name | age
----+------+-----
 10 | zqf  |  20
  5 | zqf  |  25
  6 | zqf  |
(3 rows)
studentdb=>
```

可以看到，刚刚执行的语句由于没有提供 age 的值，因此将新行的 age 值存储为 NULL。

6. 修改表中字段的数据类型

我们可以修改表中字段的数据类型。执行下面的语句，将 age 列的数据类型由 int 变更为 bigint：

alter table test ALTER COLUMN age TYPE bigint;

修改数据类型时，如果一些行在该列上已经有值了，那么修改后的数据类型应能与现有的值相兼容，并且存储空间也必须能够容纳原有的值（修改后数据类型的存储长度需要足够大）。

7. 修改表中字段的名字

我们可以修改表中字段的名字。执行下面的 SQL 语句，将 age 列的名字变更为 stuage：

ALTER TABLE test RENAME COLUMN age TO stuage;

执行下面的 gsql 元命令，再次查看表 test 的信息：

```
studentdb=> \d test
              Table "public.test"
  Column  |          Type          | Modifiers
----------+------------------------+--------------
 id       | bigint                 | not null
 name     | character varying(50)  | not null
 stuage   | bigint                 |
Indexes:
    "test_pkey" PRIMARY KEY, btree (id) TABLESPACE student_ts
studentdb=>
```

我们看到，表中 age 列的名字已经被更名成 stuage。

8. 修改表的名字

我们可以修改表的名字。执行下面的 SQL 语句，将表 test 的名字变更为 mytest：

```
studentdb=> \dt
                                List of relations
 Schema   |    Name     | Type   |  Owner   |                Storage
----------+-------------+--------+----------+-----------------------------------------
 public   | advisor     | table  | student  | {orientation=row,compression=no}
……( 省略了一些输出 )
 public   | test        | table  | student  | {orientation=row,compression=no}
 public   | time_slot   | table  | student  | {orientation=row,compression=no}
(14 rows)
studentdb=> ALTER TABLE test RENAME TO mytest;
ALTER TABLE
studentdb=> \dt
                                List of relations
 Schema   |    Name     | Type   |  Owner   |                Storage
----------+-------------+--------+----------+-----------------------------------------
 public   | advisor     | table  | student  | {orientation=row,compression=no}
……( 省略了一些输出 )
 public   | mytest      | table  | student  | {orientation=row,compression=no}
……( 省略了一些输出 )
(14 rows)
studentdb=>
```

可以看到，表 test 的名字已经被变更为 mytest。

五、清除表中的数据

有时候我们需要保留一个表的定义，但是要把该表中的数据都删除。这可以通过执行数据操纵语言（DML）的 DELETE 语句来完成。但因为 DELETE 语句是 DML 语句，会生成很多操作日志，如果表的行数比较多，执行速度会比较慢。

使用 TRUNCATE TABLE 语句可以快速将一个有很多数据的表置成空表，因为 TRUNCATE TABLE 语句是数据定义语言（DDL）语句。

执行下面的 SQL 语句，将表 test 的内容清空（保留表 test 的结构）：

```
studentdb=> select * from mytest;
 id | name | stuage
----+------+--------
 10 | zqf  |    20
  5 | zqf  |    25
  6 | zqf  |
(3 rows)
studentdb=> truncate table mytest;
TRUNCATE TABLE
studentdb=> \dt mytest
                                List of relations
 Schema   |   Name    | Type   |  Owner   |                Storage
----------+-----------+--------+----------+-----------------------------------------
 public   | mytest    | table  | student  | {orientation=row,compression=no}
(1 row)
studentdb=> select * from mytest;
```

```
 id       | name        | stuage
----------+-------------+--------
(0 rows)
studentdb=>
```

六、删除表

使用 DROP TABLE 语句删除表的话，不但会删除表中的数据，而且会将表的定义删除。示例如下：

```
studentdb=> \dt
                            List of relations
 Schema   |   Name      | Type   | Owner    |          Storage
----------+-------------+--------+----------+-------------------------------
 public   | advisor     | table  | student  | {orientation=row,compression=no}
……（省略了一些输出）
 public   | mytest      | table  | student  | {orientation=row,compression=no}
……（省略了一些输出）
 public   | time_slot   | table  | student  | {orientation=row,compression=no}
(14 rows)
studentdb=> DROP TABLE mytest;
DROP TABLE
studentdb=> \dt
                            List of relations
 Schema   |   Name      | Type   | Owner    |          Storage
----------+-------------+--------+----------+-------------------------------
 public   | advisor     | table  | student  | {orientation=row,compression=no}
 public   | classroom   | table  | student  | {orientation=row,compression=no}
 public   | course      | table  | student  | {orientation=row,compression=no}
 public   | department  | table  | student  | {orientation=row,compression=no}
 public   | fruitstock  | table  | student  | {orientation=row,compression=no}
 public   | instructor  | table  | student  | {orientation=row,compression=no}
 public   | prereq      | table  | student  | {orientation=row,compression=no}
 public   | section     | table  | student  | {orientation=row,compression=no}
 public   | sell        | table  | student  | {orientation=row,compression=no}
 public   | student     | table  | student  | {orientation=row,compression=no}
 public   | takes       | table  | student  | {orientation=row,compression=no}
 public   | teaches     | table  | student  | {orientation=row,compression=no}
 public   | time_slot   | table  | student  | {orientation=row,compression=no}
(13 rows)
studentdb=> \q
[omm@test ~]$
```

从上面的输出可以看到，表 mytest 被删除了。

七、任务的扫尾工作

在继续后面的任务之前，打开另外一个 Linux 终端窗口，执行下面的命令，做以下清理工作：
gsql -d postgres -p 26000 -r
drop database ustbdb;
drop user zqf;
drop tablespace ustb_ts;
\q

openGauss 逻辑结构：索引管理

预备知识：索引

索引是一种辅助的数据结构，能够加速基于索引键的搜索的速度。索引中的索引记录，按照索引键进行排序。

在关系数据库中，在表的某些列上（这些列的属性值就是索引键值）建有索引，在有些情况下可以加速在这些列上的查找速度。对该表进行查找时，DBMS 如果发现使用索引可以加快查找速度，就会在执行计划中使用该索引。

当对该表进行 DML 操作（增删改表中的行）时，DBMS 会自动更新该表上的所有索引。这是索引的副作用。

索引类似于一本很厚的书的目录。假设这本书正文有 1000 页，目录有 20 页。如果不使用书的目录，直接在书的正文中查找内容，那么我们运气最好时是在书的第 1 页找到了所需的内容；当然如果我们运气很差，则可能必须翻遍正文的 1000 页，才能找到所需的内容。平均下来，我们需要翻阅（1+1000）/2（约等于 500）页。如果使用书的目录，那么我们运气最好时是在目录的第 1 页找到内容所在的页码，然后直接到该页码找详细内容，也就是说，我们只需要访问两页，就可以找到所需要的内容；运气最差的情况是翻完 20 页目录才找到内容所在的页码，然后再转到该页码找需要的内容，也就是说，一共翻阅了 21 页才找到我们所需要的内容。平均下来，我们需要翻阅（2+21）/2（约等于 12）页。所以，在查找单页内容的情况下，使用目录比不使用目录平均来看能提高 40 倍的速度。

如果表中有大量的行，且我们只想查找单条记录或者少量的记录（要查找的记录数小于总记录数的 2%），使用索引比不使用索引可能要快几千倍甚至是几万倍。

任务目标

掌握 openGauss DBMS 索引的管理：创建索引、删除索引、查询索引的信息、修改索引的信息。

实施步骤

一、准备工作

使用 Linux 用户 omm 打开一个 Linux 终端窗口，执行如下的命令，创建表空间 ustb_ts、数据库 ustbdb、用户 zqf，并授予用户 zqf SYSADMIN 权限：

```
gsql -d postgres -p 26000 -r
CREATE TABLESPACE ustb_ts RELATIVE LOCATION 'tablespace/ustb_ts1';
CREATE DATABASE ustbdb WITH TABLESPACE = ustb_ts;
CREATE USER zqf IDENTIFIED BY 'zqf@ustb2020';
ALTER USER zqf  SYSADMIN;
\q
```

二、索引性能测试

使用索引，在某些场景下能大大提高查询效率。

使用 Linux 用户 omm，另外打开一个 Linux 终端窗口，以数据库用户 zqf 的身份，连接到刚刚创建的数据库 ustbdb，创建一个测试表 test：

```
gsql -d ustbdb -h 192.168.100.91 -U zqf -p 26000 -W zqf@ustb2020 -r
drop table if exists test;
create table test(id serial primary key,testnum serial);
```

运行下面的命令，直接为表 test 插入 1000 万行，会报错：

```
ustbdb=> insert into test(testnum) values(generate_series(1,10000000));
ERROR:  memory is temporarily unavailable
DETAIL:  Failed on request of size 384 bytes under queryid 844424930132150 in execQual.cpp:2063.
CONTEXT:  referenced column: id
ustbdb=>
```

采用变通的办法，执行下面的命令，每次只为表 test 添加 100 万行，重复执行 10 次，为表 test 插入 1000 万行：

```
ustbdb=> insert into test(testnum) values(generate_series(1,1000000));
INSERT 0 1000000
ustbdb=> insert into test(testnum) values(generate_series(1,1000000));
INSERT 0 1000000
ustbdb=> insert into test(testnum) values(generate_series(1,1000000));
INSERT 0 1000000
ustbdb=> insert into test(testnum) values(generate_series(1,1000000));
INSERT 0 1000000
ustbdb=> insert into test(testnum) values(generate_series(1,1000000));
INSERT 0 1000000
ustbdb=> insert into test(testnum) values(generate_series(1,1000000));
INSERT 0 1000000
ustbdb=> insert into test(testnum) values(generate_series(1,1000000));
INSERT 0 1000000
ustbdb=> insert into test(testnum) values(generate_series(1,1000000));
INSERT 0 1000000
ustbdb=> insert into test(testnum) values(generate_series(1,1000000));
INSERT 0 1000000
ustbdb=> insert into test(testnum) values(generate_series(1,1000000));
INSERT 0 1000000
ustbdb=>
```

执行下面的命令和 SQL 语句，开始进行 SQL 查询语句测试（因为目前还没有为该 SQL 查询语句 WHERE 子句上的 testnum 列创建索引，因此需要全表扫描才能完成查询）：

```
[omm@test ~]$ gsql -d ustbdb -h 192.168.100.91 -U zqf -p 26000 -W zqf@ustb2020 -r
ustbdb=> -- 打开 gsql 的执行时间开关
ustbdb=> \timing on
Timing is on.
ustbdb=> select * from test where testnum=8234567;
   id    | testnum
---------+-------------
 8234567 | 8234567
```

```
(1 row)
Time: 720.252 ms
ustbdb=> select * from test where testnum=8234567;
   id    | testnum
---------+--------------
 8234567 | 8234567
(1 row)
Time: 221.904 ms
ustbdb=> select * from test where testnum=8234567;
   id    | testnum
---------+--------------
 8234567 | 8234567
(1 row)
Time: 219.002 ms
ustbdb=> \q
[omm@test ~]$
```

第一次执行查询时，需要将表 test 的数据块从硬盘读入内存，然后在内存中进行查询，因此耗时较长（720.252ms）；之后的查询都是在内存中读取表 test 的数据，因此查询执行时间要少一些（221.904ms 和 219.002ms）。可以看出，在没有索引的情况下，这个查询的执行时间稳定在 220ms 左右。

执行下面的命令和 SQL 语句，为表 test 的 testnum 列创建一个索引：

```
[omm@test ~]$ gsql -d ustbdb -h 192.168.100.91 -U zqf -p 26000 -W zqf@ustb2020 -r
ustbdb=> create index idx_test_testnum on test(testnum);
CREATE INDEX
ustbdb=> \q
[omm@test ~]$
```

执行下面的命令和 SQL 语句，开始进行 SQL 查询语句测试（SQL 查询语句的执行将会使用索引）：

```
[omm@test ~]$ gsql -d ustbdb -h 192.168.100.91 -U zqf -p 26000 -W zqf@ustb2020 -r
ustbdb=> -- 打开 gsql 的执行时间开关
ustbdb=> \timing on
Timing is on.
ustbdb=> select * from test where testnum=8234567;
   id    | testnum
------------+------------
 8234567 | 8234567
(1 row)
Time: 0.604 ms
ustbdb=> select * from test where testnum=8234567;
   id    | testnum
------------+------------
 8234567 | 8234567
(1 row)
Time: 0.360 ms
ustbdb=> select * from test where testnum=8234567;
   id    | testnum
------------+------------
```

```
 8234567  | 8234567
(1 row)
Time: 0.324 ms
ustbdb=> \q
[omm@test ~]$
```

创建索引后，第一次执行查询时，需要将索引的数据块从硬盘读入内存，然后在内存中进行索引查询，因此耗时较长（0.604ms），但是比没有索引时（720ms）要少得多；之后的查询都是在内存中读取索引的数据，因此查询执行时间要更少一些（0.360ms 和 0.324ms）。可以看出，在有索引的情况下，这个查询的执行时间稳定在 0.35ms 左右，相比没有索引时的查询执行时间（220ms），性能有了巨大的提升。

三、显示索引的信息

执行下面的 gsql 元命令，查看索引的信息：

```
[omm@test ~]$ gsql -d ustbdb -h 192.168.100.91 -U zqf -p 26000 -W zqf@ustb2020 -r
ustbdb=> \di
                        List of relations
 Schema    |      Name           | Type    | Owner   | Table   | Storage
-----------+---------------------+---------+---------+---------+------------
 public    | idx_test_testnum    | index   | zqf     | test    |
 public    | test_pkey           | index   | zqf     | test    |
(2 rows)
ustbdb=>
```

执行下面的 gsql 元命令，查看索引 idx_test_testnum 的详细信息：

```
ustbdb=> \d+ idx_test_testnum
    Index "public.idx_test_testnum"
 Column   |  Type   | Definition  | Storage
----------+---------+-------------+---------
 testnum  | integer | testnum     | plain
btree, for table "public.test"
ustbdb=>
```

四、删除索引

执行下面的命令，删除表 test 上的索引 idx_test_testnum：

drop index idx_test_testnum;

删除索引后，再次执行前面的查询：

```
ustbdb=> -- 打开 gsql 的执行时间开关
ustbdb=> \timing on
Timing is on.
ustbdb=> select * from test where testnum=8234567;
  id       | testnum
-----------+------------
 8234567   | 8234567
(1 row)
Time: 223.715 ms
ustbdb=>
```

对比删除索引前的查询执行时间（0.35ms 左右）和删除索引后的查询执行时间（220ms），我们发现，有索引的话，查询效率提高了很多（大概有 700 倍）。

为了继续下面的实验，执行下面的命令重新创建索引：

create index idx_test_testnum on test(testnum);

五、修改索引

1. 修改索引的名字

执行下面的命令，可以修改索引的名字：

```
ustbdb=> ALTER INDEX idx_test_testnum RENAME TO idx_test_testnum_renamebyzqf;
ALTER INDEX
Time: 1.156 ms
ustbdb=> \q
[omm@test ~]$
```

2. 移动索引到其他表空间

打开另外一个 Linux 终端窗口，使用 Linux 用户 omm，执行下面的命令创建表空间 myindex_ts：

```
[omm@test ~]$ gsql -d postgres -p 26000 -r
postgres=# CREATE TABLESPACE myindex_ts RELATIVE LOCATION 'tablespace/myindex_ts1';
CREATE TABLESPACE
postgres=# \q
[omm@test ~]$
```

继续执行下面的命令和 SQL 语句，将索引 idx_test_testnum_renamebyzqf 移动到表空间 myindex_ts：

```
[omm@test ~]$ gsql -d ustbdb -h 192.168.100.91 -U zqf -p 26000 -W zqf@ustb2020 -r
ustbdb=> ALTER INDEX idx_test_testnum_renamebyzqf SET TABLESPACE myindex_ts;
ALTER INDEX
ustbdb=>
```

3. 修改索引的填充因子

执行下面的命令和 SQL 语句，设置索引的填充因子为 60：

```
ustbdb=> \d+ idx_test_testnum_renamebyzqf
Index "public.idx_test_testnum_renamebyzqf"
 Column   | Type    | Definition | Storage
-----------+----------+-------------+---------
 testnum   | integer | testnum    | plain
btree, for table "public.test"
Tablespace: "myindex_ts"
ustbdb=> alter index idx_test_testnum_renamebyzqf SET(fillfactor=60);
ALTER INDEX
ustbdb=> \d+ idx_test_testnum_renamebyzqf
Index "public.idx_test_testnum_renamebyzqf"
 Column   | Type    | Definition | Storage
-----------+----------+-------------+---------
 testnum   | integer | testnum    | plain
btree, for table "public.test"
```

```
Tablespace: "myindex_ts"
Options: fillfactor=60
ustbdb=>
```

执行下面的命令和 SQL 语句，将索引的填充因子恢复为默认的值：

```
ustbdb=> alter index idx_test_testnum_renamebyzqf RESET(fillfactor);
ALTER INDEX
ustbdb=> \d+ idx_test_testnum_renamebyzqf
Index "public.idx_test_testnum_renamebyzqf"
 Column  | Type    | Definition | Storage
---------+---------+------------+---------
 testnum | integer | testnum    | plain
btree, for table "public.test"
Tablespace: "myindex_ts"
ustbdb=> \q
[omm@test ~]$
```

六、清理工作

在继续后面的任务之前，关闭所有的 Linux 终端窗口（或者退出所有的 openGauss gsql 会话），打开一个 Linux 终端窗口，执行下面的命令和 SQL 语句，进行清理：

```
gsql -d postgres -p 26000 -r
drop database ustbdb;
drop user zqf;
drop tablespace myindex_ts;
drop tablespace ustb_ts;
\q
```

任务十五

openGauss 逻辑结构：视图管理

任务目标

在三级模式二级映射体系中，可以将概念模式映射为外模式。视图是将概念模式映射为外模式的手段。本任务的目的是掌握 openGauss 视图的管理：创建视图、删除视图、查询视图的信息、修改视图的信息。

实施步骤

一、准备工作

执行下列的命令和语句，创建一个名叫 pupil 的数据库用户，并授予用户 pupil 访问数据库 pupildb 的权限：

```
gsql -d postgres -p 26000 -r
CREATE USER pupil IDENTIFIED BY 'pupil@ustb2020';
GRANT CONNECT on DATABASE studentdb TO pupil;
\q
```

二、为什么需要视图

1. 通过视图对用户隐藏信息

使用 Linux 用户 omm，打开一个 Linux 终端窗口，执行如下命令，使用用户 student 连接到 openGauss 的数据库 studentdb，并查询表 instructor 的内容：

```
[omm@test ~]$ gsql -d studentdb -h 192.168.100.91 -U student -p 26000 -W student@ustb2020 -r
studentdb=> select * from instructor;
   id    |  dept_name  |    name    |  salary
---------+-------------+------------+----------
 10101   | Comp. Sci.  | Srinivasan | 65000.00
 12121   | Finance     | Wu         | 90000.00
 15151   | Music       | Mozart     | 40000.00
 22222   | Physics     | Einstein   | 95000.00
 32343   | History     | El Said    | 60000.00
 33456   | Physics     | Gold       | 87000.00
 45565   | Comp. Sci.  | Katz       | 75000.00
 58583   | History     | Califieri  | 62000.00
 76543   | Finance     | Singh      | 80000.00
 76766   | Biology     | Crick      | 72000.00
 83821   | Comp. Sci.  | Brandt     | 92000.00
 98345   | Elec. Eng.  | Kim        | 80000.00
(12 rows)
studentdb=>
```

我们发现，只要有访问表 instructor 的权限，用户就能看到该表的所有信息。要想限制用户权限使其不能看到教师的 salary 信息，方法是创建一个视图，并授予用户 pupil 读取视图 faculty 的权限：

```
create or replace view faculty as
    select ID, name, dept_name
    from instructor;
GRANT SELECT ON faculty TO pupil;
\q
```

打开另外一个 Linux 终端窗口，使用数据库用户 pupil 连接到数据库 studentdb：

gsql -d studentdb -h 192.168.100.91 -U pupil -p 26000 -W pupil@ustb2020 -r

执行下面的 gsql 元命令，看看数据库用户 pupil 能查看到哪些表名和视图名：

```
studentdb=> \dtv
                        List of relations
 Schema |    Name     | Type  |  Owner  |               Storage
--------+-------------+-------+---------+-------------------------------------
 public | advisor     | table | student | {orientation=row,compression=no}
 public | classroom   | table | student | {orientation=row,compression=no}
 public | course      | table | student | {orientation=row,compression=no}
 public | department  | table | student | {orientation=row,compression=no}
 public | faculty     | view  | student |
 public | fruitstock  | table | student | {orientation=row,compression=no}
 public | instructor  | table | student | {orientation=row,compression=no}
 public | prereq      | table | student | {orientation=row,compression=no}
 public | section     | table | student | {orientation=row,compression=no}
 public | sell        | table | student | {orientation=row,compression=no}
 public | student     | table | student | {orientation=row,compression=no}
 public | takes       | table | student | {orientation=row,compression=no}
 public | teaches     | table | student | {orientation=row,compression=no}
 public | time_slot   | table | student | {orientation=row,compression=no}
(14 rows)
studentdb=>
```

执行下面的 SQL 语句，查看视图 faculty 的内容：

```
studentdb=> select * from faculty;
  id   |    name    |  dept_name
-------+------------+-------------
 10101 | Srinivasan | Comp. Sci.
 12121 | Wu         | Finance
 15151 | Mozart     | Music
 22222 | Einstein   | Physics
 32343 | El Said    | History
 33456 | Gold       | Physics
 45565 | Katz       | Comp. Sci.
 58583 | Califieri  | History
 76543 | Singh      | Finance
 76766 | Crick      | Biology
 83821 | Brandt     | Comp. Sci.
 98345 | Kim        | Elec. Eng.
(12 rows)
studentdb=>
```

执行下面的 SQL 语句，查看表 instructor 的内容：

```
studentdb=> select * from instructor;
ERROR:  permission denied for relation instructor
studentdb=> \q
[omm@test ~]$
```

由于数据库用户 pupil 没有被授权访问表 instructor，因此它无法看到表 instructor 的内容，但是数据库用户 pupil 被授权可以访问视图 faculty，而视图 faculty 屏蔽了表 instructor 中的敏感信息 salary。

2. 创建一个比逻辑模型更符合用户直觉的表

使用 Linux 用户 omm，打开一个 Linux 终端窗口，执行如下命令，使用用户 student 连接到 openGauss 的数据库 studentdb：

gsql -d studentdb -h 192.168.100.91 -U student -p 26000 -W student@ustb2020 -r

假如希望有一个关于物理系在 2009 年秋季学期所开设的所有课程段的表，可以创建以下的视图：

```
studentdb=> create or replace view physics_fall_2009 as
studentdb->     select course.course_id, sec_id, building, room_number
studentdb->     from course, section
studentdb->     where course.course_id = section.course_id and
studentdb->           course.dept_name = 'Physics' and
studentdb->           section.semester = 'Fall' and
studentdb->           section.year = '2009';
CREATE VIEW
studentdb=> select * from  physics_fall_2009;
 course_id | sec_id | building | room_number
-----------+--------+----------+-------------
 PHY-101   | 1      | Watson   | 100
(1 row)
studentdb=>
```

然后我们可以把视图当成一个表来使用：

```
studentdb=> select *
studentdb-> from  physics_fall_2009
studentdb-> where building= 'Watson';
 course_id | sec_id | building | room_number
-----------+--------+----------+-------------
 PHY-101   | 1      | Watson   | 100
(1 row)
studentdb=>
```

在查询中，视图名可以出现在关系名可以出现的任何地方。例如，查找生物系的所有教师的信息（除了工资以外）：

```
studentdb=> select *
studentdb-> from faculty
studentdb-> where dept_name ='Biology';
  id    | name  | dept_name
--------+-------+-----------
 76766  | Crick | Biology
```

```
(1 row)
studentdb=>
```

三、创建视图时指定视图的属性名

执行下面的 SQL 语句，创建一个视图 departments_total_salary，显示每个系所有教师的工资总和：

```
create or replace view departments_total_salary(dept_name, total_salary) as
    select dept_name, sum(salary)
    from instructor
    group by dept_name;
```

执行下面的 gsql 元命令，查看数据库有哪些视图：

```
studentdb=> \dv
                       List of relations
 Schema |           Name            | Type  | Owner   | Storage
--------+---------------------------+-------+---------+---------
 public | departments_total_salary  | view  | student |
 public | faculty                   | view  | student |
 public | physics_fall_2009         | view  | student |
(3 rows)
studentdb=>
```

执行下面的 gsql 元命令，查看视图 departments_total_salary 的信息：

```
studentdb=> \dv departments_total_salary;
                       List of relations
 Schema |           Name            | Type  | Owner   | Storage
--------+---------------------------+-------+---------+---------
 public | departments_total_salary  | view  | student |
(1 row)
studentdb=>
```

执行下面的 gsql 元命令，查看视图 departments_total_salary 的详细信息：

```
studentdb=> \d departments_total_salary;
     View "public.departments_total_salary"
   Column     |         Type          | Modifiers
--------------+-----------------------+------------
 dept_name    | character varying(20) |
 total_salary | numeric               |
studentdb=>
```

可以看出，该视图的属性名是在创建视图时由用户指定的。

可以把视图当成一个表来使用：

```
studentdb=> Select * From departments_total_salary;
 dept_name    | total_salary
--------------+---------------
 Physics      |   182000.00
 Music        |    40000.00
 Comp. Sci.   |   232000.00
```

```
    Finance      |   170000.00
    History      |   122000.00
    Elec. Eng.   |    80000.00
    Biology      |    72000.00
    (7 rows)
    studentdb=>
```

四、基于视图建立新的视图

我们使用前面创建的视图 physics_fall_2009 来创建视图 physics_fall_2009_watson，该视图是关于物理系在 2009 年秋季学期所开设的所有在 Watson 大楼上课的课程段的。

```
create or replace view physics_fall_2009_watson as
    select course_id, room_number
    from physics_fall_2009
    where building= 'Watson';
```

这条语句相当于：

```
studentdb=> create or replace view physics_fall_2009_watson_1 as
studentdb->     select course_id, room_number
studentdb->     from (
studentdb(>          select course.course_id, sec_id, building, room_number
studentdb(>          from course, section
studentdb(>          where course.course_id = section.course_id and
studentdb(>                course.dept_name = 'Physics' and
studentdb(>                section.semester = 'Fall' and
studentdb(>                section.year = '2009'
studentdb(>          ) tbl
studentdb->     where building= 'Watson';
CREATE VIEW
studentdb=> \q
[omm@test ~]$
```

五、物化视图

普通视图在查询中是实时进行计算的。如果建立视图的基表数据很多，使用视图的时候进行实时计算视图表示的结果集，将消耗很大的计算机资源，并且费时很长。

物化视图可提前计算出视图的结果集，并将该结果集保存在数据库里。

如果更新了基表，物化视图将过期。也就是说，基表更新后，物化视图不能反映最新的数据情况。因此，在基表发生变化的时候，需要对物化视图进行更新。

更新物化视图的方法有两种：实时刷新、延迟刷新（可周期性自动刷新或手动刷新）。

创建一个测试表 test：

```
gsql -d studentdb -h 192.168.100.91 -U student -p 26000 -W student@ustb2020 -r
drop materialized view if exists mv_test;
drop table if exists test;
create table test(id serial primary key,testnum serial);
insert into test(testnum) values(generate_series(1,100000));
```

创建物化视图：

```
create materialized view mv_test as
select *
from test
where testnum%2=0;
```

查看物化视图目前有多少行记录：

```
studentdb=> select count(*) from mv_test;
 count
----------
 50000
(1 row)
studentdb=>
```

为物化视图的基表 test 添加 100000 行，然后再查看物化视图当前有多少行记录：

```
studentdb=> insert into test(testnum) values(generate_series(1,100000));
INSERT 0 100000
studentdb=> select count(*) from mv_test;
 count
----------
 50000
(1 row)
studentdb=>
```

我们发现，虽然物化视图 mv_test 的基表 test 添加了更多的行，但是物化视图并没有更新。
我们可以手动更新物化视图，并查看物化视图更新后有多少行记录：

```
studentdb=> refresh materialized view mv_test;
REFRESH MATERIALIZED VIEW
studentdb=> select count(*) from mv_test;
 count
----------
 100000
(1 row)
studentdb=> \q
[omm@test ~]$
```

六、视图失效（openGauss 暂不支持）

七、通过视图更新基表（openGauss 暂不支持）

八、清理工作

在继续后面的任务之前，关闭所有的 Linux 终端窗口（或者退出所有的 openGauss gsql 会话），
打开一个 Linux 终端窗口，执行下面的命令和 SQL 语句，进行清理：

```
gsql -d studentdb -h 192.168.100.91 -U student -p 26000 -W student@ustb2020 -r
revoke all on faculty from pupil;
revoke CONNECT on DATABASE studentdb FROM pupil;
drop view physics_fall_2009_watson_1;
drop view physics_fall_2009_watson;
drop view physics_fall_2009;
drop view faculty;
drop materialized view if exists mv_test;
drop table if exists test;
\q
gsql -d postgres -p 26000 -r
drop user pupil;
\q
```

任务十六

openGauss 逻辑结构：存储过程和函数管理

预备知识：存储过程和函数简介

存储过程（Stored Procedure）是一组用于完成特定功能的 SQL 语句集，经编译后存储在数据库中。存储过程具有如下的优点：

1）增强了 SQL 语言的功能。在存储过程中，可以使用顺序语句、循环和分支控制语句，因此灵活性强，可以实现更为复杂的应用逻辑。

2）标准组件式编程。创建完存储过程后，可以在程序中多次调用该存储过程。对存储过程的修改可以由数据库专业人员进行，应用程序不需要做任何修改。

3）更快的执行速度。因为存储过程是预编译的，并进行了优化，其执行计划保存在数据库管理系统的数据字典中，每次执行时，只需要为执行计划提供参数就可以执行，省略了编译和优化的过程。

4）减少网络流量。在客户计算机上调用存储过程时，网络中只传送调用该存储过程的语句，并不需要传送该存储过程本身，因而能大大减少网络流量，降低了网络负载。

5）更好的安全控制机制。通过对执行某一存储过程的权限进行限制，能够实现对相应数据的访问权限的限制，避免了非授权用户对数据的访问，保证了数据的安全。

函数与存储过程类似，它们之间的主要区别在于是否有返回值：存储过程不返回值，函数会返回一个值。

任务目标

掌握 openGauss DBMS 中存储过程和函数的管理。

实施步骤

一、创建存储过程

openGauss 中使用 CREATE PROCEDURE 语句创建存储过程，语法如下：
CREATE OR REPLACE PROCEDURE
StoredProcedureName([[IN|OUT|INOUT] 参数名 数据类型
　　　　　　　　[,[IN|OUT|INOUT] 参数名 数据类型…]])
IS
过程体
其中：

1）参数：存储过程的参数可以有多个，用","分割开。每个参数可以是 IN、OUT、INOUT 类型。

① IN：必须在调用存储过程时指定该类型的参数，在存储过程中修改该类型的参数，值不能被返回，参数的默认类型为 IN。

② OUT：在存储过程中修改该类型的参数，值可以被返回。

③ INOUT：必须在调用存储过程时指定该类型的参数，在存储过程中修改该类型的参数，值可以被返回。

2）IS 也可以用 AS 替代。

3）过程体：过程体的开始与结束使用 BEGIN 与 END 进行标识。

使用 Linux 用户 omm，打开一个 Linux 终端窗口，执行下面的命令和 SQL 语句，使用用户 student 连接 openGauss 的数据库 studentdb，创建一个名为 myproc 的存储过程：

```
[omm@test ~]$ gsql -d studentdb -h 192.168.100.91 -U student -p 26000 -W student@ustb2020 -r
studentdb=> CREATE OR REPLACE PROCEDURE myproc(OUT s int)
studentdb-> IS
studentdb$> BEGIN
studentdb$>     SELECT COUNT(*) INTO s FROM student;
studentdb$> END
studentdb$> /
CREATE PROCEDURE
studentdb=>
```

执行下面的 SQL 语句，也可以创建一个名为 myproc 的存储过程：

```
studentdb=> CREATE OR REPLACE PROCEDURE myproc(OUT s int)
studentdb-> AS
studentdb$> BEGIN
studentdb$>     SELECT COUNT(*) INTO s FROM student;
studentdb$> END
studentdb$> /
CREATE PROCEDURE
studentdb=>
```

在创建存储过程时，不论是使用关键字 IS 还是使用关键字 AS，效果是一样的。

二、查看存储过程的定义

在 gsql 中执行下面的元命令，查看存储过程 myproc 的定义：

```
studentdb=> \sf myproc
CREATE OR REPLACE FUNCTION public.myproc(OUT s integer)
 RETURNS integer
 LANGUAGE plpgsql
 NOT FENCED NOT SHIPPABLE
AS $function$ DECLARE
BEGIN
     SELECT COUNT(*) INTO s FROM student;
END

$function$
studentdb=>
```

三、调用存储过程

可以使用 CALL 语句来调用指定的存储过程：

```
studentdb=> call myproc(:studentNum);
 s
----
```

```
  13
(1 row)
studentdb=>
```

四、删除存储过程

执行下面的 SQL 语句，删除存储过程 myproc：

```
studentdb=> drop procedure myproc;
DROP PROCEDURE
studentdb=>
```

五、使用 DECLARE 语句声明变量 variable

在存储过程和函数中，声明变量的语法格式如下：

DECLARE var1[,var2...] datat_ype [DEFAULT value];

其中，datat_ype 是 openGauss 数据库支持的数据类型；如果没有 DEFAULT 子句，则变量的初始值为 NULL。

执行下面的 SQL 语句，创建存储过程 testproc，测试为存储过程定义变量：

```
-- 创建存储过程 testproc
CREATE OR REPLACE PROCEDURE testproc(OUT s1 int,OUT s2 int)
AS
DECLARE
  var1 int;
  var2 int default 0;
BEGIN
    var1:=5;
    var2:=10;
    s1:=var1;
    s2:=var2;
END
/
```

执行下面的 SQL 语句，调用刚刚创建的存储过程 testproc：

```
studentdb=> -- 调用存储过程 testproc
studentdb=> call testproc(:t1,:t2);
 s1 | s2
----+----
  5 | 10
(1 row)
studentdb=>
```

六、复合 SQL 语句的控制结构

1. 语句块 BEGIN…END

语句块的语法格式 1：

BEGIN
statement-list
END;

语句块的语法格式 2：

<<Label>>
    BEGIN

```
        statement-list
      END;
```

这两者之间的区别：语句块的语法格式 2 为语句块定义了一个标号。

下面的例子中，使用这两种语法格式，创建一个存储过程：

```
studentdb=> -- 创建存储过程 testproc
studentdb=> CREATE OR REPLACE PROCEDURE testproc()
studentdb-> IS
studentdb$> BEGIN
studentdb$>   -- 语句块的例子 1
studentdb$>     BEGIN
studentdb$>       SELECT * FROM student;
studentdb$>     END;
studentdb$>
studentdb$>   -- 语句块的例子 2：带标号
studentdb$>   << showInstrictor >>
studentdb$>     BEGIN
studentdb$>       SELECT * FROM instructor;
studentdb$>     END;
studentdb$> END
studentdb$> /
CREATE PROCEDURE
studentdb=>
```

2. 分支语句

（1）IF 语句　IF 语句的语法格式如下：

```
IF(expr1) THEN
    statement_list1
ELSEIF(expr2) THEN
    statement_list2
ELSE
    statement_list3
END IF
```

下面是创建存储过程的一个例子，存储过程使用了 IF 语句：

```
studentdb=> -- 创建存储过程 testproc
studentdb=> CREATE OR REPLACE PROCEDURE testproc(IN s int)
studentdb-> IS
studentdb$>    BEGIN
studentdb$>          IF(s=1) THEN
studentdb$>            raise info 'Input is 1';
studentdb$>          ELSEIF(s=2) THEN
studentdb$>            raise info 'Input is 2';
studentdb$>          ELSE
studentdb$>            raise info 'Input is s:%',s;
studentdb$>          END IF;
studentdb$>    END
studentdb$> /
CREATE PROCEDURE
studentdb=>
```

执行下面的调用语句，测试刚刚创建的存储过程：

```
studentdb=> call testproc(1);
INFO: Input is 1
 testproc
----------

(1 row)
studentdb=> call testproc(2);
INFO:  Input is 2
 testproc
----------

(1 row)
studentdb=> call testproc(3);
INFO:  Input is s:3
 testproc
----------

(1 row)
studentdb=>
```

（2）CASE 语句　　CASE 语句的第 1 种语法格式：

```
CASE  expr
     WHEN value1 THEN statement_list
     WHEN value2 THEN statement_list
     …
     WHEN valueN THEN statement_list
     ELSE statement_list
END CASE;
```

下面是创建存储过程的一个例子，存储过程使用了 CASE 语句的第 1 种语法：

```
studentdb=> -- 创建存储过程 testproc
studentdb=> CREATE OR REPLACE PROCEDURE testproc(IN s int)
studentdb-> IS
studentdb$>    BEGIN
studentdb$>      CASE  s
studentdb$>       WHEN 1 THEN
studentdb$>         raise info 'Input is 1';
studentdb$>       WHEN 2 THEN
studentdb$>         raise info 'Input is 1';
studentdb$>       ELSE
studentdb$>         raise info 'Input is not 1 or 2';
studentdb$>      END CASE;
studentdb$>    END
studentdb$> /
CREATE PROCEDURE
studentdb=>
```

执行下面的调用语句，测试刚刚创建的存储过程：

```
studentdb=> call testproc(1);
```

```
    INFO:  Input is 1
     testproc
    ----------

    (1 row)
    studentdb=> call testproc(2);
    INFO:  Input is 1
     testproc
    ----------

    (1 row)
    studentdb=> call testproc(3);
    INFO:  Input is not 1 or 2
     testproc
    ----------

    (1 row)
    studentdb=>
```

CASE 语句的第 2 种语法格式：

```
CASE
    WHEN expr_condition1 THEN statement_list
    WHEN expr_condition2 THEN statement_list
    …
    WHEN expr_conditionN THEN statement_list
    ELSE statement_list
END CASE;
```

下面是创建存储过程的一个例子，存储过程使用了 CASE 语句的第 2 种语法：

```
studentdb=> -- 创建存储过程 testproc
studentdb=> CREATE OR REPLACE PROCEDURE testproc(IN s int)
studentdb-> IS
studentdb$>    BEGIN
studentdb$>        CASE
studentdb$>          WHEN s=1 THEN
studentdb$>                raise info 'Input is 1';
studentdb$>          WHEN s=2 THEN
studentdb$>                raise info 'Input is 2';
studentdb$>          ELSE
studentdb$>                raise info 'Input is not 1 or 2';
studentdb$>        END CASE;
studentdb$>    END
studentdb$> /
CREATE PROCEDURE
studentdb=>
```

执行下面的调用语句，测试刚刚创建的存储过程：

```
studentdb=> call testproc(1);
INFO:  Input is 1
 testproc
----------
```

```
 (1 row)
studentdb=> call testproc(2);
INFO:  Input is 2
 testproc
----------

 (1 row)
studentdb=> call testproc(3);
INFO:  Input is not 1 or 2
 testproc
----------

 (1 row)
studentdb=>
```

（3）GOTO 语句　GOTO 语句可以无条件跳转到指定标号的位置开始执行。标号的定义方法如下：

假如我们想知道，从 1 开始求和，到哪个整数开始和刚刚超过 4000。下面是完成这个任务的存储过程：

```
studentdb=> -- 创建存储过程 testproc
studentdb=> CREATE OR REPLACE PROCEDURE testproc()
studentdb-> AS
studentdb$> DECLARE
studentdb$>    v1  int;
studentdb$>    S   int;
studentdb$> BEGIN
studentdb$>    v1  := 0;
studentdb$>    S  := 0;
studentdb$>       LOOP
studentdb$>       EXIT WHEN v1 >= 100;
studentdb$>           S   := S+v1;
studentdb$>           v1 := v1 + 1;
studentdb$>           if S > 4000 THEN
studentdb$>             GOTO pos1;
studentdb$>           END IF;
studentdb$>       END LOOP;
studentdb$><<pos1>>
studentdb$> v1:=v1-1;
studentdb$> raise info 'v1 is %.', v1;
studentdb$> raise info 'S  is %.', S;
studentdb$> END;
studentdb$> /
CREATE PROCEDURE
studentdb=>
```

执行下面的调用语句，测试刚刚创建的存储过程：

```
studentdb=> call testproc();
INFO: v1 is 89.
INFO: S  is 4005.
 testproc
----------
```

```
(1 row)
studentdb=>
```

3. 循环语句

（1）LOOP 语句　　LOOP 语句的语法格式为：

LOOP
statement_list
END LOOP

EXIT 语句用来退出 LOOP，但只能出现在带有给定标签的构造的内部。EXIT 语句的语法格式为：

LEAVE lable_name

下面是创建存储过程的一个例子，存储过程使用了 LOOP 语句和 EXIT 语句，会根据调用的输入参数 *n*，显示 *n* 次：

```
studentdb=> -- 创建存储过程 testproc
studentdb=> CREATE OR REPLACE PROCEDURE testproc(IN s int)
studentdb-> IS
studentdb$>    --声明变量
studentdb$>    DECLARE var1 int;
studentdb$> BEGIN
studentdb$>     var1:=1;
studentdb$>      LOOP
studentdb$>          raise info 'zqf';
studentdb$>          var1:=var1+1;
studentdb$>          IF(var1>s) THEN
studentdb$>             EXIT;
studentdb$>          END IF;
studentdb$>      END LOOP;
studentdb$> END
studentdb$> /
CREATE PROCEDURE
studentdb=>
```

执行下面的调用语句，测试刚刚创建的存储过程：

```
studentdb=> call testproc(1);
INFO:  zqf
 testproc
----------

 (1 row)
studentdb=> call testproc(2);
INFO:  zqf
INFO:  zqf
 testproc
----------

 (1 row)
studentdb=> call testproc(3);
INFO:  zqf
INFO:  zqf
```

```
    INFO: zqf
     testproc
    ----------

    (1 row)
    studentdb=>
```

（2）WHILE-LOOP 语句　WHILE 语句的语法格式为：

WHILE expr LOOP
statement_list
END LOOP

这条语句用来创建一个执行循环。当表达式 expr 的值为真时，循环内的语句将反复执行。

下面是创建存储过程的一个例子，存储过程使用了 WHILE-LOOP 语句，会根据调用的输入参数 n，显示 n 次：

```
    studentdb=> -- 创建存储过程 testproc
    studentdb=> CREATE OR REPLACE PROCEDURE testproc(IN s int)
    studentdb-> IS
    studentdb$>    -- 声明变量
    studentdb$>    DECLARE var1 int;
    studentdb$>    BEGIN
    studentdb$>     var1 :=1;
    studentdb$>     WHILE (var1<=s) LOOP
    studentdb$>      raise info 'zqf';
    studentdb$>      var1:=var1+1;
    studentdb$>     END LOOP;
    studentdb$>    END
    studentdb$> /
    CREATE PROCEDURE
    studentdb=>
```

执行下面的调用语句，测试刚刚创建的存储过程：

```
    studentdb=> call testproc(2);
    INFO: zqf
    INFO: zqf
     testproc
    ----------

    (1 row)
    studentdb=> call testproc(5);
    INFO: zqf
    INFO: zqf
    INFO: zqf
    INFO: zqf
    INFO: zqf
     testproc
    ----------

    (1 row)
    studentdb=>
```

（3）FOR-LOOP（integer 变量）语句　FOR-LOOP（integer 变量）语句的语法格式为：

```
FOR  varName  IN [REVERSE] low_bound..upper_bound BY step LOOP
    statements
END LOOP;
```

这条语句用来创建一个执行循环。varName 的值必须在下限值 low_bound 和上限值 upper_bound 之间。当使用 REVERSE 时，low_bound 的值必须大于或等于 upper_bound。循环的每次步长调整值为 step。

该语句相当于 C 语言的以下 for 循环语句：

```
for（varName=low_bound; varName<=upper_Bound;varName=varName+step）{
    statements
}
```

下面是创建存储过程的一个例子，存储过程使用了 FOR-LOOP（integer 变量）语句：

```
studentdb=> -- 创建存储过程 testproc
studentdb=> CREATE OR REPLACE PROCEDURE testproc()
studentdb-> IS
studentdb$> -- 声明变量
studentdb$> DECLARE
studentdb$>    var1 int;
studentdb$> BEGIN
studentdb$>    var1:=8;
studentdb$>    FOR  var1 IN 1..5 BY 1 LOOP
studentdb$>      raise info 'var1=%',var1;
studentdb$>    END LOOP;
studentdb$> END
studentdb$> /
CREATE PROCEDURE
studentdb=>
```

执行下面的调用语句，测试刚刚创建的存储过程：

```
studentdb=> call testproc();
INFO:  var1=1
INFO:  var1=2
INFO:  var1=3
INFO:  var1=4
INFO:  var1=5
 testproc
----------

(1 row)
studentdb=>
```

（4）FOR-LOOP-query 语句　FOR-LOOP-query 语句的语法格式为：

```
FOR  target IN query LOOP
    statements
END LOOP;
```

这条语句用来创建一个执行循环。target 会自动定义，且只在该循环范围内有效。对于查询得到的每个值，都会进行一次循环。

下面是创建存储过程的一个例子。首先创建测试表：

```
studentdb=> drop table IF exists test;
DROP TABLE
studentdb=> create table test(col int);
CREATE TABLE
studentdb=> insert into test values(1);
INSERT 0 1
studentdb=> insert into test values(3);
INSERT 0 1
studentdb=> insert into test values(5);
INSERT 0 1
studentdb=>
```

执行下面的语句，创建存储过程，存储过程使用了 FOR-LOOP-query 语句：

```
studentdb=> -- 创建存储过程 testproc
studentdb=> CREATE OR REPLACE PROCEDURE testproc()
studentdb-> IS
studentdb$> BEGIN
studentdb$>    FOR target IN SELECT col From test LOOP
studentdb$>       raise info 'target=%',target;
studentdb$>    END LOOP;
studentdb$> END
studentdb$> /
CREATE PROCEDURE
studentdb=>
```

执行下面的调用语句，测试刚刚创建的存储过程：

```
studentdb=> call testproc();
INFO:  target=(1)
INFO:  target=(3)
INFO:  target=(5)
 testproc
----------

 (1 row)
studentdb=>
```

（5）FORALL-DML 语句　FORALL-DML 语句的语法格式为：

FORALL index IN [REVERSE] low_bound..upper_bound DML;

其中的 index 会自动定义，且只在该循环范围内有效。

该语句相当于 C 语言的以下 for 循环语句：

```
for（index=low_bound; index<=upper_Bound;index=index+1）{
    DML
}
```

下面是创建存储过程的一个例子。首先创建测试表：

```
drop table IF exists test;
create table test(col int);
insert into test values(1);
insert into test values(2);
insert into test values(3);
```

执行下面的语句，创建存储过程，存储过程使用了 FORALL-DML 语句：

```
studentdb=> -- 创建存储过程 testproc
studentdb=> CREATE OR REPLACE PROCEDURE testproc()
studentdb-> IS
studentdb$> BEGIN
studentdb$>     FORALL i IN 5..7
studentdb$>         update test set col=col+i;
studentdb$> END
studentdb$> /
CREATE PROCEDURE
studentdb=>
```

这个存储过程需要循环 3 次（变量 i 的值分别等于 5、6、7），每次都要用变量 i 的值来更新表的值，其新值等于旧值加上 i 的值。

执行刚刚创建的存储过程：

```
studentdb=> call testproc();
 testproc
----------

 (1 row)
studentdb=>
```

查看执行结果：

```
studentdb=> select * from test;
 col
-----
  19
  20
  21
(3 rows)
studentdb=>
```

七、空语句

在 PL/SQL 程序中，可以用 NULL 语句来说明"不用做任何事情"，相当于一个占位符，可以使某些语句变得有意义，提高程序的可读性。示例如下：

```
DECLARE
    …
BEGIN
    …
    IF v_num IS NULL THEN
        NULL;-- 不需要处理任何数据。
    END IF;
END;
/
```

八、存储过程中的游标 cursor

查询语句可能返回多条记录（集合），由于在存储过程和储存函数的代码中一次只能处理一条记录，因此需要使用游标 cursor 来逐条读取查询结果集中的记录。

使用游标前首先需要定义游标，然后才可以打开、使用和关闭这个定义的游标。游标必须在声明处理程序之前被定义，并且变量和条件还必须在定义游标或声明处理程序之前被声明。

1. 定义游标

openGauss 定义游标的语法如下：

```
CURSOR cursor_name
[ BINARY ] [ NO SCROLL ][ { WITH | WITHOUT } HOLD ]
FOR query
```

其中，cursor_name 是游标的名字；查询语句 query 用于创建游标的结果集。

执行下面的语句，创建一个定义了游标的存储过程：

```
studentdb=> CREATE OR REPLACE PROCEDURE p_testCursor(OUT s1 int,OUT s2 int)
studentdb-> IS
studentdb$> DECLARE
studentdb$> --   定义游标
studentdb$>     CURSOR myCur FOR
studentdb$>       select * from student;
studentdb$> BEGIN
studentdb$>
studentdb$> END
studentdb$> /
CREATE PROCEDURE
studentdb=>
```

2. 打开和关闭游标

打开游标相当于执行该游标所对应的查询，从而产生结果集，其语法为：

OPEN cursor_name;

游标使用完毕后，需要关闭游标，回收相关的计算机资源，其语法为：

CLOSE cursor_name;

执行下面的语句，创建一个存储过程，在其中定义了一个游标，并在存储过程中打开和关闭该游标：

```
studentdb=> CREATE OR REPLACE PROCEDURE p_testCursor(OUT s1 int,OUT s2 int)
studentdb-> IS
studentdb$> DECLARE
studentdb$>     -- 定义游标
studentdb$>     CURSOR myCur FOR
studentdb$>        select * from student;
studentdb$> BEGIN
studentdb$>     -- 打开游标
studentdb$>      OPEN myCur;
studentdb$>     -- 关闭游标
studentdb$>      CLOSE myCur;
studentdb$> END
studentdb$> /
CREATE PROCEDURE
studentdb=>
```

3. 从游标中获取数据

从游标中获取数据的语法如下：

FETCH cursor_name INTO var1,[var2,…,varN]

其中，cursor_name 是游标的名字。打开游标会执行该游标中的 SELECT 查询语句，获得一个查询结果集。执行 FETCH 语句将获取结果集中由游标所指的那一行数据，保存到变量 var1，var2，…，varN 上。

执行下面的语句，创建一个存储过程，在其中定义了一个游标，并在存储过程中打开该游标，从中获取数据：

```
studentdb=> CREATE OR REPLACE PROCEDURE p_testCursor(OUT studentId varchar(5),
studentdb(> OUT studentDeptName varchar(20),
studentdb(> OUT studentName varchar(20),
studentdb(> OUT studentCredit decimal(3,0) )
studentdb-> IS
studentdb$> DECLARE
studentdb$>    -- 定义游标
studentdb$>      CURSOR myCur FOR
studentdb$>      select * from student;
studentdb$>    -- 声明变量，获取游标数据
studentdb$>      stuId varchar(5);
studentdb$>      deptName varchar(20);
studentdb$>      name varchar(20);
studentdb$>      totalCred decimal(3,0);
studentdb$> BEGIN
studentdb$>    -- 打开游标
studentdb$>      OPEN myCur;
studentdb$>    -- 从游标中获取数据
studentdb$>    FETCH myCur INTO stuId,deptName,name,totalCred;
studentdb$>    -- 从存储过程返回数据
studentdb$>    studentID:=stuId;
studentdb$>    studentDeptName:=deptName;
studentdb$>    studentName:=name;
studentdb$>    studentCredit:=totalCred;
studentdb$>    -- 关闭游标
studentdb$>      CLOSE myCur;
studentdb$> END
studentdb$> /
CREATE PROCEDURE
studentdb=>
```

调用刚刚创建的存储过程，使用游标获取数据：

```
studentdb=> call p_testCursor(:stuid,:studept,:stuname,:stucredit);
 studentid | studentdeptname | studentname | studentcredit
------------+--------------------+---------------+-----------------
 00128     | Comp. Sci.      | Zhang       |       102
(1 row)
studentdb=>
```

九、函数

1. 创建函数

使用 CREATE FUNCTION 语句来创建函数。

创建一个示例函数：如果输入是正数，返回 1；如果输入是负数，返回 −1；如果输入是 0，

返回 0。

```
studentdb=> CREATE OR REPLACE FUNCTION myfunction(s INT)
studentdb-> RETURN INT
studentdb-> AS
studentdb$> BEGIN
studentdb$>      IF(s>0) THEN
studentdb$>         RETURN 1;
studentdb$>      ELSEIF(s<0) THEN
studentdb$>         RETURN -1;
studentdb$>      ELSE
studentdb$>         RETURN 0;
studentdb$>      END IF;
studentdb$> END
studentdb$> /
CREATE FUNCTION
studentdb=>
```

2. 调用函数

下面是调用刚刚创建的函数的例子：

```
studentdb=> -- 调用函数
studentdb=> select myfunction(5),myfunction(−5),myfunction(0);
 myfunction | myfunction | myfunction
--------------+-------------+---------------
          1 |          −1 |            0
(1 row)
studentdb=>
```

3. 删除函数

执行下面的语句，删除刚刚创建的函数。

drop function myfunction;

十、修改存储过程和函数

要修改存储过程和函数，可以直接使用 CREATE OR REPLACE 语句，例如：

```
studentdb=> CREATE OR REPLACE PROCEDURE p_testCursor(OUT s1 int,OUT s2 int)
studentdb-> IS
studentdb$> DECLARE
studentdb$> --    定义游标
studentdb$>     CURSOR myCur FOR
studentdb$>       select * from student;
studentdb$> BEGIN
studentdb$> END
studentdb$> /
CREATE PROCEDURE
studentdb=>
```

十一、错误捕获语句

缺省时，PL/SQL 函数在执行过程中发生错误时会退出函数执行，并且周围的事务也会回滚。可以用一个带有 EXCEPTION 子句的 BEGIN 块捕获错误并且从中恢复。其语法是正常的 BEGIN 块语法的一个扩展：

```
[<<label>>]
[DECLARE
    declarations]
BEGIN
    statements
EXCEPTION
    WHEN condition [OR condition ...] THEN
        handler_statements
    [WHEN condition [OR condition ...] THEN
        handler_statements
    ...]
END;
```

如果没有发生错误,这种形式的块只是简单地执行所有语句,然后转到 END 之后的下一个语句。但是如果在执行的语句内部发生了一个错误,则这个语句将会回滚,然后转到 EXCEPTION 列表。寻找匹配错误的第一个条件。若找到匹配,则执行对应的 handler_statements,然后转到 END 之后的下一个语句。如果没有找到匹配,则会向事务的外层报告错误,和没有 EXCEPTION 子句一样。也就是说,该错误可以被一个包围块用 EXCEPTION 子句捕获,如果没有包围块,则进行退出函数处理。

condition 的名称可以是用 SQL 标准错误码编号说明的任意值。特殊的条件名 OTHERS 匹配除了 QUERY_CANCELED 之外的所有错误类型。

如果在选中的 handler_statements 里发生了新错误,则不能被这个 EXCEPTION 子句捕获,而是向事务的外层报告错误。一个外层的 EXCEPTION 子句可以捕获它。

如果一个错误被 EXCEPTION 子句捕获,PL/SQL 函数的局部变量保持错误发生时的原值,但是所有该块中想写入数据库中的状态都回滚。

下面的例子取自官方文档:

```
studentdb=> drop table if exists mytab;
NOTICE:  table "mytab" does not exist, skipping
DROP TABLE
studentdb=> CREATE TABLE mytab(id INT,firstname VARCHAR(20),lastname VARCHAR(20)) ;
CREATE TABLE
studentdb=> INSERT INTO mytab(firstname, lastname) VALUES('Tom', 'Jones');
INSERT 0 1
studentdb=>
studentdb=> CREATE OR REPLACE FUNCTION fun_exp() RETURNS INT
studentdb-> AS $$
studentdb$> DECLARE
studentdb$>     x INT :=0;
studentdb$>     y INT;
studentdb$> BEGIN
studentdb$>     UPDATE mytab SET firstname = 'Joe' WHERE lastname = 'Jones';
studentdb$>     x := x + 1;
studentdb$>     y := x / 0;
studentdb$> EXCEPTION
studentdb$>     WHEN division_by_zero THEN
studentdb$>         RAISE NOTICE 'caught division_by_zero';
studentdb$>         RETURN x;
studentdb$> END;$$
studentdb-> LANGUAGE plpgsql;
```

```
CREATE FUNCTION
studentdb=>
```

官方例子首先更新了表 mytab 中的行（将 lastname='Jones' 行的 firstname 更新为 Joe），但是接下来的执行发生了被 0 除的异常，于是需要回滚刚才的 UPDATE 语句，表 mytab 的数据将保持不变，并引发被 0 除的异常。在 RETURN 语句里返回的数值将是 x 的增量值。下面的执行证明了这一点：

```
studentdb=> call fun_exp();
NOTICE:  caught division_by_zero
 fun_exp
------------
     1
(1 row)
studentdb=> select * from mytab;
 id | firstname | lastname
----+-----------+--------------
    | Tom       | Jones
(1 row)
studentdb=>
```

执行下面的语句，清理测试环境：
DROP FUNCTION fun_exp();
DROP TABLE mytab;

下面是另外一个示例——UPDATE/INSERT 异常，也是取自官方文档。这个例子根据使用异常处理器执行恰当的 UPDATE 或 INSERT。

```
studentdb=> drop table if exists db;
NOTICE:  table "db" does not exist, skipping
DROP TABLE
studentdb=> CREATE TABLE db (a INT, b TEXT);
CREATE TABLE
studentdb=>
studentdb=> CREATE OR REPLACE FUNCTION merge_db(key INT, data TEXT) RETURNS VOID AS
studentdb-> $$
studentdb$> BEGIN
studentdb$>    LOOP
studentdb$> -- 第一次尝试更新 key
studentdb$>        UPDATE db SET b = data WHERE a = key;
studentdb$>        IF found THEN
studentdb$>           RETURN;
studentdb$>        END IF;
studentdb$> -- 不存在，所以尝试插入 key，
studentdb$> -- 如果其他人同时插入相同的 key，我们可能得到唯一 key 失败。
studentdb$>        BEGIN
studentdb$>           INSERT INTO db(a,b) VALUES (key, data);
studentdb$>           RETURN;
studentdb$>        EXCEPTION WHEN unique_violation THEN
studentdb$>           -- 什么也不做，并且循环尝试再次更新。
studentdb$>        END;
studentdb$>    END LOOP;
```

```
studentdb$> END;
studentdb$> $$
studentdb-> LANGUAGE plpgsql;
CREATE FUNCTION
studentdb=>
studentdb=> -- 调用存储过程，第一次插入 key=1 的记录，名字为 david，然后正常退出存储过程。
studentdb=> -- 检查表 db 可以看到插入的记录。
studentdb=> SELECT merge_db(1, 'david');
 merge_db
----------


 (1 row)
studentdb=> SELECT * from db;
 a |   b
---+-------
 1 | david
(1 row)
studentdb=>
studentdb=> -- 调用存储过程，第二次插入 key=1 的记录，引发 key 相同的异常，该异常什么也不做。
studentdb=> -- 继续在存储过程中执行下次循环，找到 key=1 的记录，进行更新后退出存储过程。
studentdb=> -- 检查表 db 可以看到已经对 key=1 的记录进行更新，名字已经变为 dennis。
studentdb=> SELECT merge_db(1, 'dennis');
 merge_db
----------


 (1 row)
studentdb=> SELECT * from db;
 a |   b
---+--------
 1 | dennis
(1 row)
studentdb=>
```

执行下面的 SQL 语句，清理测试环境：

```
-- 删除 FUNCTION 和 TABLE
DROP FUNCTION merge_db;
DROP TABLE db ;
```

十二、查看某个数据库的某个模式下有哪些存储过程和函数

执行下面的 SQL 语句，查看 studentdb 的 public 模式下有哪些存储过程和函数：

```
studentdb=> -- 删除 FUNCTION 和 TABLE
studentdb=> DROP FUNCTION merge_db;
DROP FUNCTION
studentdb=> DROP TABLE db ;
DROP TABLE
studentdb=> select routine_name
studentdb-> from information_schema.routines
studentdb-> where routine_catalog = 'studentdb'
studentdb-> and routine_schema = 'public'
studentdb-> order by routine_name;
 routine_name
--------------------
```

```
 p_testcursor
 testproc
(2 rows)
studentdb=>
```

十三、清理工作

DROP PROCEDURE fun_exp;
DROP PROCEDURE testproc;
DROP PROCEDURE p_testcursor;

openGauss 逻辑结构：触发器管理

任务目标

通过本任务，初步掌握各种类型触发器的管理和应用。

实施步骤

触发器是一个特殊的存储过程，与某个特定的表相关联，在对该表执行 INSERT 、DELETE 或 UPDATE 语句之前或者之后，自动激活执行。

使用触发器具有以下几个好处：

1）触发器可用来实现数据完整性约束（检查列值是否在某个范围内），也可以用来实现表间的数据完整性约束（补偿不保持依赖的表分解）。

2）触发器可以基于某个表达式为列提供默认值，甚至可以为那些只能使用常量默认值进行定义的列类型提供值。

3）触发器可以在行删除或更新之前先检查行的当前内容。这种能力能完成许多任务，如记录已有行的更改情况。

要创建触发器，可以使用 CREATE TRIGGER 语句，其语法格式如下：

CREATE [CONSTRAINT] TRIGGER trigger_name { BEFORE | AFTER | INSTEAD OF } { event [OR ...] }
    ON table_name
    [FROM referenced_table_name]
    { NOT DEFERRABLE | [DEFERRABLE] { INITIALLY IMMEDIATE | INITIALLY DEFERRED } }
    [FOR [EACH] { ROW | STATEMENT }]
    [WHEN (condition)]
    EXECUTE PROCEDURE function_name (arguments);

其中 event 包含以下几种：

INSERT
UPDATE [OF column_name [, ...]]
DELETE
RUNCATE

在创建触发器的定义里，需要指明触发它的语句类型（INSERT、UPDATE 或 DELETE），以及是在行被修改之前触发，还是在之后触发。

一、测试 openGauss 的触发器

本实验测试 openGauss 的触发器功能：每当往测试表 test1 中插入一条记录时，会在测试表 test2 中插入一条日志记录。

1. 创建测试表

执行下面的命令和 SQL 语句，创建测试表 test1 和 test2：

gsql -d studentdb -h 192.168.100.91 -U student -p 26000 -W student@ustb2020 -r
-- 第一步，创建测试表，用于测试触发器
DROP TABLE IF EXISTS test1;

```
CREATE TABLE test1(col11  int  PRIMARY KEY,
                col12  char(10)
                        );
DROP TABLE IF EXISTS test2;
CREATE TABLE test2(col21  timestamp,
                col22  varchar(200)
                        );
```

2. 创建触发器对应的函数

执行下面的 SQL 语句，创建触发器对应的函数：

```
-- 第二步，创建触发器对应的函数
CREATE OR REPLACE FUNCTION testtrigger()
RETURNS TRIGGER
AS $$
BEGIN
    INSERT INTO test2 values(NOW(), 'record inserted!') ;
    RETURN OLD;
END;
$$
LANGUAGE plpgsql;
```

3. 创建触发器

执行下面的命令，创建触发器：

```
-- 第三步，创建触发器
-- 往表 test1 中每插入 1 条新数据时，该触发器会往表 test2 中插入 1 条日志记录
CREATE TRIGGER mytrigger AFTER INSERT ON test1
FOR EACH ROW EXECUTE PROCEDURE testtrigger();
```

4. 测试触发器

执行下面的命令，测试刚刚创建的触发器：

```
studentdb=> -- 第四步，测试触发器
studentdb=> select * from test1;
 col11 | col12
-------+-------
(0 rows)
studentdb=> select * from test2;
 col21 | col22
-------+-------
(0 rows)
studentdb=> INSERT INTO test1 values(1,'zqf');
INSERT 0 1
studentdb=> select * from test1;
 col11 |   col12
--------+------------
    1 |  zqf
(1 row)
studentdb=> select * from test2;
      col21                |     col22
----------------------------------+----------------------
 2020-11-02 14:11:05.509165 | record inserted!
(1 row)
studentdb=>
```

华为openGauss开源数据库实战

可以看到，往表 test1 中插入一条数据后，在表 test2 中自动插入了一条日志记录，记录把该条数据插入到表 test1 中的时间。

二、触发器的类型

1. 行级触发器

前面刚刚创建的触发器就是一个行级触发器。执行下面的语句，再次测试行级触发器：

```
studentdb=> -- 再次执行下面的语句，一次插入两条记录到测试表
studentdb=> select * from test1;
 col11 | col12
-------+------------
     1 | zqf
(1 row)
studentdb=> select * from test2;
            col21            |      col22
----------------------------+-----------------
 2020-11-02 14:11:05.509165 | record inserted!
(1 row)
studentdb=> INSERT INTO test1 values(2,'zqf'),(3,'zqf');
INSERT 0 2
studentdb=> select * from test1;
 col11 | col12
-------+------------
     1 | zqf
     2 | zqf
     3 | zqf
(3 rows)
studentdb=> select * from test2;
         col21              |      col22
---------------------------+-----------------
 2020-11-02 14:11:05.509165 | record inserted!
 2020-11-02 14:12:05.10458  | record inserted!
 2020-11-02 14:12:05.10458  | record inserted!
(3 rows)
studentdb=>
```

从输出可以看出，在表 test1 中每插入一行，就会在表 test2 中增加一条记录。这就是行级触发器。

如果插入语句执行失败，行级触发器会怎么样呢？

```
studentdb=> -- 继续执行下面的语句，该语句会因违反主键约束而执行失败！
studentdb=> select * from test1;
 col11 | col12
-------+------------
     1 | zqf
     2 | zqf
     3 | zqf
(3 rows)
studentdb=> select * from test2;
         col21              |      col22
---------------------------+-----------------
 2020-11-02 14:11:05.509165 | record inserted!
```

```
 2020-11-02 14:12:05.10458  | record inserted!
 2020-11-02 14:12:05.10458  | record inserted!
(3 rows)
studentdb=> INSERT INTO test1 values(1,'zqf');
ERROR:  duplicate key value violates unique constraint "test1_pkey"
DETAIL:  Key (col11)=(1) already exists.
studentdb=> select * from test1;
 col11  |   col12
--------+------------
    1   | zqf
    2   | zqf
    3   | zqf
(3 rows)
studentdb=> select * from test2;
       col21                |      col22
----------------------------+------------------
 2020-11-02 14:11:05.509165 | record inserted!
 2020-11-02 14:12:05.10458  | record inserted!
 2020-11-02 14:12:05.10458  | record inserted!
(3 rows)
studentdb=>
```

由于该触发器是 AFTER 触发器（往表成功插入行后才会执行该触发器对应的函数），因此 INSERT 语句执行失败（因为违反了主键约束），触发器不会被执行。

执行下面的命令，清除刚才创建的行级触发器的相关对象：

```
drop trigger mytrigger on test1;
drop function testtrigger;
drop table test1;
drop table test2;
\q
```

2. 语句级触发器

执行下面的命令系列，创建一个语句级触发器：

```
gsql -d studentdb -h 192.168.100.91 -U student -p 26000 -W student@ustb2020 -r
-- 第一步，创建测试表，用于测试触发器
DROP TABLE IF EXISTS test1;
CREATE TABLE test1(col11  int  PRIMARY KEY,
                   col12  char(10)
                        );
DROP TABLE IF EXISTS test2;
CREATE TABLE test2(col21  timestamp,
                   col22  varchar(200)
                        );
```

接下来，执行下面的命令，创建触发器对应的函数：

```
-- 第二步，创建触发器对应的函数
CREATE OR REPLACE FUNCTION testtrigger()
RETURNS TRIGGER
AS $$
BEGIN
    INSERT INTO test2 values(NOW(), 'record inserted!') ;
    RETURN OLD;
END;
```

$$

LANGUAGE plpgsql;

再接下来，执行下面的命令，创建语句级触发器：

-- 第三步，创建语句级触发器
-- 在往表 test1 中插入新数据时，该触发器会记录日志到表 test2 中
CREATE TRIGGER mytrigger AFTER INSERT ON test1
FOR EACH STATEMENT EXECUTE PROCEDURE testtrigger();

最后，执行下面的命令，测试语句级触发器：

```
studentdb=> -- 第四步，测试语句级触发器
studentdb=> select * from test1;
 col11 | col12
-------+-------
(0 rows)
studentdb=> select * from test2;
 col21 | col22
-------+-------
(0 rows)
studentdb=> INSERT INTO test1 values(2,'zqf'),(3,'zqf');
INSERT 0 2
studentdb=> select * from test1;
 col11 |  col12
-------+------------
     2 | zqf
     3 | zqf
(2 rows)
studentdb=> select * from test2;
      col21             |      col22
------------------------------------+------------------
 2020-11-02 14:16:50.366245 | record inserted!
(1 row)
studentdb=>
```

从输出可以看到，尽管在一条 INSERT 语句插入了两行数据，但是语句级触发器只执行一次。

执行下面的命令，清除刚才创建的语句级 AFTER 触发器的相关对象：

drop trigger mytrigger on test1;
drop function testtrigger;
drop table test1;
drop table test2;
\q

3. AFTER 触发器和 BEFORE 触发器

前面语句测试了 AFTER 触发器：AFTER 触发器在完成插入操作后再执行触发器动作。当语句执行失败时，AFTER 触发器不会被执行。

下面是测试 BEFORE 触发器的步骤。

1）首先执行下面的命令创建一个 BEFORE 触发器：

gsql -d studentdb -h 192.168.100.91 -U student -p 26000 -W student@ustb2020 -r
-- 第一步，创建测试表，用于测试触发器
DROP TABLE IF EXISTS test;
CREATE TABLE test AS
SELECT * FROM INSTRUCTOR;

2）然后执行下面的命令创建触发器对应的函数：

```
-- 第二步，创建触发器对应的函数
CREATE OR REPLACE FUNCTION testtrigger()
RETURNS TRIGGER
AS $$
BEGIN
    NEW.NAME=NEW.NAME||NEW.ID;
    RETURN NEW;
END;
$$
LANGUAGE plpgsql;
```

3）接下来执行下面的命令创建行级 BEFORE 触发器：

```
-- 第三步，创建行级 BEFORE 触发器
-- 在往表 test 中插入新数据时，该触发器会记录日志到表 test2 中
CREATE TRIGGER mytrigger BEFORE INSERT ON test
FOR EACH ROW EXECUTE PROCEDURE testtrigger();
```

4）最后执行下面的命令，测试建行级 BEFORE 触发器：

```
studentdb=> -- 第四步，测试行级 BEFORE 触发器
studentdb=> INSERT INTO test(ID,NAME,DEPT_NAME,SALARY)
studentdb->              VALUES('88888','ZQF','Comp. Sci.',85000);
INSERT 0 1
studentdb=> select * from test;
   id  | dept_name  |   name    |  salary
-------+------------+-----------+----------
 10101 | Comp. Sci. | Srinivasan | 65000.00
 12121 | Finance    | Wu         | 90000.00
 15151 | Music      | Mozart     | 40000.00
 22222 | Physics    | Einstein   | 95000.00
 32343 | History    | El Said    | 60000.00
 33456 | Physics    | Gold       | 87000.00
 45565 | Comp. Sci. | Katz       | 75000.00
 58583 | History    | Califieri  | 62000.00
 76543 | Finance    | Singh      | 80000.00
 76766 | Biology    | Crick      | 72000.00
 83821 | Comp. Sci. | Brandt     | 92000.00
 98345 | Elec. Eng. | Kim        | 80000.00
 88888 | Comp. Sci. | ZQF88888   | 85000.00
(13 rows)
studentdb=>
```

　　我们发现，INSERT 语句中要插入的值是 "'88888', 'ZQF', 'Comp. Sci.', 85000"，但实际插入到表中的值经过 BEFORE 触发器提前被更改为 name||id。在将行插入表 test 之前执行触发器的动作，修改要插入的值，然后再将修改后的值插入到表 test 中：这只能通过 BEFORE 触发器来完成。

　　执行下面的命令，清理数据：

```
delete from instructor where id='88888';
\q
```

openGauss 逻辑结构：序列和序列函数

任务目标

通过本任务，掌握序列的管理及序列函数的使用。

实施步骤

一、创建序列对象

1. 创建表时使用 serial 数据类型自动创建序列对象

创建一个表的时候，如果指定表中某列的数据类型为 serial，将自动创建一个以 tablename_columnname_seq 命名的序列对象。

```
gsql -d studentdb -h 192.168.100.91 -U student -p 26000 -W student@ustb2020 -r
DROP TABLE IF EXISTS test;
create table test(id serial primary key,testnum serial);
```

执行下面的 gsql 元命令，查看序列 test_testnum_seq 的信息：

```
studentdb=> \d test_testnum_seq
       Sequence "public.test_testnum_seq"
     Column        |  Type   |            Value
-------------------+---------+----------------------------
 sequence_name     | name    | test_testnum_seq
 last_value        | bigint  | 1
 start_value       | bigint  | 1
 increment_by      | bigint  | 1
 max_value         | bigint  | 9223372036854775807
 min_value         | bigint  | 1
 cache_value       | bigint  | 1
 log_cnt           | bigint  | 0
 is_cycled         | boolean | f
 is_called         | boolean | f
 uuid              | bigint  | 0
Owned by: public.test.testnum
studentdb=>
```

将表的某个 serial 数据类型的列删除时，会自动删除隐含创建的序列对象。执行下面的 SQL 语句，删除表 test 的 testnum 列（数据类型为 serial）：

```
ALTER TABLE test DROP COLUMN testnum;
```

执行下面的 gsql 元命令，再次查看序列 test_testnum_seq 的信息：

```
studentdb=> \d test_testnum_seq
Did not find any relation named "test_testnum_seq".
studentdb=>
```

我们发现，该序列因为表的列被删除了，因而自动被删除掉了。

删除某个表时，会连带删除创建表时为 serial 数据类型的列隐含创建的序列。执行下面的命令，先查看序列 test_id_seq 的信息，然后删除表 test，再查看序列 test_id_seq 的信息：

```
studentdb=> \d test_id_seq
        Sequence "public.test_id_seq"
     Column      |  Type   |          Value
-----------------+---------+-------------------------
 sequence_name   | name    | test_id_seq
 last_value      | bigint  | 1
 start_value     | bigint  | 1
 increment_by    | bigint  | 1
 max_value       | bigint  | 9223372036854775807
 min_value       | bigint  | 1
 cache_value     | bigint  | 1
 log_cnt         | bigint  | 0
 is_cycled       | boolean | f
 is_called       | boolean | f
 uuid            | bigint  | 0
Owned by: public.test.id
studentdb=> DROP TABLE test;
DROP TABLE
studentdb=> \d test_id_seq
Did not find any relation named "test_id_seq".
studentdb=>
```

2. 使用 CREATE SEQUENCE 语句手动创建一个序列对象

为确保创建测试用的序列成功（多次做实验有可能没有删除之前创建的），首先执行下面的删除命令（如果序列不存在删除会报错，不过我们本来要的就是序列不存在）：

```
studentdb=> DROP SEQUENCE IF EXISTS zqftest_seq1;
NOTICE:  sequence "zqftest_seq1" does not exist, skipping
DROP SEQUENCE
studentdb=> DROP SEQUENCE IF EXISTS zqftest_seq2;
NOTICE:  sequence "zqftest_seq2" does not exist, skipping
DROP SEQUENCE
studentdb=>
```

执行下面的 SQL 语句，创建两个序列对象：

```
studentdb=> CREATE SEQUENCE zqftest_seq1
studentdb->           INCREMENT BY 1
studentdb->           MINVALUE   1
studentdb->           NO MAXVALUE
studentdb->           START WITH 1;
CREATE SEQUENCE
studentdb=> CREATE SEQUENCE zqftest_seq2
studentdb->           INCREMENT BY 1
studentdb->           MINVALUE   1
studentdb->           NO MAXVALUE
studentdb->           START WITH 1;
CREATE SEQUENCE
studentdb=>
```

二、查看序列对象

在 gsql 中执行 \d SerialName 可以显示序列对象的信息。

执行下面的 gsql 元命令，显示序列 zqftest_seq1 的信息：

```
studentdb=> \d zqftest_seq1
    Sequence "public.zqftest_seq1"
  Column       | Type    |          Value
---------------------+-----------+----------------------------
 sequence_name | name    | zqftest_seq1
 last_value    | bigint  | 1
 start_value   | bigint  | 1
 increment_by  | bigint  | 1
 max_value     | bigint  | 9223372036854775807
 min_value     | bigint  | 1
 cache_value   | bigint  | 1
 log_cnt       | bigint  | 0
 is_cycled     | boolean | f
 is_called     | boolean | f
 uuid          | bigint  | 0
studentdb=>
```

执行下面的 gsql 元命令，显示序列 zqftest_seq2 的信息：

```
studentdb=> \d zqftest_seq2
    Sequence "public.zqftest_seq2"
  Column       | Type    |          Value
---------------------+-----------+----------------------------
 sequence_name | name    | zqftest_seq2
 last_value    | bigint  | 1
 start_value   | bigint  | 1
 increment_by  | bigint  | 1
 max_value     | bigint  | 9223372036854775807
 min_value     | bigint  | 1
 cache_value   | bigint  | 1
 log_cnt       | bigint  | 0
 is_cycled     | boolean | f
 is_called     | boolean | f
 uuid          | bigint  | 0
studentdb=>
```

三、使用序列函数操作序列

测试前首先创建测试表：

```
DROP TABLE IF EXISTS test;
CREATE TABLE test(col1  int);
```

1. nextval() 函数

nextval() 函数返回下一个从未使用过的序列值。因此，第一次在某个序列上调用 nextval() 函数，将获取该序列的开始值 start_value。此后再次调用该序列的 nextval() 函数，将返回序列的下一个值（序列最后一个值 last_value 加上步进值 increment_by）。步进值可以为正，也可以为负，因此每执行一次 nextval() 函数，序列的当前值就会递增（减）一次。

```
studentdb=> \d zqftest_seq1
     Sequence "public.zqftest_seq1"
   Column        |   Type   |          Value
-------------------+----------+---------------------------
 sequence_name    | name     | zqftest_seq1
 last_value       | bigint   | 1
 start_value      | bigint   | 1
 increment_by     | bigint   | 1
 max_value        | bigint   | 9223372036854775807
 min_value        | bigint   | 1
 cache_value      | bigint   | 1
 log_cnt          | bigint   | 0
 is_cycled        | boolean  | f
 is_called        | boolean  | f
 uuid             | bigint   | 0
studentdb=>
```

可以看出，该序列的开始值（start_value）是 1，步进值（increment_by）是 1。

执行下面的插入语句，语句中会调用 nextval() 函数来获取序列的值：

```
studentdb=> INSERT INTO test VALUES(nextval('zqftest_seq1'));
INSERT 0 1
studentdb=> INSERT INTO test VALUES(nextval('zqftest_seq1'));
INSERT 0 1
studentdb=> select * from test;
 col1
------
    1
    2
(2 rows)
studentdb=>
```

对序列 zqftest_seq1 进行了两次取值，因此序列 zqftest_seq1 的最后值是 2，执行下面的命令可以确认这一点：

```
studentdb=> \d zqftest_seq1
     Sequence "public.zqftest_seq1"
   Column        |   Type   |          Value
-------------------+----------+---------------------------
 sequence_name    | name     | zqftest_seq1
 last_value       | bigint   | 2
 start_value      | bigint   | 1
 increment_by     | bigint   | 1
 max_value        | bigint   | 9223372036854775807
 min_value        | bigint   | 1
 cache_value      | bigint   | 1
 log_cnt          | bigint   | 32
 is_cycled        | boolean  | f
 is_called        | boolean  | t
 uuid             | bigint   | 0
studentdb=>
```

2. currval() 函数

currval() 函数可获取序列的当前值，如果序列的值还从未被使用过，调用 currval() 函数将会报错。多次执行 currval() 函数不会改变序列的当前值：

```
studentdb=> select currval('zqftest_seq1');
 currval
---------
       2
(1 row)
studentdb=> select currval('zqftest_seq1');
 currval
---------
       2
(1 row)
studentdb=> select currval('zqftest_seq1');
 currval
---------
       2
(1 row)
studentdb=>
```

3. lastval() 函数

lastval() 函数可查看最近执行了 nextval() 函数的序列的最后的值。

下面的例子首先对序列 zqftest_seq1 执行 nextval() 函数，然后执行 lastval() 函数获取序列 zqftest_seq1 的最后的值；

```
studentdb=> INSERT INTO test VALUES(nextval('zqftest_seq1'));
INSERT 0 1
studentdb=> select lastval();
 lastval
---------
       3
(1 row)
studentdb=>
```

再对序列 zqftest_seq2 执行 nextval() 函数，然后执行 lastval() 函数获取序列 zqftest_seq2 的最后的值；

```
studentdb=> INSERT INTO test VALUES(nextval('zqftest_seq2'));
INSERT 0 1
studentdb=> select lastval();
 lastval
---------
       1
(1 row)
studentdb=>
```

4. setval() 函数

setval() 函数可重新设置序列的当前值。

（1）两个参数的 setval(SeqName,StartVal) 函数　两个参数的 setval() 函数用于设置序列的起始值 start_value，并假设该值已经被使用过，下一次执行 nextval() 函数的话，将返回 start_ value+increment_by（步进值）。

下面的语句中，首先调用两个参数的 setval() 函数，将序列 zqftest_seql 的 start_value 设置为 100，然后调用 nextval() 函数，将序列的值插入表 test 中。因为我们使用两个参数的 setval() 函数重新设置序列的 start_value 值为 100，因此接下来调用序列的 nextval() 函数时，返回的值是 start_value+increment_by=100+1=101。测试结果如下：

```
studentdb=> SELECT setval('zqftest_seq1',100);
 setval
--------
   100
(1 row)
studentdb=> select currval('zqftest_seq1');
 currval
---------
   100
(1 row)
studentdb=> INSERT INTO test VALUES(nextval('zqftest_seq1'));
INSERT 0 1
studentdb=> select currval('zqftest_seq1');
 currval
---------
   101
(1 row)
studentdb=> select * from test;
 col1
------
    1
    2
    3
    1
  101
(5 rows)
studentdb=>
```

（2）三个参数的 setval(SeqName,StartVal,Boolean) 函数　新增加的第三个参数是一个布尔类型的参数。当第三个参数的值为 true 时，三个参数的 setval() 函数等价于两个参数的 setval() 函数。

下面的语句中，首先使用第三个参数的值为 true 的 setval() 函数，将序列 zqftest_seql 的 start_value 设置为 1000。这和使用两个参数的 setval() 函数效果一样。接下来调用序列的 nextval() 函数，返回的值是 start_value+increment_by=1000+1=1001。测试结果如下：

```
studentdb=> SELECT setval('zqftest_seq1',1000, 'true');
 setval
--------
  1000
(1 row)
studentdb=> select currval('zqftest_seq1');
 currval
---------
  1000
(1 row)
```

```
studentdb=> INSERT INTO test VALUES(nextval('zqftest_seq1'));
INSERT 0 1
studentdb=> select currval('zqftest_seq1');
 currval
---------
    1001
(1 row)
studentdb=> select * from test;
 col1
------
    1
    2
    3
    1
  101
 1001
(6 rows)
studentdb=>
```

当第三个参数的值为 false 时，三个参数 setval() 函数设置序列的 start_value 值，并假设该值从未被使用过，下一次执行 nextval() 函数的话，将返回 start_value 的值。

下面的语句中，首先使用第三个参数的值为 false 的 setval() 函数，设置序列 zqftest_seql 的 start_val 值为 10000，接下来调用序列的 nextval() 函数，返回的值是 start_value=10000。测试结果如下：

```
studentdb=> SELECT setval('zqftest_seq1',10000, 'false');
 setval
--------
  10000
(1 row)
studentdb=> select currval('zqftest_seq1');
 currval
---------
    1001
(1 row)
studentdb=> INSERT INTO test VALUES(nextval('zqftest_seq1'));
INSERT 0 1
studentdb=> select currval('zqftest_seq1');
 currval
---------
   10000
(1 row)
studentdb=> select * from test;
 col1
-------
    1
    2
    3
    1
  101
 1001
```

```
 10000
(7 rows)
studentdb=>
```

四、删除序列

执行下面的 SQL 语句，删除序列：

```
studentdb=> DROP SEQUENCE zqftest_seq1;
DROP SEQUENCE
studentdb=> DROP SEQUENCE zqftest_seq2;
DROP SEQUENCE
studentdb=>
```

五、清理工作

在继续后面的任务之前，执行下面的命令，进行清理工作：

drop table test;

\q

openGauss 逻辑结构：用户和权限管理

任务目标

掌握 openGauss 的用户管理以及权限管理。

实施步骤

一、准备工作

为了进行测试，执行下面的命令和语句，创建一个名为 test_ts 的表空间和一个名为 testdb 的数据库：

```
gsql -d postgres -p 26000 -r
CREATE TABLESPACE test_ts RELATIVE LOCATION 'tablespace/test_ts1';
CREATE DATABASE testdb WITH TABLESPACE = test_ts;
```

二、用户和角色管理

1. 使用 CREATE USER 语句创建用户

执行下面的 SQL 语句，创建一个名为 zfz 的数据库用户，其密码为 zfz@ustb2020，并将数据库 testdb 所有的权限都授予用户 zfz：

```
postgres=# CREATE USER zfz IDENTIFIED BY 'zfz@ustb2020';
CREATE ROLE
postgres=# GRANT ALL ON DATABASE testdb TO zfz;
GRANT
postgres=#
```

执行下面的 gsql 元命令，查看系统目前有哪些数据库：

```
postgres=# \l
                             List of databases
    Name    | Owner | Encoding  | Collate | Ctype |   Access privileges
------------+-------+-----------+---------+-------+-------------------------
 postgres   | omm   | SQL_ASCII | C       | C     |
 studentdb  | omm   | SQL_ASCII | C       | C     |
 template0  | omm   | SQL_ASCII | C       | C     | =c/omm                 +
            |       |           |         |       | omm=CTc/omm
 template1  | omm   | SQL_ASCII | C       | C     | =c/omm                 +
            |       |           |         |       | omm=CTc/omm
 testdb     | omm   | SQL_ASCII | C       | C     | =Tc/omm                +
            |       |           |         |       | omm=CTc/omm            +
            |       |           |         |       | zfz=CTc/omm
(5 rows)
postgres=#
```

可以看出，经过授权后用户 zfz 对数据库 testdb 具有了权限。

执行下面的 gsql 元命令，查看系统目前有哪些用户：

```
postgres=# \du
                                     List of roles
    Role name |                       Attributes                               | Member of
-------------+----------------------------------------------------------------+---------------
    omm       | Sysadmin, Create role, Create DB, Replication, Administer audit, UseFT| {}
    student   | Sysadmin                                                       | {}
    zfz       |                                                                | {}
postgres=# \q
[omm@test ~]$
```

为 Linux 用户 omm 打开一个新的 Linux 终端窗口，执行下面的 gsql 命令，用刚刚创建的数据库用户 zfz 登录到数据库 testdb：

```
[omm@test ~]$ gsql -d testdb -h 192.168.100.91 -U zfz -p 26000 -W zfz@ustb2020 -r
gsql ((openGauss 1.0.1 build 13b34b53) compiled at 2020-10-12 02:00:59 commit 0 last mr  )
SSL connection (cipher: DHE-RSA-AES128-GCM-SHA256, bits: 128)
Type "help" for help.
testdb=> \q
[omm@test ~]$
```

可以看到，使用 CREATE USER 语句创建的用户可以成功连接到 openGauss DBMS。

2. 使用 CREATE ROLE 语句创建用户

打开一个新的 Linux 终端窗口，执行下面的命令和 SQL 语句，创建一个新的名为 zld 的角色，并将数据库 testdb 所有的权限都授予用户 zld：

```
[omm@test ~]$ gsql -d postgres -p 26000 -r
postgres=# CREATE ROLE zld IDENTIFIED BY 'zld@ustb2020';
CREATE ROLE
postgres=# GRANT ALL ON DATABASE testdb TO zld;
GRANT
postgres=# \l
                            List of databases
    Name     | Owner | Encoding   | Collate | Ctype | Access privileges
-------------+-------+------------+---------+-------+-------------------------
 postgres    | omm   | SQL_ASCII  | C       | C     |
 studentdb   | omm   | SQL_ASCII  | C       | C     |
 template0   | omm   | SQL_ASCII  | C       | C     | =c/omm             +
             |       |            |         |       | omm=CTc/omm
 template1   | omm   | SQL_ASCII  | C       | C     | =c/omm             +
             |       |            |         |       | omm=CTc/omm
 testdb      | omm   | SQL_ASCII  | C       | C     | =Tc/omm            +
             |       |            |         |       | omm=CTc/omm        +
             |       |            |         |       | zfz=CTc/omm        +
             |       |            |         |       | zld=CTc/omm
(5 rows)
postgres=#
```

可以看出，用户 zld 对数据库 testdb 具有的权限和用户 zfz 一模一样。

执行 gsql 元命令 \du，查看当前 openGauss 数据库集群有哪些用户：

```
postgres=# \du
                              List of roles
    Role name |                    Attributes                                      | Member of
--------------+--------------------------------------------------------------------+-------------------
    omm       | Sysadmin, Create role, Create DB, Replication, Administer audit, UseFT | {}
    student   | Sysadmin                                                           | {}
    zfz       |                                                                    | {}
    zld       | Cannot login                                                       | {}
postgres=#
```

从上面的输出可以看出，使用 CREATE ROLE 语句创建的用户 zld 没有登录权限。下面的实验验证了这一点。执行下面的命令退出 gsql：

\q

打开一个新的 Linux 终端窗口，使用刚刚创建的数据库用户 zld 尝试登录到数据库 testdb：

```
[omm@test ~]$ gsql -d testdb -h 192.168.100.91 -U zld -p 26000 -W zld@ustb2020 -r
gsql: FATAL:  role "zld" is not permitted to login
[omm@test ~]$
```

上面的输出显示，由于数据库用户 zld 是使用 CREATE ROLE 语句创建的，目前还不被允许登录到 openGauss DBMS。

执行下面的命令和 SQL 语句，授予用户 zld 登录权限：

```
[omm@test ~]$ gsql -d postgres -p 26000 -r
postgres=# alter user zld LOGIN;
ALTER ROLE
postgres=# \q
[omm@test ~]$
```

现在我们已经授予了用户 zld 登录数据库的权限。为了验证这一点，我们可以打开一个新的 Linux 终端窗口，使用用户 zld 登录到数据库 testdb：

```
[omm@test ~]$ gsql -d testdb -h 192.168.100.91 -U zld -p 26000 -W zld@ustb2020 -r
gsql ((openGauss 1.0.1 build 13b34b53) compiled at 2020-10-12 02:00:59 commit 0 last mr  )
SSL connection (cipher: DHE-RSA-AES128-GCM-SHA256, bits: 128)
Type "help" for help.
testdb=> \q
[omm@test ~]$
```

实验结论：使用 CREATE USER 语句创建的用户与使用 CREATE ROLE 语句创建的用户的区别在于，前者可以直接登录到数据库，而后者不能直接登录到数据库，必须添加 LOGIN 权限后，才能登录到数据库管理系统。

3. 删除用户和角色

删除用户时需要首先将用户拥有的数据库对象转移或者删除。

打开一个新的 Linux 终端窗口（命名为窗口 1），执行下面的命令，授予用户 zld SYSADMIN 权限：

```
[omm@test ~]$ gsql -d postgres -p 26000 -r
postgres=# ALTER USER zld SYSADMIN;
```

```
ALTER ROLE
postgres=#
```

使用 Linux 用户 omm，打开一个新的 Linux 终端窗口（命名为窗口 2），使用数据库用户 zld 登录到数据库 testdb，创建表空间 ttt_ts、数据库 tttdb、表 ttt1 和表 ttt2：

```
[omm@test ~]$ gsql -d testdb -h 192.168.100.91 -U zld -p 26000 -W zld@ustb2020 -r
testdb=> CREATE TABLESPACE ttt_ts RELATIVE LOCATION 'tablespace/ttt_ts1';
CREATE TABLESPACE
testdb=> CREATE DATABASE tttdb WITH TABLESPACE = ttt_ts;
CREATE DATABASE
testdb=> CREATE TABLE ttt1(col int);
CREATE TABLE
testdb=> CREATE TABLE ttt2(col int);
CREATE TABLE
testdb=>
```

回到窗口 1，执行如下的命令，删除用户 zld：

```
postgres=# drop user zld;
ERROR:  role "zld" cannot be dropped because some objects depend on it
DETAIL:  owner of database tttdb
owner of tablespace ttt_ts
privileges for database testdb
2 objects in database testdb
postgres=#
```

可以看出，不能删除用户 zld 的原因是：
1）用户 zld 拥有数据库 tttdb。
2）用户 zld 拥有表空间对象 ttt_ts。
3）用户 zld 对数据库 testdb 具有权限。
4）用户 zld 在数据库 testdb 中有两个对象。

要删除用户 zld，必须先将表空间对象和数据库对象的属主修改为其他的用户（如用户 zfz），或者干脆将其删除。在窗口 1 中运行下面的 SQL 语句：

```
postgres=# alter database tttdb owner to zfz;
ALTER DATABASE
postgres=# alter tablespace ttt_ts owner to zfz;
ALTER TABLESPACE
postgres=#
```

在窗口 1 中运行下面的 SQL 语句，回收用户 zld 对数据库 testdb 的权限：

```
postgres=# REVOKE ALL ON DATABASE testdb FROM zld;
REVOKE
postgres=#
```

对数据库 testdb 中属于用户 zld 的数据库对象的处理方法是：假如该对象还有用，可以将该对象转移给其他用户；假如该对象没有用，可以直接删除该对象。

转到窗口 2，执行如下命令：

```
testdb=> \dt
                        List of relations
 Schema | Name | Type | Owner |            Storage
--------+------+------+-------+-----------------------------------
 public | ttt1 | table | zld   | {orientation=row,compression=no}
 public | ttt2 | table | zld   | {orientation=row,compression=no}
(2 rows)
testdb=>
```

假设表 ttt1 已经没有用了，我们可以删除表 ttt1。在窗口 2 中执行如下 SQL 语句：

```
testdb=> drop table ttt1;
DROP TABLE
testdb=>
```

假设表 ttt2 还有用，在窗口 2 中执行如下 SQL 语句，将表 ttt2 转移给用户 zfz：

```
testdb=> REASSIGN OWNED BY zld to zfz;
REASSIGN OWNED
testdb=>
```

继续在窗口 2 中执行如下命令：

```
testdb=> DROP OWNED BY zld;
DROP OWNED
testdb=> \q
[omm@test ~]$
```

注意：DROP OWNED 命令不能删除表空间和数据库。

完成以上步骤后，我们转到窗口 1，可以执行删除用户的操作了：

```
postgres=# drop user zld;
DROP ROLE
postgres=# \du
                          List of roles
 Role name |                   Attributes                                  | Member of
-----------+---------------------------------------------------------------+-----------
 omm       | Sysadmin, Create role, Create DB, Replication, Administer audit, UseFT | {}
 student   | Sysadmin                                                      | {}
 zfz       |                                                               | {}
postgres=# \q
[omm@test ~]$
```

三、权限管理

1. 系统权限

执行下面的命令，授予用户 zfz SYSADMIN 权限：

```
[omm@test ~]$ gsql -d postgres -p 26000 -r
postgres=# ALTER USER zfz SYSADMIN;
ALTER ROLE
postgres=# \q
[omm@test ~]$
```

2. 对象权限（见表 19-1）

表 19-1　对象权限

权限名称	关于权限的说明
SELECT	对于表和视图来说，表示允许查询表或视图，如果限制了列，则只允许查询特殊的列；对于大对象来说，表示允许读取大对象；对于序列来说，表示允许使用 currval 函数
INSERT	表示允许往特定表中插入行记录。如果特定列被列出，在插入行时仅允许向这些特定的列插入值，其他的列则使用默认值。拥有这个权限表示也允许使用 COPY FROM 语句往表中插入数据
UPDATE	对于表来说，如果没有指定特定的列，则表示允许更新表中任意列的数据；如果指定了特定的列，则只被允许更新特定列的数据。要使用 SELECT… FOR UPDATE 和 SELECT…FOR SHARE 语句，也需要申请该权限 对于序列来说，拥有该权限才允许使用 nextval 和 setval 函数；对于大对象来说，允许写大对象和截断大对象
DELETE	表示允许删除表中的数据
TRUNCATE	表示允许在指定的表上执行 TRUNCATE 操作
REFERENCES	为了创建外键约束，有必要使参照列和被参照列都拥有该权限。可以将该权限授权给一个表的所有列或者是特定的几列
TRIGGER	表示允许在指定的表上创建触发器
CREATE	对于数据库来说，拥有该权限才被允许在该数据库中创建新的模式 (SCHEMA)；对于模式来说，拥有该权限才被允许在该模式中创建各种数据库对象，如表、索引、视图、函数等。如果要重命名一个现有对象，除了需要拥有该对象以外，包含该对象的模式也要有这个权限 对于表空间来说，拥有该权限表示允许在该表空间中创建表、索引，或者可以使用 ALTER 命令把表、索引移到此表空间。撤销这个权限不会改变现有表的存放位置
CONNECT	表示允许用户连接到指定的数据库。该权限将在连接启动时检查
TEMPORARY 或 TEMP	表示允许在指定数据库中创建临时表
EXECUTE	表示允许使用指定的函数，包括利用这些函数实现的任何操作符。这是可用于函数上的唯一权限
USAGE	对于过程语言来说，表示允许使用指定的过程语言 (PL/pgSQL、PL/Python 等) 创建的相应函数 对于模式来说，表示允许被授权者访问模式中的对象（还需要有 SELECT 权限）。如果没有这个 USAGE 权限，我们仍然可以通过查询表或视图来查找这些对象的名字（只能看到名字，无法进行对象访问） 对于序列来说，表示允许对序列使用 currval 和 nextval 函数 对于外部数据封装器来说，表示允许被授权者使用外部数据封装器创建的外部服务器 对于外部服务器来说，表示允许被授权者使用这个外部服务器创建外部表，并且可创建、更改和删除与服务器相关联的用户映射，或允许被授权者删除与外部服务器相关的属于自己的用户映射
ALL PRIVILEGES	表示一次性授予所有可以赋予的权限

3. 权限管理指南

（1）角色设计　在组织机构中有很多应用在运行，数据库权限的管理可以从应用开始。可以为每个应用创建相应的应用角色（Application Role），并授予该应用必要的数据库权限。然后再根据组织机构的职位，创建对应的职位角色（Occupation Role），授予该职位对应的应用角色。接下来按照组织机构中人的任职职务来进行授权，某个人或者用户具有什么职位，就授予该职位相应的角色。

上述的过程可以参看图 19-1（本图摘自 Oracle 官方教材）。

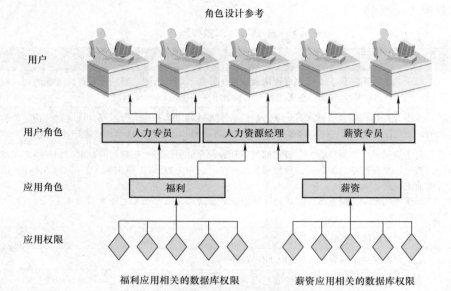

角色设计参考

图 19-1 用户与角色设计

（2）给用户或者角色授权　可以按照以下的顺序来给一个用户或者角色授权：

1）首先只授予用户以下这些特殊的权限：超级用户的权限、创建数据库的权限、创建用户的权限、登录权限。

2）然后授予用户在数据库中创建模式的权力。

3）其次授予用户在模式中创建数据库对象（表、索引、序列等）的权限。

4）接着授予用户对表操作的权限（查询、新增、删除、更新）。

5）最后授予用户对表的列操作的权限。

4. GRANT 命令参考

（1）GRANT 命令的语法格式

1）将表或视图的访问权限赋予指定的用户或角色：

```
GRANT { { SELECT | INSERT | UPDATE | DELETE | TRUNCATE | REFERENCES } [, ...]
    | ALL [ PRIVILEGES ] }
    ON { [ TABLE ] table_name [, ...]
    | ALL TABLES IN SCHEMA schema_name [, ...] }
    TO { [ GROUP ] role_name | PUBLIC } [, ...]
    [ WITH GRANT OPTION ];
```

2）将表中字段的访问权限赋予指定的用户或角色：

```
GRANT { { { SELECT | INSERT | UPDATE | REFERENCES } ( column_name [, ...] )} [, ...]
    | ALL [ PRIVILEGES ] ( column_name [, ...] ) }
    ON [ TABLE ] table_name [, ...]
    TO { [ GROUP ] role_name | PUBLIC } [, ...]
    [ WITH GRANT OPTION ];
```

3）将数据库的访问权限赋予指定的用户或角色：

```
GRANT { { CREATE | CONNECT | TEMPORARY | TEMP } [, ...]
    | ALL [ PRIVILEGES ] }
    ON DATABASE database_name [, ...]
    TO { [ GROUP ] role_name | PUBLIC } [, ...]
    [ WITH GRANT OPTION ];
```

4）将域的访问权限赋予指定的用户或角色：

```
GRANT { USAGE | ALL [ PRIVILEGES ] }
    ON DOMAIN domain_name [, ...]
    TO { [ GROUP ] role_name | PUBLIC } [, ...]
    [ WITH GRANT OPTION ];
```

说明：本版本暂时不支持赋予域的访问权限。

5）将外部数据源的访问权限赋予指定的用户或角色：

```
GRANT { USAGE | ALL [ PRIVILEGES ] }
    ON FOREIGN DATA WRAPPER fdw_name [, ...]
    TO { [ GROUP ] role_name | PUBLIC } [, ...]
    [ WITH GRANT OPTION ];
```

6）将外部服务器的访问权限赋予指定的用户或角色：

```
GRANT { USAGE | ALL [ PRIVILEGES ] }
    ON FOREIGN SERVER server_name [, ...]
    TO { [ GROUP ] role_name | PUBLIC } [, ...]
    [ WITH GRANT OPTION ];
```

7）将函数的访问权限赋予指定的用户或角色：

```
GRANT { EXECUTE | ALL [ PRIVILEGES ] }
    ON { FUNCTION {function_name ( [ {[ argmode ] [ arg_name ] arg_type} [, ...] ] )} [, ...]
      | ALL FUNCTIONS IN SCHEMA schema_name [, ...] }
    TO { [ GROUP ] role_name | PUBLIC } [, ...]
    [ WITH GRANT OPTION ];
```

8）将过程语言的访问权限赋予指定的用户或角色：

```
GRANT { USAGE | ALL [ PRIVILEGES ] }
    ON LANGUAGE lang_name [, ...]
    TO { [ GROUP ] role_name | PUBLIC } [, ...]
    [ WITH GRANT OPTION ];
```

9）将大对象的访问权限赋予指定的用户或角色：

```
GRANT { { SELECT | UPDATE } [, ...] | ALL [ PRIVILEGES ] }
    ON LARGE OBJECT loid [, ...]
    TO { [ GROUP ] role_name | PUBLIC } [, ...]
    [ WITH GRANT OPTION ];
```

说明：本版本暂时不支持大对象。

10）将模式的访问权限赋予指定的用户或角色：

```
GRANT { { CREATE | USAGE } [, ...] | ALL [ PRIVILEGES ] }
    ON SCHEMA schema_name [, ...]
    TO { [ GROUP ] role_name | PUBLIC } [, ...]
    [ WITH GRANT OPTION ];
```

说明：将模式中的表或者视图对象授权给其他用户时，需要将表或视图所属的模式的 USAGE 权限同时授予该用户，若没有该权限，则只能看到这些对象的名称，并不能实际进行对象访问。

11）将表空间的访问权限赋予指定的用户或角色：

```
GRANT { CREATE | ALL [ PRIVILEGES ] }
    ON TABLESPACE tablespace_name [, ...]
    TO { [ GROUP ] role_name | PUBLIC } [, ...]
    [ WITH GRANT OPTION ];
```

12）将类型的访问权限赋予指定的用户或角色：

```
GRANT { USAGE | ALL [ PRIVILEGES ] }
    ON TYPE type_name [, ...]
    TO { [ GROUP ] role_name | PUBLIC } [, ...]
    [ WITH GRANT OPTION ];
```

说明：本版本暂时不支持赋予类型的访问权限。

13）将角色的权限赋予其他用户或角色：

```
GRANT role_name [, ...]
    TO role_name [, ...]
    [ WITH ADMIN OPTION ];
```

14）将 SYSADMIN 权限赋予指定的角色：

```
GRANT ALL { PRIVILEGES | PRIVILEGE }
    TO role_name;
```

15）将 Data Source 对象的权限赋予指定的角色：

```
GRANT {USAGE | ALL [PRIVILEGES]}
    ON DATA SOURCE src_name [, ...]
    TO {[GROUP] role_name | PUBLIC} [, ...] [WITH GRANT OPTION];
```

16）将 directory 对象的权限赋予指定的角色：

```
GRANT {READ|WRITE| ALL [PRIVILEGES]}
    ON DIRECTORY directory_name [, ...]
    TO {[GROUP] role_name | PUBLIC} [, ...] [WITH GRANT OPTION];
```

（2）GRANT 的权限分类

1）SELECT：允许对指定的表、视图、序列执行 SELECT 命令，UPDATE 或 DELETE 时也需要对应字段上的 SELECT 权限。

2）INSERT：允许对指定的表执行 INSERT 命令。

3）UPDATE：允许对声明的表中任意字段执行 UPDATE 命令。通常，UPDATE 命令也需要 SELECT 权限来查询出哪些行需要更新。SELECT… FOR UPDATE 和 SELECT… FOR SHARE 除了需要 SELECT 权限外，还需要 UPDATE 权限。

4）DELETE：允许执行 DELETE 命令删除指定表中的数据。通常，DELETE 命令也需要 SELECT 权限来查询出哪些行需要删除。

5）TRUNCATE：允许执行 TRUNCATE 语句删除指定表中的所有记录。

6）REFERENCES：创建一个外键约束，必须拥有参考表和被参考表的 REFERENCES 权限。

7）CREATE：对于数据库，允许在数据库里创建新的模式。对于模式，允许在模式中创建新的对象。如果要重命名一个对象，用户除了必须是该对象的所有者外，还必须拥有该对象所在模式的 CREATE 权限。对于表空间，允许在表空间中创建表，允许在创建数据库和模式的时候把该表空间指定为缺省表空间。

8）CONNECT：允许用户连接到指定的数据库。

9）EXECUTE：允许使用指定的函数，以及利用这些函数实现的操作符。

10）USAGE：对于过程语言，允许用户在创建函数的时候指定过程语言；对于模式，USAGE 允许访问包含在指定模式中的对象，若没有该权限，则只能看到这些对象的名称；对于序列，USAGE 允许使用 nextval 函数；对于 Data Source 对象，USAGE 是指访问权限，也是可赋予的所有权限，即 USAGE 与 ALL PRIVILEGES 等价。

11）ALL PRIVILEGES：一次性给指定用户 / 角色赋予所有可赋予的权限。只有系统管理员有权执行 GRANT ALL PRIVILEGES。

（3）GRANT 的参数说明

1）role_name：已存在的用户名称。

2）table_name：已存在的表名称。

3）column_name：已存在的字段名称。

4）schema_name：已存在的模式名称。

5）database_name：已存在的数据库名称。

6）funcation_name：已存在的函数名称。

7）sequence_name：已存在的序列名称。

8）domain_name：已存在的域类型名称。

9）fdw_name：已存在的外部数据源名称。

10）lang_name：已存在的语言名称。

11）type_name：已存在的类型名称。

12）src_name：已存在的 Data Source 对象名称。

13）argmode：参数模式，取值范围为字符串，且要符合标识符命名规范。

14）arg_name：参数名称，取值范围为字符串，且要符合标识符命名规范。

15）arg_type：参数类型，取值范围为字符串，且要符合标识符命名规范。

16）loid：包含本页的大对象的标识符，取值范围为字符串，且要符合标识符命名规范。

17）tablespace_name：表空间名称。

18）directory_name：目录名称，取值范围为字符串，且要符合标识符命名规范。

19）WITH GRANT OPTION：如果声明了 WITH GRANT OPTION，则被授权的用户也可以将此权限赋予他人，否则就不能授权给他人。这个选项不能赋予 PUBLIC。

20）非对象所有者给其他用户授予对象权限时，命令按照以下规则执行：

① 如果用户没有该对象上指定的权限，命令立即失败。

② 如果用户有该对象上的部分权限，则 GRANT 命令只授予它有授权选项的权限。

③ 如果用户没有可用的授权选项，GRANT ALL PRIVILEGES 形式将发出一个警告信息，其他命令形式将发出在命令中提到的且没有授权选项的相关警告信息。

21）数据库系统管理员可以访问所有对象，而不会受对象的权限设置影响。这个特点类似 Unix 系统的 root 的权限。和 root 一样，除了必要的情况外，建议不要总是以系统管理员身份进行操作。

22）不允许对分区表进行 GRANT 操作，对分区表进行 GRANT 操作会引起告警。

5. REVOKE 命令参考

（1）REVOKE 命令的语法格式

1）回收指定表和视图上的权限：

```
REVOKE [ GRANT OPTION FOR ]
    { { SELECT | INSERT | UPDATE | DELETE | TRUNCATE | REFERENCES }[, ...]
    | ALL [ PRIVILEGES ] }
    ON { [ TABLE ] table_name [, ...]
      | ALL TABLES IN SCHEMA schema_name [, ...] }
    FROM { [ GROUP ] role_name | PUBLIC } [, ...]
    [ CASCADE | RESTRICT ];
```

2）回收表上指定字段的权限：

```
REVOKE [ GRANT OPTION FOR ]
```

```
    { {{ SELECT | INSERT | UPDATE | REFERENCES } ( column_name [, ...] )}[, ...]
    | ALL [ PRIVILEGES ] ( column_name [, ...] ) }
    ON [ TABLE ] table_name [, ...]
    FROM { [ GROUP ] role_name | PUBLIC } [, ...]
    [ CASCADE | RESTRICT ];
```

3）回收指定数据库上的权限：

```
REVOKE [ GRANT OPTION FOR ]
    { { CREATE | CONNECT | TEMPORARY | TEMP } [, ...]
    | ALL [ PRIVILEGES ] }
    ON DATABASE database_name [, ...]
    FROM { [ GROUP ] role_name | PUBLIC } [, ...]
    [ CASCADE | RESTRICT ];
```

4）回收指定函数上的权限：

```
REVOKE [ GRANT OPTION FOR ]
    { EXECUTE | ALL [ PRIVILEGES ] }
    ON { FUNCTION {function_name ( [ {[ argmode ] [ arg_name ] arg_type} [, ...] ] )} [, ...]
       | ALL FUNCTIONS IN SCHEMA schema_name [, ...] }
    FROM { [ GROUP ] role_name | PUBLIC } [, ...]
    [ CASCADE | RESTRICT ];
```

5）回收指定大对象上的权限：

```
REVOKE [ GRANT OPTION FOR ]
    { { SELECT | UPDATE } [, ...] | ALL [ PRIVILEGES ] }
    ON LARGE OBJECT loid [, ...]
    FROM { [ GROUP ] role_name | PUBLIC } [, ...]
    [ CASCADE | RESTRICT ];
```

6）回收指定模式上的权限：

```
REVOKE [ GRANT OPTION FOR ]
    { { CREATE | USAGE } [, ...] | ALL [ PRIVILEGES ] }
    ON SCHEMA schema_name [, ...]
    FROM { [ GROUP ] role_name | PUBLIC } [, ...]
    [ CASCADE | RESTRICT ];
```

7）回收指定表空间上的权限：

```
REVOKE [ GRANT OPTION FOR ]
    { CREATE | ALL [ PRIVILEGES ] }
    ON TABLESPACE tablespace_name [, ...]
    FROM { [ GROUP ] role_name | PUBLIC } [, ...]
    [ CASCADE | RESTRICT ];
```

8）按角色回收角色上的权限：

```
REVOKE [ ADMIN OPTION FOR ]
    role_name [, ...] FROM role_name [, ...]
    [ CASCADE | RESTRICT ];
```

9）回收角色上的 SYSADMIN 权限：

```
REVOKE ALL { PRIVILEGES | PRIVILEGE } FROM role_name;
```

10）回收 Data Source 对象上的权限：

```
REVOKE {USAGE | ALL [PRIVILEGES]}
    ON DATA SOURCE src_name [, ...]
    FROM {[GROUP] role_name | PUBLIC} [, ...];
```

11）回收 directory 对象的权限：

REVOKE {READ|WRITE| ALL [PRIVILEGES]}
　　ON DIRECTORY src_name [, ...]
　　FROM {[GROUP] role_name | PUBLIC} [, ...] [WITH GRANT OPTION];

（2）参数说明　关键字 PUBLIC 表示一个隐式定义的拥有所有角色的组。

权限类别和参数说明，请参见 GRANT 的参数说明。

任何特定角色拥有的权限包括直接授予该角色的权限、从该角色作为其成员的角色中得到的权限以及授予 PUBLIC 的权限。因此，从 PUBLIC 收回 SELECT 权限并不一定会意味着所有角色都会失去在该对象上的 SELECT 权限，那些直接被授予的或者通过另一个角色被授予的角色仍然会拥有它。类似地，从一个用户收回 SELECT 权限后，如果 PUBLIC 仍有 SELECT 权限，该用户还是可以使用 SELECT 权限。

指定 GRANT OPTION FOR 时，只撤销对该权限授权的权力，而不撤销该权限本身。

如用户 A 拥有某个表的 UPDATE 权限及 WITH GRANT OPTION 选项，同时用户 A 把这个权限赋予了用户 B，则用户 B 持有的权限称为依赖性权限。当用户 A 持有的权限或者授权选项被撤销时，必须声明 CASCADE，将所有依赖性权限都撤销。

一个用户只能撤销由它自己直接赋予的权限。例如，如果用户 A 被指定授权（WITH ADMIN OPTION）选项，且把一个权限赋予了用户 B，然后用户 B 又将该权限赋予了用户 C，则用户 A 不能直接将用户 C 的该权限撤销。但是，用户 A 可以撤销用户 B 的授权选项，并且使用 CASCADE，这样用户 C 的该权限就会自动被撤销。另外一个例子：如果用户 A 和 B 都赋予了用户 C 同样的权限，则用户 A 可以撤销它自己的授权选项，但是不能撤销用户 B 的，因此用户 C 仍然拥有该权限。

如果执行 REVOKE 的角色持有的权限是通过多层成员关系获得的，则具体是哪个包含的角色执行的该命令是不确定的。在这种场合下，最好的方法是使用 SET ROLE 命令成为特定角色，然后执行 REVOKE 命令，否则可能导致删除了不想删除的权限，或者是任何权限都没有删除。

四、用户（角色）和权限管理的例子

1. 角色和权限设计

设计场景：组织机构有 3 个应用 app1、app2、app3，应用 app1 有表 tapp1，应用 app2 有表 tapp2，应用 app3 有表 tapp3。

我们为组织机构创建一个名为 app_ts 的表空间和一个名为 appdb 的数据库。在 appdb 数据库中，为 3 个应用创建 3 个模式 s1、s2、s3，表 tapp1 放在模式 s1 下，表 tapp2 放在模式 s2 下，表 tapp3 放在模式 s3 下。

我们为 3 个应用创建 3 个应用角色 ar1、ar2、ar3，ar1 对模式 s1 下的表 tapp1 具有完全的权限，ar2 对模式 s2 下的表 tapp2 具有完全的权限，ar3 对模式 s3 下的表 tapp3 具有完全的权限。

假设应用 app1 还需要对模式 s2 下的表具有读权限，对模式 s3 下的表具有写权限，那么需要把以下权限赋予角色 ar1：对模式 s2 下表 tapp2 的读权限，对模式 s3 下表 tapp3 的写权限。

组织机构有 3 个职位 occup1、occup2、occup3，职位 occup1 需要运行 app1，职位 occup2 需要运行 app1 和 app2，职位 occup3 需要运行 app2 和 app3。因此，我们还需要为这 3 个职位创建 3 个职位角色 or1、or2、or3。角色 r_occup1 被授予应用角色 or1，角色 r_occup2 被授予应用角色 or1 和 or2，角色 r_occup3 被授予应用角色 or2 和 or3。

我们需要创建有 3 个用户 usera、userb、userc。用户 usera 需要完成职位 occup1 和 occup2，授予用户 usera 职位角色 or1 和 or2；用户 userb 需要完成职位 occup1 和 occup3，授予用户 usera

职位角色 or1 和 or3；用户 userc 需要完成职位 occup2 和 occup3，授予用户 usera 职位角色 or2 和 or3。

2. 角色和权限在 openGauss 上的实现

作为作业，请读者自己根据上面的角色和权限设计在 openGauss 上完成。

五、清理工作

```
gsql -d postgres -p 26000 -r
drop database tttdb;
drop database testdb;
drop tablespace ttt_ts;
drop tablespace test_ts;
drop user zfz
\q
```

任务目标

掌握 DML 语句的用法，包括 INSERT 语句、DELETE 语句和 UPDATE 语句。

实施步骤

一、准备工作

使用 Linux 用户 omm，打开一个 Linux 终端窗口，执行如下的命令，创建一个测试表：

```
gsql -d studentdb -h 192.168.100.91 -U student -p 26000 -W student@ustb2020 -r
DROP TABLE IF EXISTS test;
CREATE TABLE test(  id int primary key,
                name varchar(200) not null,
                age int default 20,
                salary int );
```

二、INSERT 语句

执行下面的 INSERT 语句，这些 INSERT 语句都可以成功执行：

```
studentdb=> INSERT INTO test VALUES(1,'Hello!',21,5000);
INSERT 0 1
studentdb=> --  一次插入多行，为一行的所有列都提供值
studentdb=> INSERT INTO test VALUES(2,'Hello!2',22,6000), (3,'Hello!3',20,7000);
INSERT 0 2
studentdb=> --  插入一行，为插入的行只提供部分列的值
studentdb=> INSERT INTO test(id,name,salary) VALUES(4,'Hello!4',8000);
INSERT 0 1
studentdb=> INSERT INTO test(id,name) VALUES(5,'Hello!5');
INSERT 0 1
studentdb=> SELECT * FROM TEST;
 id | name    | age | salary
---+---------+-----+--------
  1 | Hello!  | 21  | 5000
  2 | Hello!2 | 22  | 6000
  3 | Hello!3 | 20  | 7000
  4 | Hello!4 | 20  | 8000
  5 | Hello!5 | 20  |
(5 rows)
studentdb=>
```

执行下面的 INSERT 语句，这些 INSERT 语句违反数据库约束，无法成功执行：

```
studentdb=> -- 违反主键约束，无法插入
studentdb=> INSERT INTO test VALUES(5,'Hello!6',21,10000);
ERROR:  duplicate key value violates unique constraint "test_pkey"
```

```
DETAIL:  Key (id)=(5) already exists.
studentdb=> -- 违反非空约束，无法插入
studentdb=> INSERT INTO test(id,age)  VALUES(5,21);
ERROR:  null value in column "name" violates not-null constraint
DETAIL:  Failing row contains (5, null, 21, null).
studentdb=>
```

三、DELETE 语句

执行下面的命令，设置 gsql 的事务管理为手动提交：

\set AUTOCOMMIT off

执行下面的命令，查看目前表 test 中的数据：

```
studentdb=> select * from test;
 id | name   | age | salary
---+---------+----+--------
  1 | Hello!  | 21 |  5000
  2 | Hello!2 | 22 |  6000
  3 | Hello!3 | 20 |  7000
  4 | Hello!4 | 20 |  8000
  5 | Hello!5 | 20 |
(5 rows)
studentdb=>
```

执行下面的命令，删除 id=2 的行：

```
studentdb=> delete from test where id=2;
DELETE 1
studentdb=> select * from test;
 id | name   | age | salary
----+---------+-----+--------
  1 | Hello!  | 21 |  5000
  3 | Hello!3 | 20 |  7000
  4 | Hello!4 | 20 |  8000
  5 | Hello!5 | 20 |
(4 rows)
studentdb=>
```

执行下面的命令，删除 age=21 的行：

```
studentdb=> delete from test where age=21;
DELETE 1
studentdb=> select * from test;
 id | name   | age | salary
---+---------+-----+--------
  3 | Hello!3 | 20 |  7000
  4 | Hello!4 | 20 |  8000
  5 | Hello!5 | 20 |
(3 rows)
studentdb=>
```

执行下面的命令，删除表 test 中所有的行：

```
studentdb=> delete from test;
DELETE 3
studentdb=> select * from test;
 id | name | age | salary
----+------+-----+--------
(0 rows)
studentdb=>
```

如果 DELETE 语句没有 WHERE 子句，将删除表的所有行。这一点请读者在使用 DELETE 语句完成工作的时候，要特别注意。

执行下面的命令，回滚上面的所有操作，恢复表 test 中的所有数据行：

```
studentdb=> rollback;
ROLLBACK
studentdb=> select * from test;
 id | name    | age | salary
----+---------+-----+--------
  1 | Hello!  |  21 |   5000
  2 | Hello!2 |  22 |   6000
  3 | Hello!3 |  20 |   7000
  4 | Hello!4 |  20 |   8000
  5 | Hello!5 |  20 |
(5 rows)
studentdb=> \q
[omm@test ~]$
```

四、UPDATE 语句

使用 Linux 用户 omm，打开一个 Linux 终端窗口，执行如下的命令，将事务管理设置为手动提交，并查看表 test 中的数据：

```
[omm@test ~]$ gsql -d studentdb -h 192.168.100.91 -U student -p 26000 -W student@ustb2020 -r
studentdb=> \set AUTOCOMMIT off
studentdb=> select * from test;
 id | name    | age | salary
----+---------+-----+--------
  1 | Hello!  |  21 |   5000
  2 | Hello!2 |  22 |   6000
  3 | Hello!3 |  20 |   7000
  4 | Hello!4 |  20 |   8000
  5 | Hello!5 |  20 |
(5 rows)
studentdb=>
```

执行下面的 UPDATE 语句，将 id=3 的行中的 salary 更新为 8800：

```
studentdb=> update test set salary=8800 where id=3;
UPDATE 1
studentdb=> select * from test;
 id | name    | age | salary
----+---------+-----+--------
  1 | Hello!  |  21 |   5000
  2 | Hello!2 |  22 |   6000
```

```
    4 | Hello!4 |  20 |   8000
    5 | Hello!5 |  20 |
    3 | Hello!3 |  20 |   8800
(5 rows)
studentdb=>
```

执行下面的 UPDATE 语句，将所有行的 salary 列的值增加 10%：

```
studentdb=> update test set salary=salary*1.1;
UPDATE 5
studentdb=> select * from test;
 id | name    | age | salary
---+---------+-----+--------
  1 | Hello!  |  21 |   5500
  2 | Hello!2 |  22 |   6600
  4 | Hello!4 |  20 |   8800
  5 | Hello!5 |  20 |
  3 | Hello!3 |  20 |   9680
(5 rows)
studentdb=>
```

五、清理工作

执行下面的语句，完成数据清理工作：

```
DROP TABLE IF EXISTS test;
\q
```

任务二十一

openGauss SELECT 语句

任务目标

掌握 SQL 语言中 SELECT 语句的用法。

实施步骤

本任务采用《数据库系统概念（原书第 6 版）》（ISBN 978-7-111-37529-6）中的大学数据库表和数据集。所有的查询都可以在 openGauss 数据库下运行。

一、一个完整的 SELECT 语句

一条完整的 SELECT 语句，包括以下部分：

```
SELECT columnlist
FROM tablelist
WHERE condition
GROUP BY columnlist
HAVING condition
ORDER BY columnlist
```

其执行顺序如下：

1）首先根据 FROM 子句计算出一个关系（表的广义笛卡儿积或者各种表连接）。

2）如果有 WHERE 子句，将 WHERE 子句中的谓词应用到 FROM 子句的结果关系上。

3）如果有 GROUP BY 子句，将满足 WHERE 谓词的元组通过 GROUP BY 子句形成分组；如果没有 GROUP BY 子句，将满足 WHERE 谓词的所有元组作为一个分组。

4）如果有 HAVING 子句，将 HAVING 子句的谓词应用到每个分组上进行分组过滤，不满足 HAVING 子句谓词的分组将被抛弃。

5）最后，SELECT 子句利用剩下的分组，通过投影或者在每个分组上应用聚合函数，产生查询结果中的元组。

二、SQL 语句的注释

SQL 语句的注释可以是 C 语言的多行注释风格（使用 /* … */），也可以使用两根短线进行单行注释。使用 Linux 用户 omm，在终端窗口执行如下命令进行测试：

```
[omm@test ~]$ gsql -d studentdb -h 192.168.100.91 -U student -p 26000 -W student@ustb2020 -r
studentdb=> /*
studentdb*> * 在 SQL 中可以使用 C 语言的注释风格！
studentdb*> * 这是一个单表查询的例子。
studentdb*> * 使用 * 表示显示表 instructor 的所有列的信息
studentdb*> */
studentdb-> -- 也可以使用两个短线进行单行注释
studentdb-> -- 两个短线之后的内容表示单行注释
studentdb-> SELECT *          -- 单行注释，* 表示所有的列
studentdb-> FROM instructor;
```

```
     id    | dept_name    | name         | salary
---------+--------------+--------------+-------------
 10101 | Comp. Sci.   | Srinivasan   | 65000.00
 12121 | Finance      | Wu           | 90000.00
 15151 | Music        | Mozart       | 40000.00
 22222 | Physics      | Einstein     | 95000.00
 32343 | History      | El Said      | 60000.00
 33456 | Physics      | Gold         | 87000.00
 45565 | Comp. Sci.   | Katz         | 75000.00
 58583 | History      | Califieri    | 62000.00
 76543 | Finance      | Singh        | 80000.00
 76766 | Biology      | Crick        | 72000.00
 83821 | Comp. Sci.   | Brandt       | 92000.00
 98345 | Elec. Eng.   | Kim          | 80000.00
(12 rows)
studentdb=>
```

三、单表查询

1. SELECT 子句

SELECT 子句可以完成关系代数的投影运算。单表查询中的 SELECT 子句，对 FROM 子句中列出的单个表从表的纵向进行数据过滤：只显示 SELECT 子句所列出的表属性，未被 SELECT 子句列出的属性列都被扔掉了。

执行下面的语句，在表 instructor 中找出所有教师的名字：

```
studentdb=> /* 只显示表 instructor 的 name 这一列的信息 */
studentdb-> SELECT name
studentdb-> FROM instructor;
    name
----------------
 Srinivasan
 Wu
 Mozart
 Einstein
 El Said
 Gold
 Katz
 Califieri
 Singh
 Crick
 Brandt
 Kim
(12 rows)
studentdb=>
```

执行下面的语句，在表 instructor 中找出所有教师的教师工号和名字：

```
studentdb=> /* 查看表 instructor 的多列信息：属性列 id 和属性列 name */
studentdb-> SELECT ID,name
studentdb-> FROM instructor;
  id    |  name
---------+------------
```

```
    10101 | Srinivasan
    12121 | Wu
    15151 | Mozart
    22222 | Einstein
    32343 | El Said
    33456 | Gold
    45565 | Katz
    58583 | Califieri
    76543 | Singh
    76766 | Crick
    83821 | Brandt
    98345 | Kim
(12 rows)
studentdb=>
```

在 SELECT 语句的 SELECT 子句中，可以用通配符 * 表示一个表的所有列。执行下面的语句，在表 instructor 中显示全体教师的所有信息（表的所有列）：

```
studentdb=> /* SELECT 子句中，使用通配符 * 来表示某个表的所有列 */
studentdb-> SELECT *
studentdb-> FROM instructor;
   id   | dept_name   |    name    | salary
--------+-------------+------------+--------------
  10101 | Comp. Sci.  | Srinivasan | 65000.00
  12121 | Finance     | Wu         | 90000.00
  15151 | Music       | Mozart     | 40000.00
  22222 | Physics     | Einstein   | 95000.00
  32343 | History     | El Said    | 60000.00
  33456 | Physics     | Gold       | 87000.00
  45565 | Comp. Sci.  | Katz       | 75000.00
  58583 | History     | Califieri  | 62000.00
  76543 | Finance     | Singh      | 80000.00
  76766 | Biology     | Crick      | 72000.00
  83821 | Comp. Sci.  | Brandt     | 92000.00
  98345 | Elec. Eng.  | Kim        | 80000.00
(12 rows)
studentdb=>
```

openGauss DBMS 为了搞清楚 SELECT 子句中的通配符 * 代表哪些列，还需要执行额外的查询语句（这些语句被称为递归 SQL 语句）：查询 openGauss 的数据字典来获取表 instructor 有哪些列。这会使查询需要更多的执行时间，因此不建议在开发中使用通配符 *，最好写成如下的形式：

```
/* 建议这样写语句，将所有的列名明确地写出来 */
SELECT ID,NAME,DEPT_NAME,SALARY
FROM instructor;
```

在 SELECT 语句的 SELECT 子句中，可以使用计算表达式对表的列进行计算。例如，我们想看看每个教师工资增长 10% 以后的工资数额，可以执行下面的语句：

```
studentdb=> /*  SELECT 子句中的计算字段 */
studentdb-> SELECT ID,NAME,DEPT_NAME,SALARY,SALARY*1.1
studentdb-> FROM instructor;
   id   |    name    | dept_name   | salary     | ?column?
```

```
    ---------+------------+----------------+------------+----------------
    10101 | Srinivasan | Comp. Sci.  | 65000.00 | 71500.000
    12121 | Wu         | Finance     | 90000.00 | 99000.000
    15151 | Mozart     | Music       | 40000.00 | 44000.000
    22222 | Einstein   | Physics     | 95000.00 | 104500.000
    32343 | El Said    | History     | 60000.00 | 66000.000
    33456 | Gold       | Physics     | 87000.00 | 95700.000
    45565 | Katz       | Comp. Sci.  | 75000.00 | 82500.000
    58583 | Califieri  | History     | 62000.00 | 68200.000
    76543 | Singh      | Finance     | 80000.00 | 88000.000
    76766 | Crick      | Biology     | 72000.00 | 79200.000
    83821 | Brandt     | Comp. Sci.  | 92000.00 | 101200.000
    98345 | Kim        | Elec. Eng.  | 80000.00 | 88000.000
    (12 rows)
    studentdb=>
```

为了更好地理解计算字段的含义，我们可以给计算字段取一个别名：

```
studentdb=> /* SELECT 子句中的计算字段及其别名 */
studentdb-> SELECT ID,NAME,DEPT_NAME,SALARY,SALARY*1.1 AS NEW_SALARY
studentdb-> FROM instructor;
    id    |    name    |   dept_name    |   salary   |   new_salary
    ---------+------------+----------------+------------+----------------
    10101 | Srinivasan | Comp. Sci.  | 65000.00 | 71500.000
    12121 | Wu         | Finance     | 90000.00 | 99000.000
    15151 | Mozart     | Music       | 40000.00 | 44000.000
    22222 | Einstein   | Physics     | 95000.00 | 104500.000
    32343 | El Said    | History     | 60000.00 | 66000.000
    33456 | Gold       | Physics     | 87000.00 | 95700.000
    45565 | Katz       | Comp. Sci.  | 75000.00 | 82500.000
    58583 | Califieri  | History     | 62000.00 | 68200.000
    76543 | Singh      | Finance     | 80000.00 | 88000.000
    76766 | Crick      | Biology     | 72000.00 | 79200.000
    83821 | Brandt     | Comp. Sci.  | 92000.00 | 101200.000
    98345 | Kim        | Elec. Eng.  | 80000.00 | 88000.000
    (12 rows)
    studentdb=>
```

SELECT 语句的查询结果集中可以存在重复的行。例如，从表 instructor 中查询系名，因为不同的教师可以在同一个系工作（一个系有很多教师），因此查询的结果会有重复值。下面是这个查询的运行情况：

```
studentdb=> /* SELECT 语句的查询结果集中，可以有重复的记录行 */
studentdb-> SELECT DEPT_NAME
studentdb-> FROM instructor;
    dept_name
    ----------------
    Comp. Sci.
    Finance
    Music
    Physics
    History
```

```
            Physics
            Comp. Sci.
            History
            Finance
            Biology
            Comp. Sci.
            Elec. Eng.
           (12 rows)
           studentdb=>
```

如果想明确地显示结果集的重复记录行，可以在 SELECT 子句中使用关键字 ALL：

```
       studentdb=> /* SELECT 语句的查询结果集中可以有重复的记录行，使用 ALL 确认显示这些重复的行 */
       studentdb-> SELECT ALL DEPT_NAME
       studentdb-> FROM instructor;
        dept_name
       ----------------
        Comp. Sci.
        Finance
        Music
        Physics
        History
        Physics
        Comp. Sci.
        History
        Finance
        Biology
        Comp. Sci.
        Elec. Eng.
       (12 rows)
       studentdb=>
```

　　从上面两条语句的输出来看，SELECT 语句默认不进行去重操作，因为去重操作需要排序，而排序是代价非常高的操作。关键字 ALL 明确地告诉数据库管理系统，结果集不进行去重操作。关键字 ALL 可以被省略。

　　要去除结果集中的重复记录行，可以使用关键字 DISTINCT。执行下面的查询语句，查看所有教师的系名，系名只显示一次：

```
       studentdb=> /* 去除 SELECT 语句查询结果集中重复的记录行 */
       studentdb-> SELECT DISTINCT DEPT_NAME
       studentdb-> FROM instructor;
        dept_name
       ----------------
        Physics
        Music
        Comp. Sci.
        Finance
        History
        Elec. Eng.
        Biology
       (7 rows)
       studentdb=>
```

2. WHERE 子句中的谓词

SELECT 语句的 WHERE 子句完成关系代数的选择运算，主要的作用是过滤掉一些不满足 WHERE 子句中谓词条件的记录行。

（1）比较谓词（比较运算符）和逻辑连接词（布尔运算符）单个比较运算表达式是最简单的谓词条件。在 WHERE 子句中使用的比较运算符及其含义见表 21-1。

表 21-1　比较运算符及其含义

比较运算符	含义
=	等于
>	大于
>=	大于或等于
<	小于
<=	小于或等于
<>	不等于
!=	不等于

执行下面的查询，查找在计算机系工作的教师的名字：

```
studentdb=> SELECT name
studentdb-> FROM instructor
studentdb-> WHERE dept_name='Comp. Sci.';
   name
----------------
 Srinivasan
 Katz
 Brandt
(3 rows)
studentdb=>
```

这个查询只用到了单个的简单谓词条件 dept_name='Comp. Sci.'，用于判断教师是否工作在计算机系。

复杂谓词条件由多个比较运算表达式通过布尔运算符 AND、OR 和 NOT 连接而成。在 WHERE 子句中，可以使用表 21-2 中的三个布尔运算符。

表 21-2　布尔运算符及其含义

布尔运算符	含义
AND	连接两个或者多个条件，只有当所有的条件都为 TRUE 时，返回 TRUE
OR	连接两个或者多个条件，任何一个条件为 TRUE 时，返回 TRUE
NOT	求反（否定），如果条件为 TRUE 就返回 FALSE，如果条件为 FALSE 就返回 TRUE

组合使用多个布尔运算符，可以构建复杂的谓词条件。例如我们想查询在计算机系工作，且工资大于 70000 的教师：

```
studentdb=> SELECT name
studentdb-> FROM instructor
studentdb-> WHERE dept_name='Comp. Sci.' AND salary>70000;
  name
------------
 Katz
```

```
    Brandt
    (2 rows)
    studentdb=>
```

在 SQL 语句中，如果有多个布尔运算符，则 NOT 先被计算，其次是 AND，最后是 OR。如果需要改变运算的优先级，可以使用括号来改变布尔运算符的运算优先级。

例如以下的查询语句，查询的是计算机系的教师，或者是电子工程系工资大于 70000 的教师（计算机系的教师工资低于 70000 的也满足谓词要求）：

```
studentdb=> SELECT name ,dept_name,salary
studentdb-> FROM instructor
studentdb-> WHERE dept_name='Comp. Sci.'
studentdb->    OR  dept_name='Elec. Eng.'
studentdb->   AND salary>70000;
    name    | dept_name  | salary
------------+------------+------------
 Srinivasan | Comp. Sci. | 65000.00
 Katz       | Comp. Sci. | 75000.00
 Brandt     | Comp. Sci. | 92000.00
 Kim        | Elec. Eng. | 80000.00
 (4 rows)
studentdb=>
```

如果我们想查询的是计算机系和电子工程系的教师，且要求他们的工资都超过 70000，那么就需要添加括号来完成这个查询：

```
studentdb=> SELECT name ,dept_name,salary
studentdb-> FROM instructor
studentdb-> WHERE (dept_name='Comp. Sci.' OR dept_name='Elec. Eng.')
studentdb->   AND salary>70000;
 name  | dept_name  | salary
-------+------------+------------
 Katz  | Comp. Sci. | 75000.00
 Brandt| Comp. Sci. | 92000.00
 Kim   | Elec. Eng. | 80000.00
 (3 rows)
studentdb=>
```

（2）谓词中的 NULL 和三值逻辑　NULL 不是值，因为任何域都有 NULL，如果 NULL 是值，那么请问 NULL 属于什么数据类型呢？因此，NULL 只是一个标记符号。

NULL 不是 0，也不是空格或者由多个空格组成的空字符串，理解这些很重要。

在数据库中，NULL 用于表示现实世界中的三种含义。

NULL 的第一种含义是不存在或者不适用。一个简单的理解是汽车眼睛的颜色。汽车怎么会有眼睛呢？你根本没法回答这个问题。又例如，表格上有一项是大学毕业学校，没上过大学的人就没法填写这项，只能不填，空在那儿。

NULL 的第二种含义是值存在但是暂时不知道，或者是值存在但是暂时不想提供。一个简单的理解就是墨镜下眼睛的颜色。眼睛肯定有颜色，只是被墨镜遮挡住了，暂时无法知道。又例如，表格中有一项是收入情况，有些人不想填，所以就空着了。

NULL 的第三种含义是值存不存在不知道，表示的含义介于前面两种含义之间：如果值不存在，就是不适用；如果值存在，就是不想提供。一个容易理解的例子是你家新房的电话号码：如果新房没有安装电话，那就是第一种含义——不存在，不适用；如果新房安装了固定电话，那就是第二种含义——存在但是不想提供。

正是因为 NULL 表示的现实世界的物理意义不唯一，引入 NULL 后带来了许多麻烦。引入 NULL 之后的逻辑是三值逻辑，真值表中不再是只有 TRUE 和 FALSE，还可能是 UNKNOWN。

引入 NULL 带来的第一个麻烦是：如果算术表达式中的任何一个输入值为 NULL，则该算术表达式的计算结果一定为空值。例如，某个教师的 salary 值为 NULL，算术表达式 salary+1000 的结果将是 NULL。我们可以执行如下的 SQL 语句进行测试：

```
[omm@test ~]$ gsql -d studentdb -h 192.168.100.91 -U student -p 26000 -W student@ustb2020 -r
studentdb=> \set AUTOCOMMIT off
studentdb=> INSERT INTO instructor(ID,NAME,DEPT_NAME,SALARY)
studentdb->                          VALUES('88888','ZQF','Comp. Sci.',NULL);
INSERT 0 1
studentdb=> SELECT name,salary,salary+1000 AS NewSalary
studentdb-> FROM instructor;
   name     |  salary   | newsalary
------------+-----------+-----------
 Srinivasan | 65000.00  | 66000.00
 Wu         | 90000.00  | 91000.00
 Mozart     | 40000.00  | 41000.00
 Einstein   | 95000.00  | 96000.00
 El Said    | 60000.00  | 61000.00
 Gold       | 87000.00  | 88000.00
 Katz       | 75000.00  | 76000.00
 Califieri  | 62000.00  | 63000.00
 Singh      | 80000.00  | 81000.00
 Crick      | 72000.00  | 73000.00
 Brandt     | 92000.00  | 93000.00
 Kim        | 80000.00  | 81000.00
 ZQF        |           |
(13 rows)
studentdb=> ROLLBACK;
ROLLBACK
studentdb=> \q
[omm@test ~]$
```

输出显示，名字叫作 ZQF 的教师，其工资值为 NULL（NULL+1000=NULL）。

引入 NULL 带来的第二个麻烦是：比较表达式中如果含有 NULL，其结果将是 UNKNOWN。这就是引入三值逻辑的原因。下面是引入 UNKNOWN 后的三值逻辑真值计算规则：

```
OR:    (UNKNOWN OR TRUE)         = TRUE,
       (UNKNOWN OR FALSE)        = UNKNOWN
       (UNKNOWN OR UNKNOWN)      = UNKNOWN
AND:   (TRUE AND UNKNOWN)        = UNKNOWN,
       (FALSE AND UNKNOWN)       = FALSE,
       (UNKNOWN AND UNKNOWN)     = UNKNOWN
NOT:   (NOT UNKNOWN)             = UNKNOWN
```

以下含有 NULL 的比较，无法判断比较的真假，其结果为 UNKNOWN：

```
5 < NULL                真值为 UNKNOWN
NULL <> NULL            真值为 UNKNOWN
```

NULL = NULL　　　　　真值为 UNKNOWN
NOT（5<NULL）　　　　真值为 UNKNOWN

　　理解 NULL = NULL 和 NULL<>NULL：两个 NULL 无法进行比较，比较两个空值没有意义，因为你不知道第一个 NULL 是三种情况中的哪一种，同样也不知道第二个 NULL 是三种情况中的哪一种。

　　理解 NOT（5<NULL）：5<NULL 的结果是 UNKNOWN，那么 NOT（5<NULL）等价于 NOT UNKNOWN，直观地理解，NOT UNKNOWN 就是 UNKNOWN。

　　数据库中含有 NULL，因此 SQL 语言是基于三值逻辑的。在处理上，如果 SQL 语句中 WHERE 子句的谓词结果为 UNKNOWN，则被当作 FALSE 来处理。

　　引入三值逻辑后，现实世界中非常自然的判断，在 SQL 世界就造成了很大的麻烦。例如在现实世界中，一个人的年龄要么是 20 岁，要么不是 20 岁，但是在数据库中，情况就不是这样了：一个人的年龄有三种可能，即是 20 岁、不是 20 岁和年龄不知道。我们可以做一个测试来说明这一点。

　　首先执行下面的命令和 SQL 语句，准备测试数据集：

```
gsql -d studentdb -h 192.168.100.91 -U student -p 26000 -W student@ustb2020 -r
DROP TABLE IF EXISTS person;
CREATE TABLE person(name character(30),age int);
INSERT INTO person VALUES ('zhang',20);
INSERT INTO person VALUES ('li',25);
INSERT INTO person VALUES ('wang',null);
\q
```

　　执行下面的命令和 SQL 语句，进行测试：

```
[omm@test ~]$ gsql -d studentdb -h 192.168.100.91 -U student -p 26000 -W student@ustb2020 -r
studentdb=> SELECT * FROM person;
        name            | age
------------------------+-----
 zhang                  | 20
 li                     | 25
 wang                   |
(3 rows)
studentdb=> SELECT * FROM person where age=20 or age!=20;
        name            | age
------------------------+-----
 zhang                  | 20
 li                     | 25
(2 rows)
studentdb=> drop table person;
DROP TABLE
studentdb=> \q
[omm@test ~]$
```

　　这个查询语句的谓词是 age=20 or age!=20，一个人的年龄是 20 岁和不是 20 岁，都满足这个谓词。但是名字叫 wang 的这个人，其年龄为 NULL，NULL 既不会等于 20，也不会不等于 20，因此谓词计算的结果为 UNKNOWN，被当作 FALSE 来处理，因而 wang 这一行被排除在结果集之外了。

　　下面的例子再次显示了 UNKNOWN 被当作 FALSE 来处理：

```
[omm@test ~]$ gsql -d studentdb -h 192.168.100.91 -U student -p 26000 -W student@ustb2020 -r
studentdb=> \set AUTOCOMMIT off
studentdb=> INSERT INTO instructor(ID,NAME,DEPT_NAME,SALARY) VALUES('88888','ZQF','Comp.
Sci.',NULL);
INSERT 0 1
studentdb=> SELECT name,salary FROM instructor;
    name     |  salary
-------------+--------------
 Srinivasan  | 65000.00
 Wu          | 90000.00
 Mozart      | 40000.00
 Einstein    | 95000.00
 El Said     | 60000.00
 Gold        | 87000.00
 Katz        | 75000.00
 Califieri   | 62000.00
 Singh       | 80000.00
 Crick       | 72000.00
 Brandt      | 92000.00
 Kim         | 80000.00
 ZQF         |
(13 rows)
studentdb=> SELECT name,salary
studentdb-> FROM instructor
studentdb-> WHERE salary<50000;
  name   | salary
---------+--------------
 Mozart  | 40000.00
(1 row)
studentdb=> rollback;
ROLLBACK
studentdb=> \q
[omm@test ~]$
```

在这个例子中，教师 ZQF 的 salary 值为 NULL，因此判断教师 ZQF 的工资是否大于 50000 时，其真值为 UNKNOWN，在 SQL 语句中被当作 FALSE 来处理了，因此该行被排除在结果集之外。

在 SQL 语言中，如果要判定 WHERE 子句中的一个谓词 p 的结果是不是 UNKNOWN，需要使用谓词"p is unknown"或者"p is not unknown"来判断。

```
[omm@test ~]$ gsql -d studentdb -h 192.168.100.91 -U student -p 26000 -W student@ustb2020 -r
studentdb=> \set AUTOCOMMIT off
studentdb=> INSERT INTO instructor(ID,NAME,DEPT_NAME,SALARY)
studentdb->            VALUES('88888','ZQF','Comp. Sci.',NULL);
INSERT 0 1
studentdb=> SELECT name,salary FROM instructor;
    name     |  salary
-------------+--------------
 Srinivasan  | 65000.00
 Wu          | 90000.00
 Mozart      | 40000.00
```

```
    Einstein     | 95000.00
    El Said      | 60000.00
    Gold         | 87000.00
    Katz         | 75000.00
    Califieri    | 62000.00
    Singh        | 80000.00
    Crick        | 72000.00
    Brandt       | 92000.00
    Kim          | 80000.00
    ZQF          |
(13 rows)
studentdb=> SELECT name,salary
studentdb-> FROM instructor
studentdb-> WHERE (salary<50000) is unknown;
 name  | salary
-------+--------
 ZQF   |
(1 row)
studentdb=> rollback;
ROLLBACK
studentdb=> \q
[omm@test ~]$
```

因为教师 ZQF 的工资值是 NULL,NULL<50000 的真值为 UNKNOWN,谓词（NULL<50000）is unknown 为真。

判断一个值是不是 NULL,不能使用 = 或者 !=,必须使用 IS NULL 或者 IS NOT NULL。下面进行测试。首先准备好测试数据,我们插入两个名叫 ZQF 的教师,教师工号不同,工资值都是NULL:

```
gsql -d studentdb -h 192.168.100.91 -U student -p 26000 -W student@ustb2020 -r
\set AUTOCOMMIT off
INSERT INTO instructor(ID,NAME,DEPT_NAME,SALARY)
            VALUES('66666','ZQF','Comp. Sci.',NULL);
INSERT INTO instructor(ID,NAME,DEPT_NAME,SALARY)
            VALUES('88888','ZQF','Comp. Sci.',NULL);
```

然后执行下面的语句:

```
studentdb=> SELECT    salary   FROM instructor WHERE salary = null;
 salary
--------
(0 rows)
studentdb=> SELECT    salary   FROM instructor WHERE salary != null;
 salary
--------
(0 rows)
studentdb=>
```

我们发现没有任何记录被查询到,原因是判断数据库中某个表下某行的某列的值是否为NULL,不能使用“=”或者“!=”进行判断比较,否则比较结果永远为 UNKNOWN,UNKNOWN 会被当成 FALSE 来处理,因此不显示任何的行。

执行下面的 SQL 语句,测试谓词 IS NULL:

```
studentdb=> SELECT id,name,salary FROM instructor WHERE salary IS NULL;
  id    | name | salary
--------+-------+--------
 66666  | ZQF  |
 88888  | ZQF  |
(2 rows)
studentdb=>
```

执行下面的 SQL 语句，测试谓词 IS NOT NULL：

```
studentdb=> SELECT id,name,salary FROM instructor WHERE salary IS NOT NULL;
  id    |    name     |   salary
--------+-------------+--------------
 10101  | Srinivasan  | 65000.00
 12121  | Wu          | 90000.00
 15151  | Mozart      | 40000.00
 22222  | Einstein    | 95000.00
 32343  | El Said     | 60000.00
 33456  | Gold        | 87000.00
 45565  | Katz        | 75000.00
 58583  | Califieri   | 62000.00
 76543  | Singh       | 80000.00
 76766  | Crick       | 72000.00
 83821  | Brandt      | 92000.00
 98345  | Kim         | 80000.00
(12 rows)
studentdb=>
```

这两个语句中，NULL 被正确地进行了测试（使用 IS NULL 或者 IS NOT NULL），因此结果如预期的一样。

关于查询结果集中的 NULL，我们来看下面的两个查询：

```
studentdb=> SELECT name,salary FROM instructor WHERE salary IS NULL;
 name | salary
------+--------
 ZQF  |
 ZQF  |
(2 rows)
studentdb=> SELECT DISTINCT name,salary FROM instructor WHERE salary IS NULL;
 name | salary
------+--------
 ZQF  |
(1 row)
studentdb=>
```

如果在 SELECT 子句中使用关键字 DISTINCT，结果集中的两条记录（ZQF，NULL）和（ZQF，NULL）将被认为是相同的记录。也就是说，如果记录（更严格的话可以称为元组）在所有的属性上取值相等，即使某些属性值是 NULL，我们也认为这些记录是相同的记录（元组）。这个规则同样适用于集合的并、交、差等集合运算。

执行下面的回滚语句，回滚事务，恢复表 instructor 的数据：

```
rollback;
\q
```

（3）谓词 IN 和 NOT IN 如果要和一个列表（List）进行比较，则必须使用谓词 IN 或者 NOT IN。

例如，我们想找出属于 Comp.Sci. 系和 Finance 系的教师，并显示他们的相关信息，那么我们可以用下面的查询来完成这个任务：

```
[omm@test ~]$ gsql -d studentdb -h 192.168.100.91 -U student -p 26000 -W student@ustb2020 -r
gsql ((openGauss 1.0.1 build 13b34b53) compiled at 2020-10-12 02:00:59 commit 0 last mr )
SSL connection (cipher: DHE-RSA-AES128-GCM-SHA256, bits: 128)
Type "help" for help.
studentdb=> \set AUTOCOMMIT off
studentdb=> SELECT *
studentdb-> FROM instructor
studentdb-> WHERE dept_name IN ('Comp. Sci.','Finance');
   id  | dept_name  |   name    |  salary
---------+--------------+------------+--------------
 10101 | Comp. Sci. | Srinivasan | 65000.00
 12121 | Finance    | Wu         | 90000.00
 45565 | Comp. Sci. | Katz       | 75000.00
 76543 | Finance    | Singh      | 80000.00
 83821 | Comp. Sci. | Brandt     | 92000.00
(5 rows)
studentdb=>
```

例如，我们想找出除 Comp.Sci. 系和 Finance 系之外的其他教师，并显示他们的相关信息，那么可以用下面的查询来完成这个任务：

```
studentdb=> SELECT *
studentdb-> FROM instructor
studentdb-> WHERE dept_name NOT IN ('Comp. Sci.','Finance');
   id  | dept_name  |   name   |  salary
---------+--------------+------------+--------------
 15151 | Music      | Mozart   | 40000.00
 22222 | Physics    | Einstein | 95000.00
 32343 | History    | El Said  | 60000.00
 33456 | Physics    | Gold     | 87000.00
 58583 | History    | Califieri | 62000.00
 76766 | Biology    | Crick    | 72000.00
 98345 | Elec. Eng. | Kim      | 80000.00
(7 rows)
studentdb=>
```

我们可以查看一下所有教师的情况：

```
studentdb=> SELECT * FROM instructor;
   id  | dept_name  |   name    |  salary
---------+--------------+------------+--------------
 10101 | Comp. Sci. | Srinivasan | 65000.00
 12121 | Finance    | Wu         | 90000.00
 15151 | Music      | Mozart     | 40000.00
 22222 | Physics    | Einstein   | 95000.00
 32343 | History    | El Said    | 60000.00
 33456 | Physics    | Gold       | 87000.00
 45565 | Comp. Sci. | Katz       | 75000.00
```

```
    58583 | History    | Califieri  | 62000.00
    76543 | Finance    | Singh      | 80000.00
    76766 | Biology    | Crick      | 72000.00
    83821 | Comp. Sci. | Brandt     | 92000.00
    98345 | Elec. Eng. | Kim        | 80000.00
    (12 rows)
    studentdb=>
```

可以看出，使用 IN ('Comp. Sci.','Finance') 和 NOT IN ('Comp. Sci.','Finance') 的查询结果的并集会等于所有教师。但是请注意，这只是在表 instructor 的 dept_name 列中没有 NULL 的记录时才成立。当 dept_name 列中有 NULL 时，NOT IN 和 IN 查询结果的并集不是所有的，不会包含值为 NULL 的行。下面的实验证明了这个事实。

执行下面的 SQL 语句，插入一条在 dept_name 属性上值为 NULL 的记录行，并检查插入后所有记录的情况：

```
    studentdb=> INSERT INTO instructor(ID,NAME,DEPT_NAME,SALARY) VALUES('88888','ZQF',NULL,88888);
    INSERT 0 1
    studentdb=> SELECT * FROM instructor;
    id    | dept_name  | name      | salary
    ---------+-------------+------------+--------------
    10101 | Comp. Sci. | Srinivasan | 65000.00
    12121 | Finance    | Wu         | 90000.00
    15151 | Music      | Mozart     | 40000.00
    22222 | Physics    | Einstein   | 95000.00
    32343 | History    | El Said    | 60000.00
    33456 | Physics    | Gold       | 87000.00
    45565 | Comp. Sci. | Katz       | 75000.00
    58583 | History    | Califieri  | 62000.00
    76543 | Finance    | Singh      | 80000.00
    76766 | Biology    | Crick      | 72000.00
    83821 | Comp. Sci. | Brandt     | 92000.00
    98345 | Elec. Eng. | Kim        | 80000.00
    88888 |            | ZQF        | 88888.00
    (13 rows)
    studentdb=>
```

当前表 instructor 中记录了 13 个教师的情况，其中教师工号为 88888、名字为 ZQF 的教师，其工作的系名不知道，其他教师的系名都是知道的。

执行下面的两个查询：

```
    studentdb=> -- 查询不在 Comp. Sci. 系和 Finance 系的教师
    studentdb=> SELECT * FROM instructor WHERE dept_name NOT IN ('Comp. Sci.','Finance');
    id    | dept_name | name      | salary
    ---------+------------+------------+--------------
    15151 | Music     | Mozart    | 40000.00
    22222 | Physics   | Einstein  | 95000.00
    32343 | History   | El Said   | 60000.00
    33456 | Physics   | Gold      | 87000.00
    58583 | History   | Califieri | 62000.00
    76766 | Biology   | Crick     | 72000.00
```

```
 98345    | Elec. Eng. | Kim         | 80000.00
(7 rows)
studentdb=> -- 查询 在 Comp. Sci. 系和 Finance 系的教师
studentdb=> SELECT * FROM instructor WHERE dept_name IN ('Comp. Sci.','Finance') ;
   id    | dept_name  |    name    |   salary
---------+------------+------------+--------------
 10101   | Comp. Sci. | Srinivasan | 65000.00
 12121   | Finance    | Wu         | 90000.00
 45565   | Comp. Sci. | Katz       | 75000.00
 76543   | Finance    | Singh      | 80000.00
 83821   | Comp. Sci. | Brandt     | 92000.00
(5 rows)
studentdb=>
```

我们也可以使用集合运算符 UNION 将上述两个结果集合并在一起：

```
studentdb=> (SELECT * FROM instructor WHERE dept_name NOT IN ('Comp. Sci.','Finance') )
studentdb-> UNION
studentdb-> (SELECT * FROM instructor WHERE dept_name IN ('Comp. Sci.','Finance') );
   id    | dept_name  |    name    |   salary
---------+------------+------------+--------------
 58583   | History    | Califieri  | 62000.00
 10101   | Comp. Sci. | Srinivasan | 65000.00
 45565   | Comp. Sci. | Katz       | 75000.00
 32343   | History    | El Said    | 60000.00
 12121   | Finance    | Wu         | 90000.00
 15151   | Music      | Mozart     | 40000.00
 76543   | Finance    | Singh      | 80000.00
 76766   | Biology    | Crick      | 72000.00
 33456   | Physics    | Gold       | 87000.00
 83821   | Comp. Sci. | Brandt     | 92000.00
 98345   | Elec. Eng. | Kim        | 80000.00
 22222   | Physics    | Einstein   | 95000.00
(12 rows)
studentdb=>
```

从上面 3 个查询的输出可以看到，谓词 NOT IN 贡献了 7 条记录，谓词 IN 贡献了 5 条记录，这两者之和一共是 12 条记录，表 instructor 共有 13 条记录，谓词 NOT IN 和 IN 查询结果的并集并不是全集。这是因为教师工号为 88888、名字为 ZQF 的教师，其 dept_name 列的值是 NULL，被排除在谓词 NOT IN 和 IN 的查询结果之外。这是 NULL 带来的另外一个麻烦。

总结一下：在有 NULL 的情况下，谓词 NOT IN 和 IN 的查询结果的并集不是全集，这两者都排除了有值是 NULL 的情况；在没有 NULL 的情况下，谓词 NOT IN 和 IN 的查询结果的并集就是全集。

执行下面的回滚语句，回滚事务，恢复表 instructor 的数据：

```
rollback;
\q
```

（4）谓词 BETWEEN x AND y　使用谓词 BETWEEN x AND y 可以进行范围查询。请注意，在谓词 BETWEEN x AND y 中，x 一定要小于 y。如果 x 大于 y，谓词 BETWEEN x AND y 的真值将为 FALSE。

执行下面的 SQL 语句，测试谓词 BETWEEN x AND y 中 x<y 时的情况：

```
[omm@test ~]$ gsql -d studentdb -h 192.168.100.91 -U student -p 26000 -W student@ustb2020 -r
studentdb=> SELECT name,salary FROM instructor WHERE salary BETWEEN 80000 AND 92000;
 name  | salary
--------+--------------
 Wu    | 90000.00
 Gold  | 87000.00
 Singh | 80000.00
 Brandt| 92000.00
 Kim   | 80000.00
(5 rows)
studentdb=> SELECT name,salary FROM instructor WHERE salary>=80000 AND salary<=92000;
 name  | salary
--------+--------------
 Wu    | 90000.00
 Gold  | 87000.00
 Singh | 80000.00
 Brandt| 92000.00
 Kim   | 80000.00
(5 rows)
studentdb=> SELECT name,salary FROM instructor WHERE salary>=80000 AND salary<92000;
 name  | salary
--------+--------------
 Wu    | 90000.00
 Gold  | 87000.00
 Singh | 80000.00
 Kim   | 80000.00
(4 rows)
studentdb=>
```

从输出结果可以看出，谓词 BETWEEN 80000 AND 92000 等价于 salary>=80000 AND salary<=92000，包括上限和下限值本身。

也可以使用否定形式 NOT BETWEEN x AND y，同样要求 x<y。执行下面的 SQL 语句，测试谓词 NOT BETWEEN x AND y 中 x<y 时的情况：

```
studentdb=> SELECT name,salary,salary FROM instructor WHERE salary NOT BETWEEN 80000 AND 92000;
 name       | salary       | salary
-------------+-------------+--------------
 Srinivasan | 65000.00    | 65000.00
 Mozart     | 40000.00    | 40000.00
 Einstein   | 95000.00    | 95000.00
 El Said    | 60000.00    | 60000.00
 Katz       | 75000.00    | 75000.00
 Califieri  | 62000.00    | 62000.00
 Crick      | 72000.00    | 72000.00
(7 rows)
studentdb=>
```

执行下面的 SQL 语句，测试谓词 BETWEEN x AND y 中 x > y 时的情况：

```
studentdb=> SELECT name,salary FROM instructor WHERE salary BETWEEN 92000 AND 80000;
 name | salary
-------+--------
(0 rows)
studentdb=>
```

对表 instructor 的每一行进行谓词 BETWEEN 92000 AND 80000 的真值测试，因为 x=92000>y=80000，因此谓词 BETWEEN x AND y 的真值总为 FALSE，因此查询不返回任何行。

执行下面的 SQL 语句，测试谓词 NOT BETWEEN x AND y 中 x > y 时的情况：

```
studentdb=> SELECT name,salary,salary FROM instructor WHERE salary NOT BETWEEN 92000 AND
80000;
    name    |  salary   |   salary
------------+-----------+-------------
 Srinivasan | 65000.00  | 65000.00
 Wu         | 90000.00  | 90000.00
 Mozart     | 40000.00  | 40000.00
 Einstein   | 95000.00  | 95000.00
 El Said    | 60000.00  | 60000.00
 Gold       | 87000.00  | 87000.00
 Katz       | 75000.00  | 75000.00
 Califieri  | 62000.00  | 62000.00
 Singh      | 80000.00  | 80000.00
 Crick      | 72000.00  | 72000.00
 Brandt     | 92000.00  | 92000.00
 Kim        | 80000.00  | 80000.00
(12 rows)
studentdb=>
```

当 x>y 时，谓词 BETWEEN x AND y 的真值为 FALSE，谓词 NOT BETWEEN x AND y 的真值为 NOT FALSE，等价于 TRUE，对于表 instructor 的每一行数据，谓词 NOT BETWEEN x AND y 的真值都是 TRUE，因此会显示表 instructor 的全部行。

（5）谓词 LIKE　使用谓词 LIKE 可以进行模糊匹配查找。在谓词 LIKE 中，使用以下两个通配符：

1）百分号 %: 匹配任意长度的字符串。

2）下划线 _: 匹配任意 1 个字符。

使用谓词 LIKE 进行字符串模式匹配，是大小写敏感的，也就是说，同一字符的大写和小写不会相互匹配。例如：

'Intro%' 匹配任何以 "Intro" 开头的字符串。

'%Comp%' 匹配任何包含子串 "Comp" 的字符串。

'_ _ _' 匹配任何含有 3 个字符的字符串。

'_ _ _%' 匹配任何至少有 3 个字符的字符串。

执行下面的语句，找出在楼名中含有 "Watson" 字符子串的大楼办公的系：

```
studentdb=> SELECT dept_name FROM department WHERE building LIKE '%Watson%';
  dept_name
--------------
 Biology
```

```
    Physics
    (2 rows)
    studentdb=>
```

也可以使用否定形式的 LIKE 谓词 NOT LIKE，下面进行测试：

```
studentdb=> SELECT dept_name  FROM department WHERE building NOT LIKE '%Watson%';
 dept_name
----------------
 Comp. Sci.
 Elec. Eng.
 Finance
 History
 Music
 (5 rows)
 studentdb=>
```

如果匹配的字符串中含有反斜杠（\）、百分号（%）或者下划线（_），那么需要使用转义字符。测试前首先构建测试数据集：

```
DROP TABLE IF EXISTS test;
CREATE TABLE test ( col1 varchar(20));
insert into test values('ab%cd12345');
insert into test values('ab%de67890');
insert into test values('ab\\cd67890');
insert into test values('ab_ef67890');
insert into test values('ab1');
insert into test values('ab12');
```

执行下面的查询，查看此时表 test 中的测试数据：

```
studentdb=> SELECT col1  FROM test;
    col1
------------------
 ab%cd12345
 ab%de67890
 ab\\cd67890
 ab_ef67890
 ab1
 ab12
 (6 rows)
 studentdb=>
```

接下来执行下面的 SQL 语句进行测试：

```
studentdb=> SELECT col1 FROM test WHERE col1 LIKE 'ab\%cd%'; -- 表示匹配以 ab%cd 开头的字符串
    col1
------------------
 ab%cd12345
 (1 row)
 studentdb=> SELECT col1 FROM test WHERE col1 LIKE '----';  -- 表示匹配长度为 3 个字符的字符串
    col1
------
 ab1
```

```
(1 row)
studentdb=> SELECT col1 FROM test WHERE col1 LIKE 'ab\_%';    -- 表示匹配以 ab_ 开头的字符串
   col1
------------------
 ab_ef67890
(1 row)
studentdb=> SELECT col1 FROM test WHERE col1 LIKE 'ab\\\\%';   -- 表示匹配以 ab\\ 开头的字符串
   col1
------------------
 ab\\cd67890
(1 row)
studentdb=> DROP TABLE IF EXISTS test;
DROP TABLE
studentdb=> \q
[omm@test ~]$
```

3. ORDER BY 子句

使用 ORDER BY 子句可以对查询的结果集进行排序。

在进行实验前，首先插入一条记录：

```
gsql -d studentdb -h 192.168.100.91 -U student -p 26000 -W student@ustb2020 -r
\set AUTOCOMMIT off
INSERT INTO instructor(ID,NAME,DEPT_NAME,SALARY)
 VALUES('88888','ZQF','Comp. Sci.',NULL);
```

执行下面的 SQL 语句，按教师工资高低的顺序，显示教师的信息：

```
studentdb=> SELECT * FROM instructor ORDER BY salary;
  id   |  dept_name   |   name    |  salary
---------+----------------+-------------+--------------
 15151 | Music        | Mozart    | 40000.00
 32343 | History      | El Said   | 60000.00
 58583 | History      | Califieri | 62000.00
 10101 | Comp. Sci.   | Srinivasan| 65000.00
 76766 | Biology      | Crick     | 72000.00
 45565 | Comp. Sci.   | Katz      | 75000.00
 98345 | Elec. Eng.   | Kim       | 80000.00
 76543 | Finance      | Singh     | 80000.00
 33456 | Physics      | Gold      | 87000.00
 12121 | Finance      | Wu        | 90000.00
 83821 | Comp. Sci.   | Brandt    | 92000.00
 22222 | Physics      | Einstein  | 95000.00
 88888 | Comp. Sci.   | ZQF       |
(13 rows)
studentdb=> SELECT * FROM instructor ORDER BY salary ASC;
  id   |  dept_name   |   name    |  salary
---------+----------------+-------------+--------------
 15151 | Music        | Mozart    | 40000.00
 32343 | History      | El Said   | 60000.00
 58583 | History      | Califieri | 62000.00
 10101 | Comp. Sci.   | Srinivasan| 65000.00
 76766 | Biology      | Crick     | 72000.00
 45565 | Comp. Sci.   | Katz      | 75000.00
```

```
98345 | Elec. Eng.  | Kim      | 80000.00
76543 | Finance     | Singh    | 80000.00
33456 | Physics     | Gold     | 87000.00
12121 | Finance     | Wu       | 90000.00
83821 | Comp. Sci.  | Brandt   | 92000.00
22222 | Physics     | Einstein | 95000.00
88888 | Comp. Sci.  | ZQF      |
(13 rows)
studentdb=>
```

比较以上两条语句的输出可以看出，ORDER BY 子句默认按升序排序，而且把 NULL 排在后面。如果想让 NULL 排在前面，可以使用 nulls first：

```
studentdb=> SELECT * FROM instructor ORDER BY salary ASC nulls first;
  id   | dept_name   | name      | salary
-------+-------------+-----------+--------------
 88888 | Comp. Sci.  | ZQF       |
 15151 | Music       | Mozart    | 40000.00
 32343 | History     | El Said   | 60000.00
 58583 | History     | Califieri | 62000.00
 10101 | Comp. Sci.  | Srinivasan| 65000.00
 76766 | Biology     | Crick     | 72000.00
 45565 | Comp. Sci.  | Katz      | 75000.00
 98345 | Elec. Eng.  | Kim       | 80000.00
 76543 | Finance     | Singh     | 80000.00
 33456 | Physics     | Gold      | 87000.00
 12121 | Finance     | Wu        | 90000.00
 83821 | Comp. Sci.  | Brandt    | 92000.00
 22222 | Physics     | Einstein  | 95000.00
(13 rows)
studentdb=>
```

也可以在 ORDER BY 子句中指定以降序方式来排列输出结果集：

```
studentdb=> SELECT * FROM instructor ORDER BY salary DESC;
  id   | dept_name   | name      | salary
-------+-------------+-----------+--------------
 88888 | Comp. Sci.  | ZQF       |
 22222 | Physics     | Einstein  | 95000.00
 83821 | Comp. Sci.  | Brandt    | 92000.00
 12121 | Finance     | Wu        | 90000.00
 33456 | Physics     | Gold      | 87000.00
 76543 | Finance     | Singh     | 80000.00
 98345 | Elec. Eng.  | Kim       | 80000.00
 45565 | Comp. Sci.  | Katz      | 75000.00
 76766 | Biology     | Crick     | 72000.00
 10101 | Comp. Sci.  | Srinivasan| 65000.00
 58583 | History     | Califieri | 62000.00
 32343 | History     | El Said   | 60000.00
 15151 | Music       | Mozart    | 40000.00
(13 rows)
studentdb=>
```

从上条语句的输出可以看出，ORDER BY 子句如果按降序方式排序，则把 NULL 放在了最前面。如果想让 NULL 排在后面，可以使用 nulls last：

```
studentdb=> SELECT * FROM instructor ORDER BY salary DESC nulls last;
   id    | dept_name  |    name    |  salary
---------+------------+------------+----------
 22222 | Physics    | Einstein   | 95000.00
 83821 | Comp. Sci. | Brandt     | 92000.00
 12121 | Finance    | Wu         | 90000.00
 33456 | Physics    | Gold       | 87000.00
 76543 | Finance    | Singh      | 80000.00
 98345 | Elec. Eng. | Kim        | 80000.00
 45565 | Comp. Sci. | Katz       | 75000.00
 76766 | Biology    | Crick      | 72000.00
 10101 | Comp. Sci. | Srinivasan | 65000.00
 58583 | History    | Califieri  | 62000.00
 32343 | History    | El Said    | 60000.00
 15151 | Music      | Mozart     | 40000.00
 88888 | Comp. Sci. | ZQF        |
(13 rows)
studentdb=>
```

下面的语句演示了字符串排序，按教师的名字排序显示教师的信息。

```
studentdb=> SELECT * FROM instructor ORDER BY name;
   id    | dept_name  |    name    |  salary
---------+------------+------------+----------
 83821 | Comp. Sci. | Brandt     | 92000.00
 58583 | History    | Califieri  | 62000.00
 76766 | Biology    | Crick      | 72000.00
 22222 | Physics    | Einstein   | 95000.00
 32343 | History    | El Said    | 60000.00
 33456 | Physics    | Gold       | 87000.00
 45565 | Comp. Sci. | Katz       | 75000.00
 98345 | Elec. Eng. | Kim        | 80000.00
 15151 | Music      | Mozart     | 40000.00
 76543 | Finance    | Singh      | 80000.00
 10101 | Comp. Sci. | Srinivasan | 65000.00
 12121 | Finance    | Wu         | 90000.00
 88888 | Comp. Sci. | ZQF        |
(13 rows)
studentdb=>
```

也可以按多个列来进行排序。执行下面的语句，先按教师所在的系名升序排序，再按教师的工资降序排序，显示教师的信息：

```
studentdb=> SELECT * FROM   instructor ORDER BY dept_name ASC, salary DESC;
   id    | dept_name  |  name  |  salary
---------+------------+--------+----------
 76766 | Biology    | Crick  | 72000.00
 88888 | Comp. Sci. | ZQF    |
 83821 | Comp. Sci. | Brandt | 92000.00
 45565 | Comp. Sci. | Katz   | 75000.00
```

```
10101 | Comp. Sci. | Srinivasan | 65000.00
98345 | Elec. Eng. | Kim       | 80000.00
12121 | Finance    | Wu        | 90000.00
76543 | Finance    | Singh     | 80000.00
58583 | History    | Califieri | 62000.00
32343 | History    | El Said   | 60000.00
15151 | Music      | Mozart    | 40000.00
22222 | Physics    | Einstein  | 95000.00
33456 | Physics    | Gold      | 87000.00
(13 rows)
studentdb=>
```

这个查询也可以通过指定表列的序号（数字），而不是表列的名字来进行排序。序号值由 SE-LECT 语句的 SELECT 子句中所列出列名的顺序号确定。下面是第一个例子：

```
studentdb=> SELECT id,name,dept_name,salary FROM  instructor ORDER BY 3 ASC, 4 DESC;
  id   |    name    | dept_name  | salary
-------+------------+------------+--------------
 76766 | Crick      | Biology    | 72000.00
 88888 | ZQF        | Comp. Sci. |
 83821 | Brandt     | Comp. Sci. | 92000.00
 45565 | Katz       | Comp. Sci. | 75000.00
 10101 | Srinivasan | Comp. Sci. | 65000.00
 98345 | Kim        | Elec. Eng. | 80000.00
 12121 | Wu         | Finance    | 90000.00
 76543 | Singh      | Finance    | 80000.00
 58583 | Califieri  | History    | 62000.00
 32343 | El Said    | History    | 60000.00
 15151 | Mozart     | Music      | 40000.00
 22222 | Einstein   | Physics    | 95000.00
 33456 | Gold       | Physics    | 87000.00
(13 rows)
studentdb=>
```

在这个查询语句的 SELECT 子句（SELECT id,name,dept_name,salary）中，dept_name 列是第 3 列，salary 列是第 4 列，因此指定 ORDER BY 3 ASC, 4 DESC，就是先按 dept_name 列升序排序，再按 salary 列降序排序。

下面是第二个例子：

```
studentdb=> SELECT id,name,salary,dept_name FROM instructor ORDER BY 4 DESC,3 ASC;
  id   |    name    |  salary   | dept_name
-------+------------+-----------+--------------
 33456 | Gold       | 87000.00  | Physics
 22222 | Einstein   | 95000.00  | Physics
 15151 | Mozart     | 40000.00  | Music
 32343 | El Said    | 60000.00  | History
 58583 | Califieri  | 62000.00  | History
 76543 | Singh      | 80000.00  | Finance
 12121 | Wu         | 90000.00  | Finance
 98345 | Kim        | 80000.00  | Elec. Eng.
 10101 | Srinivasan | 65000.00  | Comp. Sci.
 45565 | Katz       | 75000.00  | Comp. Sci.
```

```
83821 | Brandt    | 92000.00 | Comp. Sci.
88888 | ZQF       |          | Comp. Sci.
76766 | Crick     | 72000.00 | Biology
(13 rows)
studentdb=>
```

在这个查询语句的 SELECT 子句（SELECT id,name,salary,dept_name）中，dept_name 列是第 4 列，salary 列是第 3 列，因此指定 ORDER BY 4 ASC, 3 DESC，也是先按 dept_name 列升序排序，再按 salary 列降序排序。

在继续下面的实验之前，通过回滚恢复测试数据集：

```
rollback;
\q
```

4. GROUP BY 子句和 HAVING 子句

（1）GROUP BY 子句和聚合函数　GROUP BY 子句总是和 SQL 语言的聚合函数相关联。GROUP BY 子句将一个表的行按一列或者几列进行分组，然后以分组为单位作为聚合函数的输入，为每个分组聚合产生一条结果记录行。

例如，执行下面的命令和 SQL 语句，查询各个系教师的平均工资：

```
[omm@test ~]$ gsql -d studentdb -h 192.168.100.91 -U student -p 26000 -W student@ustb2020 -r
studentdb=> SELECT * FROM instructor ORDER BY dept_name;
  id   | dept_name  |   name    | salary
-------+------------+-----------+--------------
 76766 | Biology    | Crick     | 72000.00      Biology 分组有 1 条记录
 10101 | Comp. Sci. | Srinivasan| 65000.00      Comp. Sci. 分组有 3 条记录
 45565 | Comp. Sci. | Katz      | 75000.00
 83821 | Comp. Sci. | Brandt    | 92000.00
 98345 | Elec. Eng. | Kim       | 80000.00      Elec. Eng. 分组有 1 条记录
 12121 | Finance    | Wu        | 90000.00      Finance 分组有 2 条记录
 76543 | Finance    | Singh     | 80000.00
 32343 | History    | El Said   | 60000.00      History 分组有 2 条记录
 58583 | History    | Califieri | 62000.00
 15151 | Music      | Mozart    | 40000.00      Music 分组有 1 条记录
 33456 | Physics    | Gold      | 87000.00      Physics 分组有 2 条记录
 22222 | Physics    | Einstein  | 95000.00
(12 rows)
studentdb=> SELECT dept_name,avg(salary) as avg_salary
studentdb-> FROM   instructor
studentdb-> GROUP BY dept_name;
 dept_name  |      avg_salary
------------+----------------------------
 Physics    | 91000.000000000000
 Music      | 40000.000000000000
 Comp. Sci. | 77333.333333333333
 Finance    | 85000.000000000000
 History    | 61000.000000000000
 Elec. Eng. | 80000.000000000000
 Biology    | 72000.000000000000
(7 rows)
studentdb=>
```

上面的语句会将表 instructor 的行按照 dept_name 进行分组，这将分为 7 个组（有 7 个不同的系）：Biology 分组有 1 条记录，Comp. Sci. 分组有 3 条记录，Elec. Eng. 分组有 1 条记录，Finance 分组有 2 条记录，History 分组有 2 条记录，Music 分组有 1 条记录，Physics 分组有 2 条记录。然后会为每个分组计算 salary 属性的平均值，结果如上面程序所示。

可以使用列别名（alias）给教师的平均工资取个更为清晰的名字 avg_salary。

此外需要注意的是：只有在 GROUP BY 子句中出现的列名，才能单独出现在 SELECT 语句的 SELECT 子句中；没有出现在 GROUP BY 子句中的列，必须放在聚合函数中。下面的语句是错误的：

```
studentdb=> /* 错误，因为 id 列没有出现在 GROUP BY 子句中，不能单独出现在 SELECT 子句中 */
studentdb-> SELECT dept_name,id,avg(salary) as avg_salary
studentdb-> FROM   instructor
studentdb-> GROUP BY dept_name;
ERROR:  column "instructor.id" must appear in the GROUP BY clause or be used in an aggregate function
LINE 3: FROM   instructor
studentdb=> \q
[omm@test ~]$
```

因为 id 列没有出现在 GROUP BY 子句中，不能单独出现在 SELECT 子句上。salary 列虽然没有出现在 GROUP BY 子句中，但是出现在了聚合函数的参数里。

下面的语句没有使用 GROUP BY 子句，该查询求所有教师的平均工资：

```
[omm@test ~]$ gsql -d studentdb -h 192.168.100.91 -U student -p 26000 -W student@ustb2020 -r
studentdb=> SELECT  avg(salary) as avg_salary FROM   instructor;
     avg_salary
-----------------------------
 74833.333333333333
(1 row)
studentdb=>
```

SELECT 语句中如果没有使用 GROUP BY 子句，其实就是把整个表作为一个分组。

（2）HAVING 子句　HAVING 子句用来过滤分组。

例如，执行下面的 SQL 语句，找出平均工资大于 42000 的系，并显示这些系教师的平均工资：

```
studentdb=> SELECT dept_name,avg(salary) as avg_salary
studentdb-> FROM   instructor
studentdb-> GROUP BY dept_name
studentdb-> HAVING avg(salary)>42000;
 dept_name  |   avg_salary
----------------+---------------------------
 Physics    | 91000.000000000000
 Comp. Sci. | 77333.333333333333
 Finance    | 85000.000000000000
 History    | 61000.000000000000
 Elec. Eng. | 80000.000000000000
 Biology    | 72000.000000000000
(6 rows)
studentdb=>
```

在学习 GROUP BY 子句和 HAVING 子句之前，我们先学习 SQL 语言的聚合函数。

（3）聚合函数中的 NULL 聚合函数的输入单位是分组，聚合函数会为每个分组输出一行结果记录。聚合函数主要是一些统计函数，如 sum、avg、count、max 和 min 等。

```
studentdb=> SELECT count(*),avg(salary) as avg_salary,sum(salary) as sum_salary,min(salary),max(salary)
studentdb-> FROM   instructor;
 count |    avg_salary          | sum_salary | min      | max
-------+------------------------+------------+----------+--------------
   12  | 74833.333333333333     | 898000.00  | 40000.00 | 95000.00
(1 row)
studentdb=>
```

除了 count(*) 这个聚合函数以外，其他的聚合函数都会忽略 NULL。

下面进行测试验证聚合函数 avg 会忽略 NULL。首先执行下面的 SQL 语句，查询计算机系教师的平均工资：

```
studentdb=> SELECT dept_name,avg(salary) as avg_salary
studentdb-> FROM   instructor
studentdb-> WHERE  dept_name='Comp. Sci.'
studentdb-> GROUP BY dept_name;
 dept_name |    avg_salary
-----------+--------------------------
 Comp. Sci. | 77333.333333333333
(1 row)
studentdb=>
```

此时，我们为表 instructor 插入一行，该行的 salary 的值为 NULL，然后查看添加该行后平均工资是否发生变化：

```
studentdb=> INSERT INTO instructor(ID,NAME,DEPT_NAME,SALARY)
studentdb->              VALUES('88888','ZQF', 'Comp. Sci.', NULL);
INSERT 0 1
studentdb=> SELECT avg(salary) as avg_salary
studentdb-> FROM   instructor
studentdb-> WHERE  dept_name='Comp. Sci.';
    avg_salary
----------------------------
 77333.333333333333
(1 row)
studentdb=>
```

可以发现，插入新行后，教师工资的平均值并没有发生变化，即聚合函数 avg 会忽略 NULL。

执行下面的 SQL 语句，看看 count 函数是如何处理 NULL 的：

```
studentdb=> SELECT * FROM   instructor;
 id    | dept_name  | name      | salary
-------+------------+-----------+--------------
 10101 | Comp. Sci. | Srinivasan | 65000.00
 12121 | Finance    | Wu        | 90000.00
 15151 | Music      | Mozart    | 40000.00
 22222 | Physics    | Einstein  | 95000.00
 32343 | History    | El Said   | 60000.00
 33456 | Physics    | Gold      | 87000.00
```

```
   45565  | Comp. Sci. | Katz     | 75000.00
   58583  | History    | Califieri | 62000.00
   76543  | Finance    | Singh    | 80000.00
   76766  | Biology    | Crick    | 72000.00
   83821  | Comp. Sci. | Brandt   | 92000.00
   98345  | Elec. Eng. | Kim      | 80000.00
   88888  | Comp. Sci. | ZQF      |
(13 rows)
studentdb=> select count(*),count(id),count(salary),count(1) from instructor;
 count  | count  | count  | count
--------+--------+--------+-------
   13   |   13   |   12   |   13
(1 row)
studentdb=>
```

count(id) 函数中，id 是主键，主键要求值非空且唯一，因此 id 列不会有 NULL，从而 count(id) 会获得表 instructor 的总行数。

count(1) 函数中，1 的含义不是第一个字段，而是表示一个固定值 1，在上面的查询语句中，本意是为表 instructor 的每一行输出一个固定值 1，count(1) 表示统计固定值 1 的个数。当然，也可以使用任何其他数字来代替数字 1，比如 count(2)、count(2.1)，都是一样的。因此，count(1) 会获得表 instructor 的总行数。

count(salary) 函数中，salary 是一个非主键列，当该列没有 NOT NULL 约束时，在该行的 salary 列上可以取有空值（本测试的数据集中 id 为 88888 的行上 salary 的值为 NULL）。count(salary) 会忽略值为 NULL 的行，因此此时 count(salary) 只统计表 instructor 中 salary 列上值为非 NULL 的行。如果 salary 上有 NOT NULL 约束，count(salary) 会等价于 count(id)（其中 id 是主键），此时 count(salary) 会统计表 instructor 的总行数。

count(*) 是所有函数中唯一不会忽略 NULL 的函数。我们可以通过一个测试来证明这一点。表 test 只有一列且没有定义主键约束，这样我们可以插入 2 个 NULL，然后统计表 test 的行数：

```
studentdb=> DROP TABLE IF EXISTS test;
NOTICE:  table "test" does not exist, skipping
DROP TABLE
studentdb=> CREATE TABLE test(col smallint);
CREATE TABLE
studentdb=> insert into test values(null) ;
INSERT 0 1
studentdb=> insert into test values(null) ;
INSERT 0 1
studentdb=> select * from test;
 col
-----



(2 rows)
studentdb=> -- count(*) 函数不会忽略 NULL
studentdb=> select count(*) from test;
 count
-------
   2
(1 row)
studentdb=>
```

下面的 SELECT 语句中，SELECT 子句中的 2.1 相当于为表 test 所有的行都添加 1 列，表 test 的每一行在这列上的值都是 2.1：

```
studentdb=> select col,2.1 from test;
 col | ?column?
-----+---------------
     |    2.1
     |    2.1
(2 rows)
studentdb=>
```

使用这个数据集，我们再次测试 count 函数：

```
studentdb=> select count(*),count(col),count(2.1) from test;
 count | count | count
-------+-------+-------
   2   |   0   |   2
(1 row)
studentdb=>
```

输出显示，count (*) 会包括对 NULL 的统计，因此返回表 test 的总行数；count(col) 会忽略 NULL，因此返回的行数是 0；count(2.1) 是为表的每一行添加一列，并且每行在该列的值都为 2.1，不可能有 NULL，因此返回表 test 的总行数。

以下结论请读者记住：①假如表没有主键，那么 count(1) 比 count(*) 快；②如果表有主键，且主键作为 count 的条件，此时 count(主键) 是最快的；③如果表只有一个字段，那么 count(*) 就是最快的。

最后测试一下 count 函数中的 ALL 和 DISTINCT（openGauss 均不支持）。打开一个 Linux 终端窗口，使用 Linux 用户 omm 执行下面的 SQL 语句：

```
studentdb=> SELECT count(*) FROM instructor;
 count
-------
   13
(1 row)
studentdb=> -- 在 openGauss 中执行错误，在 Oracle 和 MySQL 中可以执行
studentdb=> SELECT count(ALL *) FROM instructor;
ERROR:  syntax error at or near "*"
LINE 1: SELECT count(ALL *) FROM instructor;
                         ^
studentdb=> -- 错误语句，在所有数据库上都不能执行
studentdb=> SELECT count( DISTINCT *) FROM instructor;
ERROR:  syntax error at or near "*"
LINE 1: SELECT count( DISTINCT *) FROM instructor;
studentdb=> \q
[omm@test ~]$
```

5. SQL 函数

标准的 SQL 函数有以下几类：数学计算类函数（如统计函数）、字符串处理类函数、日期函数和高级分析函数。

前面我们学习了聚合函数，这里主要介绍字符串函数。执行下面的命令和语句，测试字符串

函数。首先执行下面的 SQL 语句，查看测试字符串函数的数据集：

```
[omm@test ~]$ gsql -d studentdb -h 192.168.100.91 -U student -p 26000 -W student@ustb2020 -r
studentdb=> SELECT DEPT_NAME FROM instructor;
  dept_name
-----------------
  Comp. Sci.
  Finance
  Music
  Physics
  History
  Physics
  Comp. Sci.
  History
  Finance
  Biology
  Comp. Sci.
  Elec. Eng.
(12 rows)
studentdb=>
```

这个查询语句的输出 DEPT_NAME 列是字符串，首字母是大写，其他的是小写。

如果想让所有的字符都显示为大写，执行如下的 SQL 语句：

```
studentdb=> SELECT upper(DEPT_NAME) FROM instructor;
  upper
-------------------
  COMP. SCI.
  FINANCE
  MUSIC
  PHYSICS
  HISTORY
  PHYSICS
  COMP. SCI.
  HISTORY
  FINANCE
  BIOLOGY
  COMP. SCI.
  ELEC. ENG.
(12 rows)
studentdb=>
```

系统会遍历表 instructor 的每一行，提取 DEPT_NAME 列的值作为 upper 函数的输入，将该列的字符串都变成大写后放到结果集。

如果想让所有的字符都显示为小写，执行如下的 SQL 语句：

```
studentdb=> SELECT lower(DEPT_NAME) FROM instructor;
  lower
---------------
  comp. sci.
  finance
  music
```

```
            physics
            history
            physics
            comp. sci.
            history
            finance
            biology
            comp. sci.
            elec. eng.
            (12 rows)
            studentdb=>
```

总结一下：表的每一行都会作为函数的输入，然后返回一个值。

四、多表查询

表可以表示现实世界中的实体。现实世界中的实体存在着各种联系，实体之间的联系也可以用表来表示。实体之间的这些联系，是通过在相关的每个表中包含公共列来建立的。联系经常是通过设置表间的主键-外键来建立的：其中一个表的外键引用另一个表的主键，并且它们的值来自相同的域。存在联系的多个表，可以通过查找这些主键、外键的共同值来建立表间的连接。

连接将两个表的记录组合成单个更长的记录。连接运算可以分解为：先进行笛卡儿积运算，然后在这个笛卡儿积上进行一次选择运算。只有满足连接条件的记录才会出现在结果集中。连接条件可以在 WHERE 子句中声明。

显然，如果两个表连接时没有使用条件，连接的结果是一个笛卡儿积，这种连接也叫作交叉连接（Cross Join）。

Θ 是比较运算符（=，<，<=，>，>=，!=），带有用这些比较运算符表示的连接条件的连接称为 Θ 连接（Theta 连接）。

只使用等值运算符"="作为连接条件的连接称为等值连接。

要求两个表中同名列相等的等值连接称为自然连接。

只显示满足连接条件的记录的连接，如 Θ 连接、等值连接、自然连接，也称为内连接。还有一种称为外连接的连接方式，它既显示满足连接条件的记录，也显示不满足连接条件的记录。

1. Θ 连接

在 SQL 语句中，Θ 连接的连接条件在 WHERE 子句中声明。当然，在 WHERE 子句中可以同时指定连接条件和过滤条件。

例子：找出所有教师的姓名，以及他们所在系的名称和系所在建筑的名称。

分析：实体 instructor 与实体 department 之间有如下的联系：一个教师属于一个系，一个系有很多教师。要查找的信息是两个实体的属性，因此需要通过这两个实体之间的联系来完成这个查询。department 和 instructor 是一对多的联系。E-R 模型中的一对多联系转化为物理数据库模型时，每个实体转化为一个关系表，这两个实体之间的联系建模为属性，将多方（department）的主键嵌入到一方，称为一方的外键。这样，表 instructor 就有了一个名字叫 dept_name 的属性列，该属性列的物理意义是教师在名字为 dept_name 的系工作。

使用下面的语句可以完成这个任务：

```
studentdb=> SELECT name,instructor.dept_name,building
studentdb-> FROM instructor,department
studentdb-> WHERE  instructor.dept_name = department.dept_name;
```

```
  name         | dept_name    | building
--------------+--------------+-------------
 Srinivasan   | Comp. Sci.   | Taylor
 Wu           | Finance      | Painter
 Mozart       | Music        | Packard
 Einstein     | Physics      | Watson
 El Said      | History      | Painter
 Gold         | Physics      | Watson
 Katz         | Comp. Sci.   | Taylor
 Califieri    | History      | Painter
 Singh        | Finance      | Painter
 Crick        | Biology      | Watson
 Brandt       | Comp. Sci.   | Taylor
 Kim          | Elec. Eng.   | Taylor
(12 rows)
studentdb=>
```

例子：对于大学中所有讲授课程的教师，找出他们的姓名以及他们所教的所有课程。

分析：实体 instructor 与弱实体 section 之间具有 teaches 关系——一个 instructor 可以讲授多个 section，一个 section 可以被多个 instructor 讲授。instructor 和 section 之间是多对多的联系。E-R 模型中的多对多联系转化为物理数据库模型时，每个实体转化为一个关系表（instructor 和 section），这两个实体之间的多对多联系建模为一个单独的关联表，将多方（instructor 和 section）的主键放入关联表（teaches）作为其主键。也就是说，多对多联系建模为三个关系表。

这个查询要查找的信息存在于其中的两个表 instructor 和 teaches 之中，不需要使用表 section 也能完成查询。

下面的查询只显示教师的名字和他们所教课程的编号：

```
studentdb=> SELECT name,course_id
studentdb-> FROM   instructor,teaches
studentdb-> WHERE instructor.id= teaches.id;
  name         | course_id
--------------+---------------
 Srinivasan   | CS-101
 Srinivasan   | CS-315
 Srinivasan   | CS-347
 Wu           | FIN-201
 Mozart       | MU-199
 Einstein     | PHY-101
 El Said      | HIS-351
 Katz         | CS-101
 Katz         | CS-319
 Crick        | BIO-101
 Crick        | BIO-301
 Brandt       | CS-190
 Brandt       | CS-190
 Brandt       | CS-319
 Kim          | EE-181
(15 rows)
studentdb=>
```

下面的查询只显示教师的所有信息和他们所教课程的所有信息：

```
studentdb=> SELECT *
studentdb-> FROM   instructor,teaches
studentdb-> WHERE instructor.id= teaches.id;
   id  | dept_name  |    name    |  salary  |  id   | course_id | sec_id | semester | year
-------+------------+------------+----------+-------+-----------+--------+----------+------
 10101 | Comp. Sci. | Srinivasan | 65000.00 | 10101 | CS-101    | 1      | Fall     | 2009
 10101 | Comp. Sci. | Srinivasan | 65000.00 | 10101 | CS-315    | 1      | Spring   | 2010
 10101 | Comp. Sci. | Srinivasan | 65000.00 | 10101 | CS-347    | 1      | Fall     | 2009
 12121 | Finance    | Wu         | 90000.00 | 12121 | FIN-201   | 1      | Spring   | 2010
 15151 | Music      | Mozart     | 40000.00 | 15151 | MU-199    | 1      | Spring   | 2010
 22222 | Physics    | Einstein   | 95000.00 | 22222 | PHY-101   | 1      | Fall     | 2009
 32343 | History    | El Said    | 60000.00 | 32343 | HIS-351   | 1      | Spring   | 2010
 45565 | Comp. Sci. | Katz       | 75000.00 | 45565 | CS-101    | 1      | Spring   | 2010
 45565 | Comp. Sci. | Katz       | 75000.00 | 45565 | CS-319    | 1      | Spring   | 2010
 76766 | Biology    | Crick      | 72000.00 | 76766 | BIO-101   | 1      | Summer   | 2009
 76766 | Biology    | Crick      | 72000.00 | 76766 | BIO-301   | 1      | Summer   | 2010
 83821 | Comp. Sci. | Brandt     | 92000.00 | 83821 | CS-190    | 1      | Spring   | 2009
 83821 | Comp. Sci. | Brandt     | 92000.00 | 83821 | CS-190    | 2      | Spring   | 2009
 83821 | Comp. Sci. | Brandt     | 92000.00 | 83821 | CS-319    | 2      | Spring   | 2010
 98345 | Elec. Eng. | Kim        | 80000.00 | 98345 | EE-181    | 1      | Spring   | 2009
(15 rows)
studentdb=>
```

在 WHERE 子句表达等值连接的连接条件。查询的结果集首先显示第一个表的所有列，然后显示第二个表的所有列，公共列（id）被显示了两次。

2. 自然连接

自然连接有很多种 SQL 书写语法。

（1）使用 WHERE 子句书写自然连接　Θ 连接标题下的两个例子就是使用 WHERE 子句来书写自然连接的。

（2）使用关键字 NATURAL JOIN 书写自然连接　自然连接是一种特殊的等值连接：连接的两个表必须有同名的列（一列或者多列同名，至少需要一列同名），两个表同名列的列值相等的记录进行连接，并放入结果集。下面的例子使用关键字 NATURAL JOIN 重新书写 Θ 连接标题中的这些查询：

```
studentdb=> SELECT name,course_id FROM instructor NATURAL JOIN teaches;
    name    | course_id
------------+-----------
 Srinivasan | CS-101
 Srinivasan | CS-315
 Srinivasan | CS-347
 Wu         | FIN-201
 Mozart     | MU-199
 Einstein   | PHY-101
 El Said    | HIS-351
 Katz       | CS-101
 Katz       | CS-319
 Crick      | BIO-101
 Crick      | BIO-301
 Brandt     | CS-190
 Brandt     | CS-190
 Brandt     | CS-319
```

```
Kim          | EE-181
(15 rows)
studentdb=>
```

使用关键字 NATURAL JOIN 进行的自然连接，其结果是先显示两个表的公共列，然后是第一个表的剩余的列，最后是第二个表的剩余的列。

```
studentdb=> SELECT * FROM   instructor NATURAL JOIN teaches;
   id    | dept_name  |   name     |  salary   | course_id | sec_id | semester | year
---------+------------+------------+-----------+-----------+--------+----------+------
 10101   | Comp. Sci. | Srinivasan | 65000.00  | CS-101    | 1      | Fall     | 2009
 10101   | Comp. Sci. | Srinivasan | 65000.00  | CS-315    | 1      | Spring   | 2010
 10101   | Comp. Sci. | Srinivasan | 65000.00  | CS-347    | 1      | Fall     | 2009
 12121   | Finance    | Wu         | 90000.00  | FIN-201   | 1      | Spring   | 2010
 15151   | Music      | Mozart     | 40000.00  | MU-199    | 1      | Spring   | 2010
 22222   | Physics    | Einstein   | 95000.00  | PHY-101   | 1      | Fall     | 2009
 32343   | History    | El Said    | 60000.00  | HIS-351   | 1      | Spring   | 2010
 45565   | Comp. Sci. | Katz       | 75000.00  | CS-101    | 1      | Spring   | 2010
 45565   | Comp. Sci. | Katz       | 75000.00  | CS-319    | 1      | Spring   | 2010
 76766   | Biology    | Crick      | 72000.00  | BIO-101   | 1      | Summer   | 2009
 76766   | Biology    | Crick      | 72000.00  | BIO-301   | 1      | Summer   | 2010
 83821   | Comp. Sci. | Brandt     | 92000.00  | CS-190    | 1      | Spring   | 2009
 83821   | Comp. Sci. | Brandt     | 92000.00  | CS-190    | 2      | Spring   | 2009
 83821   | Comp. Sci. | Brandt     | 92000.00  | CS-319    | 2      | Spring   | 2010
 98345   | Elec. Eng. | Kim        | 80000.00  | EE-181    | 1      | Spring   | 2009
(15 rows)
studentdb=>
```

与使用 WHERE 子句来书写自然连接相比较，采用 NATURAL JOIN 更不容易遗漏连接条件。遗漏连接条件将会产生笛卡儿积。请看下面遗漏连接条件的情况：

```
studentdb=> SELECT *
studentdb-> FROM   instructor, teaches;
   id    | dept_name  |   name     |  salary   |   id    | course_id | sec_id | semester | year
---------+------------+------------+-----------+---------+-----------+--------+----------+------
 10101   | Comp. Sci. | Srinivasan | 65000.00  | 10101   | CS-101    | 1      | Fall     | 2009
 12121   | Finance    | Wu         | 90000.00  | 10101   | CS-101    | 1      | Fall     | 2009
 15151   | Music      | Mozart     | 40000.00  | 10101   | CS-101    | 1      | Fall     | 2009
 22222   | Physics    | Einstein   | 95000.00  | 10101   | CS-101    | 1      | Fall     | 2009
 32343   | History    | El Said    | 60000.00  | 10101   | CS-101    | 1      | Fall     | 2009
 ……（中间省略很多输出）
 76543   | Finance    | Singh      | 80000.00  | 98345   | EE-181    | 1      | Spring   | 2009
 76766   | Biology    | Crick      | 72000.00  | 98345   | EE-181    | 1      | Spring   | 2009
 83821   | Comp. Sci. | Brandt     | 92000.00  | 98345   | EE-181    | 1      | Spring   | 2009
 98345   | Elec. Eng. | Kim        | 80000.00  | 98345   | EE-181    | 1      | Spring   | 2009
(180 rows)
studentdb=>
```

可以看出，没有连接条件的两个表会生成规模庞大的笛卡儿积。

下面的例子在 WHERE 子句中同时加入了连接条件和过滤条件。

例子：找出 Comp. Sci. 系讲授课程的教师的姓名以及他们所教课程的编号。

```
studentdb=> SELECT name,course_id
studentdb-> FROM   instructor, teaches
studentdb-> WHERE  instructor.ID= teaches.ID AND instructor.dept_name='Comp. Sci.';
   name      | course_id
-------------+--------------
 Srinivasan  | CS-101
 Srinivasan  | CS-315
 Srinivasan  | CS-347
 Katz        | CS-101
 Katz        | CS-319
 Brandt      | CS-190
 Brandt      | CS-190
 Brandt      | CS-319
(8 rows)
studentdb=>
```

本例的 WHERE 子句中，两表的连接条件是 instructor.ID= teaches.ID，结果集过滤条件是 instructor.dept_name='Comp. Sci.'（只输出计算机系的教师）。

如果采用关键字 NATURAL JOIN 来改写，则：

```
studentdb=> SELECT name,course_id
studentdb-> FROM   instructor NATURAL JOIN teaches
studentdb-> WHERE  instructor.dept_name='Comp. Sci.';
   name      | course_id
-------------+--------------
 Srinivasan  | CS-101
 Srinivasan  | CS-315
 Srinivasan  | CS-347
 Katz        | CS-101
 Katz        | CS-319
 Brandt      | CS-190
 Brandt      | CS-190
 Brandt      | CS-319
(8 rows)
studentdb=>
```

采用这个写法，可以明确区分连接条件和结果集过滤条件：在 FROM 子句中声明自然连接，在 WHERE 子句中进行谓词过滤（谓词为教师是计算机系的教师）。

可以用关键字 NATURAL JOIN 对多个表进行连续的自然连接操作，语法如下：

SELECT A1, A2, . . . , An
FROM r1 NATURAL JOIN r2 NATURAL JOIN ... NATURAL JOIN rm
WHERE P;

不过要注意的是，不同表的同名列不一定具有相同的语义。不具有相同语义的同名列不能进行自然连接，因为这样的连接没有意义。下面是这样的一个例子。

例子：列出教师的名字以及他们所教课程的名称。

首先，给出正确的查询语句：

```
studentdb=> SELECT name,title
studentdb-> FROM   instructor NATURAL JOIN teaches,course
studentdb-> WHERE  teaches.course_id =course.course_id;
```

```
      name      |           title
----------------+----------------------------------
 Srinivasan     | Intro. to Computer Science
 Srinivasan     | Robotics
 Srinivasan     | Database System Concepts
 Wu             | Investment Banking
 Mozart         | Music Video Production
 Einstein       | Physical Principles
 El Said        | World History
 Katz           | Intro. to Computer Science
 Katz           | Image Processing
 Crick          | Intro. to Biology
 Crick          | Genetics
 Brandt         | Game Design
 Brandt         | Game Design
 Brandt         | Image Processing
 Kim            | Intro. to Digital Systems
(15 rows)
studentdb=>
```

下面是错误的查询语句：

```
studentdb=> SELECT name,title
studentdb-> FROM   instructor NATURAL JOIN teaches NATURAL JOIN course;
      name      |           title
----------------+----------------------------------
 Srinivasan     | Intro. to Computer Science
 Srinivasan     | Robotics
 Srinivasan     | Database System Concepts
 Wu             | Investment Banking
 Mozart         | Music Video Production
 Einstein       | Physical Principles
 El Said        | World History
 Katz           | Intro. to Computer Science
 Katz           | Image Processing
 Crick          | Intro. to Biology
 Crick          | Genetics
 Brandt         | Game Design
 Brandt         | Game Design
 Brandt         | Image Processing
 Kim            | Intro. to Digital Systems
(15 rows)
studentdb=>
```

虽然错误的语句也显示了同正确语句相同的结果，但这纯属巧合。错误的 SQL 查询从语义上来说不正确，原因是：表 instructor 和表 teaches 可以进行自然连接，但这个自然连接的结果集不能再和表 course 进行自然连接。第一个自然连接的结果集中包括 ID、name、dept_name、salary、course_id 和 sec_id 列，表 course 包括 course_id、title、dept_name 和 credits 列，公共列为 course_id 和 dept_name，但 dept_name 这个公共属性在这两个表中的语义不同：前者表示教师在这个系工作，后者表示课程是由这个系开设的。因此，不能进行自然连接。

（3）使用 JOIN…USING(A1,…,Am) 指定连接的公共列　可以使用 JOIN … USING(A1,…,

Am）来完成下面的查询。

例子：列出教师的名字以及他们所教课程的名称。

```
studentdb=> SELECT name,title
studentdb-> FROM (instructor NATURAL JOIN teaches) JOIN course USING(course_id);
   name      |        title
-------------+------------------------------------
 Srinivasan  | Intro. to Computer Science
 Srinivasan  | Robotics
 Srinivasan  | Database System Concepts
 Wu          | Investment Banking
 Mozart      | Music Video Production
 Einstein    | Physical Principles
 El Said     | World History
 Katz        | Intro. to Computer Science
 Katz        | Image Processing
 Crick       | Intro. to Biology
 Crick       | Genetics
 Brandt      | Game Design
 Brandt      | Game Design
 Brandt      | Image Processing
 Kim         | Intro. to Digital Systems
(15 rows)
studentdb=>
```

使用 JOIN … USING(A1,…,Am）时需要给出一个属性列表，连接的两个表要在这些属性上相等，即使这两个表有其他的同名属性，但不要求这些未在属性列表中的其他同名属性值相等。采用这种语法可以避免 NATURAL JOIN 写法在连接两个表时，有同名列语义不同的问题。

（4）使用 JOIN … ON 指定连接的条件　例子：对于大学中所有讲授课程的教师，找出他们的姓名以及他们所教课程的编号。

```
studentdb=> SELECT name,course_id
studentdb-> FROM   instructor JOIN teaches ON instructor.id=teaches.id;
   name      | course_id
-------------+---------------
 Srinivasan  | CS-101
 Srinivasan  | CS-315
 Srinivasan  | CS-347
 Wu          | FIN-201
 Mozart      | MU-199
 Einstein    | PHY-101
 El Said     | HIS-351
 Katz        | CS-101
 Katz        | CS-319
 Crick       | BIO-101
 Crick       | BIO-301
 Brandt      | CS-190
 Brandt      | CS-190
 Brandt      | CS-319
 Kim         | EE-181
(15 rows)
studentdb=>
```

执行下面的 SQL 语句，查看使用关键字 JOIN … ON 书写的语句是如何显示结果集的：

```
studentdb=> SELECT *
studentdb-> FROM   instructor JOIN teaches ON instructor.id=teaches.id;
   id   | dept_name  |    name    |  salary  |   id   | course_id | sec_id | semester | year
--------+------------+------------+----------+--------+-----------+--------+----------+------
 10101  | Comp. Sci. | Srinivasan | 65000.00 | 10101  | CS-101    | 1      | Fall     | 2009
 10101  | Comp. Sci. | Srinivasan | 65000.00 | 10101  | CS-315    | 1      | Spring   | 2010
 10101  | Comp. Sci. | Srinivasan | 65000.00 | 10101  | CS-347    | 1      | Fall     | 2009
 12121  | Finance    | Wu         | 90000.00 | 12121  | FIN-201   | 1      | Spring   | 2010
 15151  | Music      | Mozart     | 40000.00 | 15151  | MU-199    | 1      | Spring   | 2010
 22222  | Physics    | Einstein   | 95000.00 | 22222  | PHY-101   | 1      | Fall     | 2009
 32343  | History    | El Said    | 60000.00 | 32343  | HIS-351   | 1      | Spring   | 2010
 45565  | Comp. Sci. | Katz       | 75000.00 | 45565  | CS-101    | 1      | Spring   | 2010
 45565  | Comp. Sci. | Katz       | 75000.00 | 45565  | CS-319    | 1      | Spring   | 2010
 76766  | Biology    | Crick      | 72000.00 | 76766  | BIO-101   | 1      | Summer   | 2009
 76766  | Biology    | Crick      | 72000.00 | 76766  | BIO-301   | 1      | Summer   | 2010
 83821  | Comp. Sci. | Brandt     | 92000.00 | 83821  | CS-190    | 1      | Spring   | 2009
 83821  | Comp. Sci. | Brandt     | 92000.00 | 83821  | CS-190    | 2      | Spring   | 2009
 83821  | Comp. Sci. | Brandt     | 92000.00 | 83821  | CS-319    | 2      | Spring   | 2010
 98345  | Elec. Eng. | Kim        | 80000.00 | 98345  | EE-181    | 1      | Spring   | 2009
(15 rows)
studentdb=>
```

使用关键字 JOIN … ON 书写的语句，其输出先显示第一个表的所有列，然后显示第二个表的所有列，公共列（id）显示了两次。

下面的例子显示了使用关键字 JOIN … ON 书写的语句，可以区分连接条件和过滤条件：在 FROM 子句中指定了连接条件，在 WHERE 子句中指定了过滤条件。

例子：找出 Comp. Sci. 系讲授课程的教师的姓名以及他们所教课程的编号。

```
studentdb=> SELECT name,course_id
studentdb-> FROM   instructor JOIN teaches ON instructor.id=teaches.id
studentdb-> WHERE  instructor.dept_name='Comp. Sci.';
    name     | course_id
-------------+-----------
 Srinivasan  | CS-101
 Srinivasan  | CS-315
 Srinivasan  | CS-347
 Katz        | CS-101
 Katz        | CS-319
 Brandt      | CS-190
 Brandt      | CS-190
 Brandt      | CS-319
(8 rows)
studentdb=>
```

关键字 JOIN … ON 可以表达更为丰富的连接条件。在内连接（满足条件的连接）中，可以将 ON 后的条件直接放到 WHERE 子句中，即可以获得等价的 SQL 语句。

```
studentdb=> SELECT name,course_id
studentdb-> FROM   instructor,teaches
studentdb-> WHERE  instructor.id=teaches.id AND instructor.dept_name='Comp. Sci.';
```

```
    name      | course_id
--------------+--------------
 Srinivasan   | CS-101
 Srinivasan   | CS-315
 Srinivasan   | CS-347
 Katz         | CS-101
 Katz         | CS-319
 Brandt       | CS-190
 Brandt       | CS-190
 Brandt       | CS-319
(8 rows)
studentdb=>
```

引入 JOIN … ON 语法有两个优点：第一，虽然在内连接中使用 ON 和 WHERE 没有区别，但在外连接中 ON 和 WHERE 的表现不一样；第二，在 ON 中指定连接条件，在 WHERE 中指定过滤条件，这样的书写方式更容易让人读懂。

3. 自连接

自连接查询中，一个表会被使用两次。请看下面这个例子。

找出满足下面条件的所有教师的姓名：他们的工资至少比 Biology 系某一个教师的工资要高。

```
studentdb=> select distinct T.name
studentdb-> from instructor T, instructor S
studentdb-> where T.salary > S.salary and S.dept_name ='Biology';
   name
----------
 Einstein
 Katz
 Brandt
 Wu
 Gold
 Singh
 Kim
(7 rows)
studentdb=>
```

另外一种写法是，给表取别名的时候使用关键字 AS：

```
studentdb=> select distinct T.name
studentdb-> from instructor  as T, instructor as S
studentdb-> where T.salary > S.salary and S.dept_name ='Biology';
   name
----------
 Einstein
 Katz
 Brandt
 Wu
 Gold
 Singh
 Kim
(7 rows)
studentdb=>
```

在 FROM 子句中给表取别名，可以使用 AS，也可以省略 AS。在 Oracle 中，使用了关键字 AS 就不能正常工作。openGauss 没有这个问题。

其他自连接的例子有：员工表中有员工的领导（领导也是员工），查询某个员工的领导时需要用自连接；课程表中有先修课，查询某个课程的先修课时也要用自连接。

4. 外连接

内连接只能产生满足条件的结果，但有时我们不仅需要查看满足条件的结果，同时还需要查看不满足条件的结果。使用外连接可以完成这个任务。

例子：显示一个包含所有学生的信息的列表，需要显示他们的 id、name 、dept_name 和 tot_cred ，以及他们所选修的课程。

由于有些学生没有选修任何课程，所以以下的查询不一定能返回全部学生的信息，只是返回了已经选修了课程的学生的信息：

```
studentdb=> SELECT * FROM student NATURAL JOIN takes;
   id    | dept_name  |  name    | tot_cred | course_id | sec_id | semester | year  | grade
---------+------------+----------+----------+-----------+--------+----------+-------+-------
 00128   | Comp. Sci. | Zhang    |   102    | CS-101    | 1      | Fall     | 2009  | A
 00128   | Comp. Sci. | Zhang    |   102    | CS-347    | 1      | Fall     | 2009  | A-
 12345   | Comp. Sci. | Shankar  |   32     | CS-101    | 1      | Fall     | 2009  | C
 12345   | Comp. Sci. | Shankar  |   32     | CS-190    | 2      | Spring   | 2009  | A
 12345   | Comp. Sci. | Shankar  |   32     | CS-315    | 1      | Spring   | 2010  | A
 12345   | Comp. Sci. | Shankar  |   32     | CS-347    | 1      | Fall     | 2009  | A
 19991   | History    | Brandt   |   80     | HIS-351   | 1      | Spring   | 2010  | B
 23121   | Finance    | Chavez   |   110    | FIN-201   | 1      | Spring   | 2010  | C+
 44553   | Physics    | Peltier  |   56     | PHY-101   | 1      | Fall     | 2009  | B-
 45678   | Physics    | Levy     |   46     | CS-101    | 1      | Fall     | 2009  | F
 45678   | Physics    | Levy     |   46     | CS-101    | 1      | Spring   | 2010  | B+
 45678   | Physics    | Levy     |   46     | CS-319    | 1      | Spring   | 2010  | B
 54321   | Comp. Sci. | Williams |   54     | CS-101    | 1      | Fall     | 2009  | A-
 54321   | Comp. Sci. | Williams |   54     | CS-190    | 2      | Spring   | 2009  | B+
 55739   | Music      | Sanchez  |   38     | MU-199    | 1      | Spring   | 2010  | A-
 76543   | Comp. Sci. | Brown    |   58     | CS-101    | 1      | Fall     | 2009  | A
 76543   | Comp. Sci. | Brown    |   58     | CS-319    | 2      | Spring   | 2010  | A
 76653   | Elec. Eng. | Aoi      |   60     | EE-181    | 1      | Spring   | 2009  | C
 98765   | Elec. Eng. | Bourikas |   98     | CS-101    | 1      | Fall     | 2009  | C-
 98765   | Elec. Eng. | Bourikas |   98     | CS-315    | 1      | Spring   | 2010  | B
 98988   | Biology    | Tanaka   |   120    | BIO-101   | 1      | Summer   | 2009  | A
 98988   | Biology    | Tanaka   |   120    | BIO-301   | 1      | Summer   | 2010  |
(22 rows)
studentdb=>
```

要完成这个任务，需要使用外连接。外连接是连接操作的扩展，用来避免信息的丢失，其结果集中除了有满足连接条件的元组信息外，还会有不满足条件的元组的信息（通过 NULL 来填充）。

有三种类型的外连接：

1）左外连接：左边的表是主表，右边的表是从表。左外连接将返回满足连接条件的所有记录，同时返还主表（左边的表）中不满足连接条件的记录，将从表（右边的表）中相应的列用 NULL 填充。

2）右外连接：右边的表是主表，左边的表是从表。右外连接将返回满足连接条件的所有记录，同时返还主表（右边的表）中不满足连接条件的记录，将从表（左边的表）中相应的列用 NULL 填充。

3）全外连接（Full Outer Join）：没有主表，都是从表。全外连接将返回满足连接条件的所有记录；返还左边的表中不满足连接条件的记录，将右边的表中相应的列用 NULL 填充；返还右边的表中不满足连接条件的记录，将左边的表中相应的列用 NULL 填充。

（1）左外连接　例子：显示一个包含所有学生的信息的列表，需要显示他们的 id、name 、dept_name 和 tot_cred，以及他们所选修的课程。

```
studentdb=> SELECT *
studentdb-> FROM   student NATURAL LEFT OUTER JOIN takes;
   id    | dept_name   | name     | tot_cred | course_id | sec_id | semester | year | grade
---------+-------------+----------+----------+-----------+--------+----------+------+-------
 00128   | Comp. Sci.  | Zhang    |    102   | CS-101    | 1      | Fall     | 2009 | A
 00128   | Comp. Sci.  | Zhang    |    102   | CS-347    | 1      | Fall     | 2009 | A-
 12345   | Comp. Sci.  | Shankar  |     32   | CS-101    | 1      | Fall     | 2009 | C
 12345   | Comp. Sci.  | Shankar  |     32   | CS-190    | 2      | Spring   | 2009 | A
 12345   | Comp. Sci.  | Shankar  |     32   | CS-315    | 1      | Spring   | 2010 | A
 12345   | Comp. Sci.  | Shankar  |     32   | CS-347    | 1      | Fall     | 2009 | A
 19991   | History     | Brandt   |     80   | HIS-351   | 1      | Spring   | 2010 | B
 23121   | Finance     | Chavez   |    110   | FIN-201   | 1      | Spring   | 2010 | C+
 44553   | Physics     | Peltier  |     56   | PHY-101   | 1      | Fall     | 2009 | B-
 45678   | Physics     | Levy     |     46   | CS-101    | 1      | Fall     | 2009 | F
 45678   | Physics     | Levy     |     46   | CS-101    | 1      | Spring   | 2010 | B+
 45678   | Physics     | Levy     |     46   | CS-319    | 1      | Spring   | 2010 | B
 54321   | Comp. Sci.  | Williams |     54   | CS-101    | 1      | Fall     | 2009 | A-
 54321   | Comp. Sci.  | Williams |     54   | CS-190    | 2      | Spring   | 2009 | B+
 55739   | Music       | Sanchez  |     38   | MU-199    | 1      | Spring   | 2010 | A-
 76543   | Comp. Sci.  | Brown    |     58   | CS-101    | 1      | Fall     | 2009 | A
 76543   | Comp. Sci.  | Brown    |     58   | CS-319    | 2      | Spring   | 2010 | A
 76653   | Elec. Eng.  | Aoi      |     60   | EE-181    | 1      | Spring   | 2009 | C
 98765   | Elec. Eng.  | Bourikas |     98   | CS-101    | 1      | Fall     | 2009 | C-
 98765   | Elec. Eng.  | Bourikas |     98   | CS-315    | 1      | Spring   | 2010 | B
 98988   | Biology     | Tanaka   |    120   | BIO-101   | 1      | Summer   | 2009 | A
 98988   | Biology     | Tanaka   |    120   | BIO-301   | 1      | Summer   | 2010 |
 70557   | Physics     | Snow     |      0   |           |        |          |      |
(23 rows)
studentdb=>
```

除了看到所有已经选课的学生的情况以外，我们还看到了名为 Snow、学号为 70557 的学生，他没有选修任何课程。

例子：找出没有选修任何课程的学生。

```
studentdb=> SELECT *
studentdb-> FROM   student NATURAL LEFT OUTER JOIN takes
studentdb-> WHERE  course_id IS NULL;
   id    | dept_name | name | tot_cred | course_id | sec_id | semester | year | grade
---------+-----------+------+----------+-----------+--------+----------+------+-------
 70557   | Physics   | Snow |     0    |           |        |          |      |
(1 row)
studentdb=>
```

还有另外一种做法，即使用集合减法：所有学生的集合减去选修了至少一门课的学生集合，其结果是没有选修任何课程的学生的集合。

```
studentdb=> select id,dept_name,name from student
studentdb-> minus
studentdb-> select distinct id, dept_name,name from student NATURAL JOIN takes;
  id   | dept_name | name
---------+--------------+----------
 70557 | Physics    | Snow
(1 row)
studentdb=>
```

（2）右外连接 左外连接和右外连接是对称的，完全可以用左外连接来取代右外连接，只需要交换两个表的位置就可以了。人们往往习惯把重要的东西放在前头，因此建议优先使用左外连接。

将上面的左外连接语句改写成右外连接语句，其输出结果不变：

```
studentdb=> SELECT *
studentdb-> FROM   takes NATURAL RIGHT OUTER JOIN student;
```

id	course_id	sec_id	semester	year	grade	dept_name	name	tot_cred
00128	CS-101	1	Fall	2009	A	Comp. Sci.	Zhang	102
00128	CS-347	1	Fall	2009	A-	Comp. Sci.	Zhang	102
12345	CS-101	1	Fall	2009	C	Comp. Sci.	Shankar	32
12345	CS-190	2	Spring	2009	A	Comp. Sci.	Shankar	32
12345	CS-315	1	Spring	2010	A	Comp. Sci.	Shankar	32
12345	CS-347	1	Fall	2009	A	Comp. Sci.	Shankar	32
19991	HIS-351	1	Spring	2010	B	History	Brandt	80
23121	FIN-201	1	Spring	2010	C+	Finance	Chavez	110
44553	PHY-101	1	Fall	2009	B-	Physics	Peltier	56
45678	CS-101	1	Fall	2009	F	Physics	Levy	46
45678	CS-101	1	Spring	2010	B+	Physics	Levy	46
45678	CS-319	1	Spring	2010	B	Physics	Levy	46
54321	CS-101	1	Fall	2009	A-	Comp. Sci.	Williams	54
54321	CS-190	2	Spring	2009	B+	Comp. Sci.	Williams	54
55739	MU-199	1	Spring	2010	A-	Music	Sanchez	38
76543	CS-101	1	Fall	2009	A	Comp. Sci.	Brown	58
76543	CS-319	2	Spring	2010	A	Comp. Sci.	Brown	58
76653	EE-181	1	Spring	2009	C	Elec. Eng.	Aoi	60
98765	CS-101	1	Fall	2009	C-	Elec. Eng.	Bourikas	98
98765	CS-315	1	Spring	2010	B	Elec. Eng.	Bourikas	98
98988	BIO-101	1	Summer	2009	A	Biology	Tanaka	120
98988	BIO-301	1	Summer	2010		Biology	Tanaka	120
70557						Physics	Snow	0

```
(23 rows)
studentdb=>
```

下面的查询是右外连接，这是一个有意思的右外连接，其左边的表没有不满足连接条件的行：

```
studentdb=> SELECT
student.id,dept_name,name,tot_cred,takes.id,course_id,sec_id,semester,year,grade
studentdb-> FROM   student NATURAL RIGHT OUTER JOIN takes;
```

id	dept_name	name	tot_cred	id	course_id	sec_id	semester	year	grade
00128	Comp. Sci.	Zhang	102	00128	CS-101	1	Fall	2009	A
00128	Comp. Sci.	Zhang	102	00128	CS-347	1	Fall	2009	A-

```
12345 | Comp. Sci. | Shankar  |     32 | 12345 | CS-101  | 1  | Fall    | 2009 | C
12345 | Comp. Sci. | Shankar  |     32 | 12345 | CS-190  | 2  | Spring  | 2009 | A
12345 | Comp. Sci. | Shankar  |     32 | 12345 | CS-315  | 1  | Spring  | 2010 | A
12345 | Comp. Sci. | Shankar  |     32 | 12345 | CS-347  | 1  | Fall    | 2009 | A
19991 | History    | Brandt   |     80 | 19991 | HIS-351 | 1  | Spring  | 2010 | B
23121 | Finance    | Chavez   |    110 | 23121 | FIN-201 | 1  | Spring  | 2010 | C+
44553 | Physics    | Peltier  |     56 | 44553 | PHY-101 | 1  | Fall    | 2009 | B−
45678 | Physics    | Levy     |     46 | 45678 | CS-101  | 1  | Fall    | 2009 | F
45678 | Physics    | Levy     |     46 | 45678 | CS-101  | 1  | Spring  | 2010 | B+
45678 | Physics    | Levy     |     46 | 45678 | CS-319  | 1  | Spring  | 2010 | B
54321 | Comp. Sci. | Williams |     54 | 54321 | CS-101  | 1  | Fall    | 2009 | A−
54321 | Comp. Sci. | Williams |     54 | 54321 | CS-190  | 2  | Spring  | 2009 | B+
55739 | Music      | Sanchez  |     38 | 55739 | MU-199  | 1  | Spring  | 2010 | A−
76543 | Comp. Sci. | Brown    |     58 | 76543 | CS-101  | 1  | Fall    | 2009 | A
76543 | Comp. Sci. | Brown    |     58 | 76543 | CS-319  | 2  | Spring  | 2010 | A
76653 | Elec. Eng. | Aoi      |     60 | 76653 | EE-181  | 1  | Spring  | 2009 | C
98765 | Elec. Eng. | Bourikas |     98 | 98765 | CS-101  | 1  | Fall    | 2009 | C−
98765 | Elec. Eng. | Bourikas |     98 | 98765 | CS-315  | 1  | Spring  | 2010 | B
98988 | Biology    | Tanaka   |    120 | 98988 | BIO-101 | 1  | Summer  | 2009 | A
98988 | Biology    | Tanaka   |    120 | 98988 | BIO-301 | 1  | Summer  | 2010 |
(22 rows)
studentdb=>
```

该查询显示了学生选课的情况，虽然是右外连接，但是因为 takes 中所有的选课记录都是学生选课产生的，因此左边的表没有不满足连接条件的行。

（3）全外连接 在实践中，使用全外连接的场景非常少。openGauss 支持全外连接。

```
studentdb=> SELECT
student.id,dept_name,name,tot_cred,takes.id,course_id,sec_id,semester,year,grade
studentdb-> FROM student NATURAL FULL OUTER JOIN takes;
   id   | dept_name  | name     | tot_cred | id    | course_id | sec_id | semester | year | grade
--------+------------+----------+----------+-------+-----------+--------+----------+------+----------
 00128  | Comp. Sci. | Zhang    |      102 | 00128 | CS-101    | 1      | Fall     | 2009 | A
 00128  | Comp. Sci. | Zhang    |      102 | 00128 | CS-347    | 1      | Fall     | 2009 | A−
 12345  | Comp. Sci. | Shankar  |       32 | 12345 | CS-101    | 1      | Fall     | 2009 | C
 12345  | Comp. Sci. | Shankar  |       32 | 12345 | CS-190    | 2      | Spring   | 2009 | A
 12345  | Comp. Sci. | Shankar  |       32 | 12345 | CS-315    | 1      | Spring   | 2010 | A
 12345  | Comp. Sci. | Shankar  |       32 | 12345 | CS-347    | 1      | Fall     | 2009 | A
 19991  | History    | Brandt   |       80 | 19991 | HIS-351   | 1      | Spring   | 2010 | B
 23121  | Finance    | Chavez   |      110 | 23121 | FIN-201   | 1      | Spring   | 2010 | C+
 44553  | Physics    | Peltier  |       56 | 44553 | PHY-101   | 1      | Fall     | 2009 | B−
 45678  | Physics    | Levy     |       46 | 45678 | CS-101    | 1      | Fall     | 2009 | F
 45678  | Physics    | Levy     |       46 | 45678 | CS-101    | 1      | Spring   | 2010 | B+
 45678  | Physics    | Levy     |       46 | 45678 | CS-319    | 1      | Spring   | 2010 | B
 54321  | Comp. Sci. | Williams |       54 | 54321 | CS-101    | 1      | Fall     | 2009 | A−
 54321  | Comp. Sci. | Williams |       54 | 54321 | CS-190    | 2      | Spring   | 2009 | B+
 55739  | Music      | Sanchez  |       38 | 55739 | MU-199    | 1      | Spring   | 2010 | A−
 76543  | Comp. Sci. | Brown    |       58 | 76543 | CS-101    | 1      | Fall     | 2009 | A
 76543  | Comp. Sci. | Brown    |       58 | 76543 | CS-319    | 2      | Spring   | 2010 | A
 76653  | Elec. Eng. | Aoi      |       60 | 76653 | EE-181    | 1      | Spring   | 2009 | C
 98765  | Elec. Eng. | Bourikas |       98 | 98765 | CS-101    | 1      | Fall     | 2009 | C−
 98765  | Elec. Eng. | Bourikas |       98 | 98765 | CS-315    | 1      | Spring   | 2010 | B
```

98988	Biology	Tanaka	120	98988	BIO-101	1		Summer	2009	A
98988	Biology	Tanaka	120	98988	BIO-301	1		Summer	2010	
70557	Physics	Snow	0							

(23 rows)
studentdb=>

还可以通过左外连接和右外连接的并集来实现全外连接：

```
studentdb=> SELECT
student.id,dept_name,name,tot_cred,takes.id,course_id,sec_id,semester,year,grade
studentdb-> FROM   student NATURAL LEFT OUTER JOIN takes
studentdb-> UNION
studentdb-> SELECT student.id,dept_name,name,tot_cred,takes.id,course_id,sec_id,semester,year,grade
studentdb-> FROM   student NATURAL RIGHT OUTER JOIN takes;
```

id	dept_name	name	tot_cred	id	course_id	sec_id	semester	year	grade
44553	Physics	Peltier	56	44553	PHY-101	1	Fall	2009	B−
70557	Physics	Snow	0						
76543	Comp. Sci.	Brown	58	76543	CS-319	2	Spring	2010	A
98765	Elec. Eng.	Bourikas	98	98765	CS-101	1	Fall	2009	C−
12345	Comp. Sci.	Shankar	32	12345	CS-190	2	Spring	2009	A
76653	Elec. Eng.	Aoi	60	76653	EE-181	1	Spring	2009	C
45678	Physics	Levy	46	45678	CS-101	1	Spring	2010	B+
55739	Music	Sanchez	38	55739	MU-199	1	Spring	2010	A−
54321	Comp. Sci.	Williams	54	54321	CS-190	2	Spring	2009	B+
98988	Biology	Tanaka	120	98988	BIO-101	1	Summer	2009	A
00128	Comp. Sci.	Zhang	102	00128	CS-101	1	Fall	2009	A
12345	Comp. Sci.	Shankar	32	12345	CS-347	1	Fall	2009	A
45678	Physics	Levy	46	45678	CS-319	1	Spring	2010	B
19991	History	Brandt	80	19991	HIS-351	1	Spring	2010	B
00128	Comp. Sci.	Zhang	102	00128	CS-347	1	Fall	2009	A−
76543	Comp. Sci.	Brown	58	76543	CS-101	1	Fall	2009	A
23121	Finance	Chavez	110	23121	FIN-201	1	Spring	2010	C+
12345	Comp. Sci.	Shankar	32	12345	CS-315	1	Spring	2010	A
98988	Biology	Tanaka	120	98988	BIO-301	1	Summer	2010	
12345	Comp. Sci.	Shankar	32	12345	CS-101	1	Fall	2009	C
98765	Elec. Eng.	Bourikas	98	98765	CS-315	1	Spring	2010	B
54321	Comp. Sci.	Williams	54	54321	CS-101	1	Fall	2009	A−
45678	Physics	Levy	46	45678	CS-101	1	Fall	2009	F

(23 rows)
studentdb=>

（4）在外连接中使用 ON 指定连接条件   ON 条件是外连接声明的一部分，WHERE 子句不是外连接声明的一部分。

请看下面的查询：

```
studentdb=> select * from student left outer join takes on student.ID= takes.ID;
```

id	dept_name	name	tot_cred	id	course_id	sec_id	semester	year	grade
00128	Comp. Sci.	Zhang	102	00128	CS-101	1	Fall	2009	A
00128	Comp. Sci.	Zhang	102	00128	CS-347	1	Fall	2009	A−
12345	Comp. Sci.	Shankar	32	12345	CS-101	1	Fall	2009	C

```
12345  | Comp. Sci.  | Shankar  |  32   | 12345 | CS-190  | 2  | Spring   | 2009 | A
12345  | Comp. Sci.  | Shankar  |  32   | 12345 | CS-315  | 1  | Spring   | 2010 | A
12345  | Comp. Sci.  | Shankar  |  32   | 12345 | CS-347  | 1  | Fall     | 2009 | A
19991  | History     | Brandt   |  80   | 19991 | HIS-351 | 1  | Spring   | 2010 | B
23121  | Finance     | Chavez   | 110   | 23121 | FIN-201 | 1  | Spring   | 2010 | C+
44553  | Physics     | Peltier  |  56   | 44553 | PHY-101 | 1  | Fall     | 2009 | B-
45678  | Physics     | Levy     |  46   | 45678 | CS-101  | 1  | Fall     | 2009 | F
45678  | Physics     | Levy     |  46   | 45678 | CS-101  | 1  | Spring   | 2010 | B+
45678  | Physics     | Levy     |  46   | 45678 | CS-319  | 1  | Spring   | 2010 | B
54321  | Comp. Sci.  | Williams |  54   | 54321 | CS-101  | 1  | Fall     | 2009 | A-
54321  | Comp. Sci.  | Williams |  54   | 54321 | CS-190  | 2  | Spring   | 2009 | B+
55739  | Music       | Sanchez  |  38   | 55739 | MU-199  | 1  | Spring   | 2010 | A-
76543  | Comp. Sci.  | Brown    |  58   | 76543 | CS-101  | 1  | Fall     | 2009 | A
76543  | Comp. Sci.  | Brown    |  58   | 76543 | CS-319  | 2  | Spring   | 2010 | A
76653  | Elec. Eng.  | Aoi      |  60   | 76653 | EE-181  | 1  | Spring   | 2009 | C
98765  | Elec. Eng.  | Bourikas |  98   | 98765 | CS-101  | 1  | Fall     | 2009 | C-
98765  | Elec. Eng.  | Bourikas |  98   | 98765 | CS-315  | 1  | Spring   | 2010 | B
98988  | Biology     | Tanaka   | 120   | 98988 | BIO-101 | 1  | Summer   | 2009 | A
98988  | Biology     | Tanaka   | 120   | 98988 | BIO-301 | 1  | Summer   | 2010 |
70557  | Physics     | Snow     |   0   |       |         |    |          |      |
(23 rows)
studentdb=>
```

连接条件是两个表的 id 列相等。左外连接的输出中左边的表中不满足条件的记录，右边的表中相应列填充 NULL。

下面的查询是将上面查询的连接条件放到了 WHERE 子句中：

```
studentdb=> select *
studentdb-> from student left outer join takes on 1=1
studentdb-> where student.ID=takes.ID;
```

id	dept_name	name	tot_cred	id	course_id	sec_id	semester	year	grade
00128	Comp. Sci.	Zhang	102	00128	CS-101	1	Fall	2009	A
00128	Comp. Sci.	Zhang	102	00128	CS-347	1	Fall	2009	A-
12345	Comp. Sci.	Shankar	32	12345	CS-101	1	Fall	2009	C
12345	Comp. Sci.	Shankar	32	12345	CS-190	2	Spring	2009	A
12345	Comp. Sci.	Shankar	32	12345	CS-315	1	Spring	2010	A
12345	Comp. Sci.	Shankar	32	12345	CS-347	1	Fall	2009	A
19991	History	Brandt	80	19991	HIS-351	1	Spring	2010	B
23121	Finance	Chavez	110	23121	FIN-201	1	Spring	2010	C+
44553	Physics	Peltier	56	44553	PHY-101	1	Fall	2009	B-
45678	Physics	Levy	46	45678	CS-101	1	Fall	2009	F
45678	Physics	Levy	46	45678	CS-101	1	Spring	2010	B+
45678	Physics	Levy	46	45678	CS-319	1	Spring	2010	B
54321	Comp. Sci.	Williams	54	54321	CS-101	1	Fall	2009	A-
54321	Comp. Sci.	Williams	54	54321	CS-190	2	Spring	2009	B+
55739	Music	Sanchez	38	55739	MU-199	1	Spring	2010	A-
76543	Comp. Sci.	Brown	58	76543	CS-101	1	Fall	2009	A
76543	Comp. Sci.	Brown	58	76543	CS-319	2	Spring	2010	A
76653	Elec. Eng.	Aoi	60	76653	EE-181	1	Spring	2009	C
98765	Elec. Eng.	Bourikas	98	98765	CS-101	1	Fall	2009	C-
98765	Elec. Eng.	Bourikas	98	98765	CS-315	1	Spring	2010	B

```
 98988   | Biology    | Tanaka    |   120   | 98988 | BIO-101  | 1    |  Summer   | 2009  | A
 98988   | Biology    | Tanaka    |   120   | 98988 | BIO-301  | 1    |  Summer   | 2010  |
(22 rows)
studentdb=>
```

由于连接条件是 1=1，永远为真（TRUE），所有记录都满足连接条件，这个外连接实际产生了一个笛卡儿积。然后我们在 WHERE 子句中进行谓词过滤，将两个表中 id 值不同的给过滤掉：因为在 takes 中没有 id=70557 的元组，每次当外连接中出现 name = "Snow" 的元组时，student.id 与 takes.id 的取值必然是不同的，这样的元组会被 WHERE 子句中的谓词排除掉。因此，学生 Snow 不会出现在这个查询的结果中。

这个例子显示了在外连接中连接条件和过滤条件的区别：外连接中的连接条件一定要写在 ON 子句中，过滤条件一定要写在 WHERE 子句中。

5. 集合运算

（1）两个基本的查询　例子：找出在 2009 年秋季学期开设的所有课程。

```
studentdb=> select course_id
studentdb-> from section
studentdb-> where semester = 'Fall' and year= 2009;
 course_id
--------------
 CS-101
 CS-347
 PHY-101
(3 rows)
studentdb=>
```

例子：找出在 2010 年春季学期开设的所有课程。

```
studentdb=> select course_id
studentdb-> from section
studentdb-> where semester = 'Spring' and year= 2010;
 course_id
--------------
 CS-101
 CS-315
 CS-319
 CS-319
 FIN-201
 HIS-351
 MU-199
(7 rows)
studentdb=>
```

（2）集合并 UNION　例子：找出在 2009 年秋季学期开课或者在 2010 年春季学期开课或两个学期都开课的所有课程。

```
studentdb=> (select course_id from section where semester ='Fall' and year = 2009)
studentdb-> union
studentdb-> (select course_id from section where semester ='Spring' and year = 2010);
 course_id
```

```
---------------
CS-101
CS-315
CS-319
CS-347
FIN-201
HIS-351
MU-199
PHY-101
(8 rows)
studentdb=>
```

UNION 默认会进行去重复操作，如果不想去掉重复的结果，可以使用 UNION ALL：

```
studentdb=> (select course_id from section where semester ='Fall' and year = 2009)
studentdb-> union all
studentdb-> (select course_id from section where semester ='Spring' and year = 2010);
 course_id
---------------
CS-101
CS-347
PHY-101
CS-101
CS-315
CS-319
CS-319
FIN-201
HIS-351
MU-199
(10 rows)
studentdb=>
```

（3）集合交 INTERSECT　例子：找出在 2009 年秋季和 2010 年春季两个学期都开课的所有课程。

```
studentdb=> (select course_id from section where semester ='Fall' and year = 2009)
studentdb-> intersect
studentdb-> (select course_id from section where semester ='Spring' and year = 2010);
 course_id
---------------
 CS-101
(1 row)
studentdb=>
```

也可以使用下面的等价方法（自然连接求交集）来完成集合交运算：

```
studentdb=> SELECT *
studentdb-> FROM
studentdb->     (select course_id from section where semester ='Fall' and year = 2009) as tbl1
studentdb->      NATURAL JOIN
studentdb->     (select course_id from section where semester ='Spring' and year = 2010) as tbl2;
 course_id
---------------
```

```
CS-101
(1 row)
studentdb=>
```

还可以使用下面的等价方法（使用相关子查询）来完成集合交运算：

```
studentdb=> select course_id
studentdb-> from section S
studentdb-> where semester = 'Fall' and year=2009 and
studentdb->      exists  ( select *
studentdb(>              from section  T
studentdb(>              where semester = 'Spring' and year=2010 and
studentdb(>                  S.course_id= T.course_id);
 course_id
---------------
 CS-101
(1 row)
studentdb=>
```

对该语句的解释，请参看后面相关子查询部分。

（4）集合减 MINUS　　例子：找出在 2009 年秋季学期开课但不在 2010 年春季学期开课的所有课程。

```
studentdb=> (select course_id from section where semester ='Fall' and year = 2009)
studentdb-> minus
studentdb-> (select course_id from section where semester ='Spring' and year = 2010);
 course_id
---------------
 PHY-101
 CS-347
(2 rows)
studentdb=>
```

也可以使用下面的等价方法（使用左外连接来实现减法）来完成集合减运算：

```
studentdb=> Select *
studentdb-> FROM
studentdb->    (select course_id from section where semester ='Fall' and year = 2009) as tbl1
studentdb->      NATURAL LEFT OUTER JOIN
studentdb->    (select course_id from section where semester ='Spring' and year = 2010) as tbl2
studentdb-> WHERE tbl2.course_id IS NULL;
 course_id
---------------
 CS-347
 PHY-101
(2 rows)
studentdb=>
```

另外一种实现集合减等价运算的形式如下：

```
studentdb=> select course_id
studentdb-> from section s1
```

```
studentdb-> where (s1.semester ='Fall' and s1.year = 2009) and
studentdb->    not exists
studentdb->    ( select course_id
studentdb(>    from section s2
studentdb(>    where s2.semester ='Spring' and s2.year = 2010 and
studentdb(>           s1.course_id=s2.course_id
studentdb(>       );
 course_id
---------------
 CS-347
 PHY-101
(2 rows)
studentdb=>
```

如果使用 MINUS，会更方便也更好理解；使用左外连接次之；使用 NOT EXISTS 实现，很难看出是减法操作。

如果没有 NULL，可以使用 NOT IN 或者 <>ALL 来实现减法。

下面是在没有 NULL 的情况下，使用 NOT IN 实现减法：

```
studentdb=> select course_id
studentdb-> from section s1
studentdb-> where (s1.semester ='Fall' and s1.year = 2009) and
studentdb->    course_id not in
studentdb->    ( select course_id
studentdb(>    from section s2
studentdb(>    where s2.semester ='Spring' and s2.year = 2010 and
studentdb(>           s1.course_id=s2.course_id
studentdb(>       );
 course_id
---------------
 CS-347
 PHY-101
(2 rows)
studentdb=>
```

下面是在没有 NULL 的情况下，使用 <>ALL 实现减法：

```
studentdb=> select course_id
studentdb-> from section s1
studentdb-> where (s1.semester ='Fall' and s1.year = 2009) and
studentdb->    course_id <>ALL
studentdb->    ( select course_id
studentdb(>    from section s2
studentdb(>    where s2.semester ='Spring' and s2.year = 2010 and
studentdb(>           s1.course_id=s2.course_id
studentdb(>       );
 course_id
---------------
 CS-347
 PHY-101
(2 rows)
studentdb=>
```

6. 子查询

一条完整的查询的一般形式如下：

SELECT columnlist
FROM tablelist
WHERE condition
GROUP BY columnlist
HAVING condition
ORDER BY columnlist

子查询可以出现在 SQL 语句的任何子句中。

（1）子查询作为数据源（FROM 子句） 例子：找出系平均工资超过 42000 的那些系中教师的平均工资。

策略：通过一个子查询来产生一个临时的关系表（包含所有系的名字和相应的教师平均工资），然后查询这个临时表获得满足要求的记录。

```
studentdb=> select dept_name, avg_salary
studentdb-> from ( select dept_name, avg (salary) as avg_salary
studentdb(>      from instructor
studentdb(>      group by dept_name) as dept_avg
studentdb-> where avg_salary > 42000;
 dept_name  |     avg_salary
------------+---------------------------
 Physics    | 91000.000000000000
 Comp. Sci. | 77333.333333333333
 Finance    | 85000.000000000000
 History    | 61000.000000000000
 Elec. Eng. | 80000.000000000000
 Biology    | 72000.000000000000
(6 rows)
studentdb=>
```

例子：找出所有系中工资总额最大的系。

策略：构造一个子查询，其结果是每个系的系名和工资总额，然后在此基础上查询工资总额最大的系。

```
studentdb=> select max(tot_salary)
studentdb-> from ( select dept_name, sum(salary) as tot_salary
studentdb(>      from instructor
studentdb(>      group by dept_name) dept_total;
   max
---------------
 232000.00
(1 row)
studentdb=>
```

上面的语句没有显示到底是哪个系的工资总额最大，可以在上面语句的基础上做一些修改：

```
studentdb=> select dept_name,max(tot_salary) as max_total_salary
studentdb-> from ( select dept_name, sum(salary) as tot_salary
studentdb(>      from instructor
studentdb(>      group by dept_name)
studentdb-> group by dept_name
```

```
studentdb-> order by 2 desc
studentdb-> limit 1;
 dept_name | max_total_salary
---------------+----------------------
 Comp. Sci. |       232000.00
(1 row)
studentdb=>
```

（2）子查询作为查询条件（WHERE 子句或 HAVING 子句） WHERE 子句中的子查询通常用于：

① 集合成员资格测试（IN 和 NOT IN）。

② 集合的比较（ALL 和 SOME）。

③ 集合的基数检查——测试子查询的结果是否为空集（EXISTS 和 NOT EXISTS）。

1）集合成员资格测试（IN 和 NOT IN）。例子：找出在 2009 年秋季学期和 2010 年春季学期同时开课的所有课程。

```
studentdb=> select distinct course_id
studentdb-> from section
studentdb-> where semester = 'Fall' and year=2009 and
studentdb->      course_id in ( select course_id
studentdb(>                       from   section
studentdb(>                       where  semester = 'Spring' and year=2010);
 course_id
---------------
 CS-101
(1 row)
studentdb=>
```

例子：找出所有在 2009 年秋季学期开课，但不在 2010 年春季学期开课的课程。

```
studentdb=> select distinct course_id
studentdb-> from section
studentdb-> where semester = 'Fall' and year=2009 and
studentdb->      course_id not in ( select course_id
studentdb(>                       from   section
studentdb(>                       where  semester = 'Spring' and year=2010);
 course_id
---------------
 CS-347
 PHY-101
(2 rows)
studentdb=>
```

例子：找出选修了教师工号为 10101 的教师所教课程的（不同的）学生总数。

```
studentdb=> select count(distinct ID)
studentdb-> from takes
studentdb-> where (course_id, sec_id, semester, year) in ( select course_id, sec_id, semester, year
studentdb(>                                  from teaches
studentdb(>                                  where teaches.ID=10101);
 count
-----------
```

```
     6
(1 row)
studentdb=>
```

2）集合的比较（ALL 和 SOME）。例子：找出工资至少比 Biology 系某一个教师的工资高的所有教师的姓名。

可以通过使用自连接来完成这个查询：

```
studentdb=> select distinct T.name
studentdb-> from instructor T, instructor S
studentdb-> where T.salary > S.salary and S.dept_name ='Biology';
  name
----------
 Einstein
 Katz
 Brandt
 Wu
 Gold
 Singh
 Kim
(7 rows)
studentdb=>
```

也可以通过子查询来完成这个查询：

```
studentdb=> select name
studentdb-> from instructor
studentdb-> where salary> some ( select salary
studentdb(>                     from instructor
studentdb(>                     where dept_name='Biology');
  name
----------
 Wu
 Einstein
 Gold
 Katz
 Singh
 Brandt
 Kim
(7 rows)
studentdb=>
```

SQL 语言允许使用 >some、>=some、<some、<=some、=some、<>some。请注意：=some 相当于 IN，<>some 不等价于 NOT IN。ANY 是 SOME 的同义词，不过 ANY 的语义比较不清楚，所以推荐只用 SOME。

例子：找出工资比 Biology 系每一个教师的工资都要高的所有教师的姓名。

```
studentdb=> select name
studentdb-> from instructor
studentdb-> where salary> all ( select salary
studentdb(>                   from instructor
```

```
studentdb(>                       where dept_name='Biology');
 name
----------
 Wu
 Einstein
 Gold
 Katz
 Singh
 Brandt
 Kim
(7 rows)
studentdb=>
```

SQL 语言允许使用 >all、>= all、< all、<= all、= all、<> all。请注意：=all 并不等价于 IN，<>all 等价于 NOT IN 。

可以这样来理解：

① <> ALL：和所有的都不相等，也就是说没有在另一个集合中出现。

② = ALL：和所有的都相等，一般用来看两个集合是否相等。

③ some：和部分不相等，一般用来看两个集合有没有不同元素。

④ = some：和部分相等，一般用来看有没有交集。

例子：找出平均工资最高的系。

```
studentdb=> select dept_name
studentdb-> from instructor
studentdb-> group by dept_name
studentdb-> having avg (salary) >= all (select avg(salary)
studentdb(>                       from instructor
studentdb(>                       group by dept_name);
 dept_name
---------------
 Physics
(1 row)
studentdb=>
```

3）测试子查询的结果是否为空集（EXISTS 和 NOT EXISTS）。例子：找出在 2009 年秋季学期和 2010 年春季学期同时开课的所有课程。

```
studentdb=> select course_id
studentdb-> from section S
studentdb-> where semester = 'Fall' and year=2009 and
studentdb->     exists   ( select *
studentdb(>          from section  T
studentdb(>          where semester = 'Spring' and year=2010 and
studentdb(>             S.course_id= T.course_id);
 course_id
---------------
 CS-101
(1 row)
studentdb=>
```

使用了来自外层查询的相关名称的子查询被称作相关子查询（Correlated Subquery）。

可以这么来理解这个查询：对 2009 年秋季学期开设的每一门课程都进行测试，如果该门课程也在 2010 年春季学期开设的话，将该课程放入结果集，然后继续测试下一门在 2009 年秋季学期开设的课程。这其实是一种求交集的方法。

例子：很多学生都会选修一些课程，其中包括 Biology 系开设的课程，查询哪些学生选修了 Biology 系的所有课程（使用关系除法）。

为了完成这个查询，需要给测试数据集添加几条记录：

```
gsql -d studentdb -h 192.168.100.91 -U student -p 26000 -W student@ustb2020 -r
\set AUTOCOMMIT off
insert into section values ('BIO-399','1','Fall','2010','Painter','514','A');
insert into teaches values ('76766','BIO-399','1','Fall','2010');
insert into takes values ('98988', 'BIO-399', '1', 'Fall', '2010', null);
insert into takes values ('12345', 'BIO-399', '1', 'Fall', '2010', null);
```

完成这个查询的第一种方法的思路如下：在外层查询中，对每个学生进行测试，用生物系开设的所有课程减去该学生选修的所有课程，如果结果是个空集，则证明该学生已经选修了生物系开设的所有课程，把该学生放入结果集。由于 SQL 语言不支持包含操作（A contains B），其等价的表达式为 NOT EXISTS（B except A），且要求集合 B 是非空集。

下面的 SQL 语句是这种思路的实现：

```
studentdb=> select distinct S.ID, S.name
studentdb-> from student S
studentdb-> where not exists  (
studentdb(>             ( select course_id
studentdb(>               from course
studentdb(>               where dept_name='Biology')
studentdb(>             minus
studentdb(>              ( select T.course_id
studentdb(>                from takes T
studentdb(>                where S.ID = T.ID)
studentdb(>             );
  id   | name
 ---- ----+---------
 98988 | Tanaka
(1 row)
studentdb=>
```

完成这个查询的第二种方法的思路如下：首先构造 Condition1——生物系开设的某门课程没有被学生 s.id 选修，然后再构造 Condition2——不存在这样的生物系的课程使得 Condition1 成立。如果该学生满足条件 2，就说明该学生已经选修了生物系开设的所有课程。

下面是这种思路的逐步的实现过程。

第一步，构造 Condition1：生物系开设了某门课程 c.course_id，该课程没有被学生 s.id 选修。

```
c.dept_name='Biology' and
 not exists( SELECT *
     FROM takes x
     WHERE x.id=s.id              -- 选修课程的学生是 s.id
     and x.course_id=c.course_id  -- 选修的是生物系的课程
     )
```

注意：Condition1 还没有指定 c.course_id 的范围。

第二步，构造 Condition2：不存在这样的生物系的课程使得 Condition1 成立。

```
        NOT EXISTS Condition1
```

进一步（指定 c.course_id 的范围）书写为：

```
NOT EXISTS(
          SELECT *
          FROM coursec                        -- 指定 c.course_id 的范围
          WHERE Condition1
          )
```

再进一步书写为：

```
NOT EXISTS(
          SELECT *
          FROM coursec                        -- 指定 c.course_id 的范围
          WHERE c.dept_name='Biology' and
             not exists ( SELECT *
                         FROM takes x
                         WHERE x.id=s.id        -- 选修课程的学生是 s.id
                           and x.course_id=c.course_id  -- 选修的是生物系的课程
                         )
          )
```

注意：上面的表达式还未确定 s.id。

第三步，我们来确定 s.id，完成查询：

```
SELECT s.id
FROM student s
WHERE Condition2
```

进一步书写为：

```
SELECT s.id
FROM students
WHERE  NOT EXISTS(
          SELECT *
          FROM course c                        -- 指定 c.course_id 的范围
          WHERE c.dept_name='Biology' and
             not exists ( SELECT *
                         FROM takes x
                         WHERE x.id=s.id        -- 选修课程的学生是 s.id
                           and x.course_id=c.course_id  -- 选修的是生物系的课程
                         )
          );
```

最后，我们需要添加一些字段，为查询显示额外的信息——课程名，最终的 SQL 语句如下：

```
studentdb=> SELECT s.id, s.name
studentdb-> FROM student s
studentdb-> WHERE  NOT EXISTS(
studentdb(>          SELECT *
studentdb(>          FROM course c                        -- 指定 c.course_id 的范围
studentdb(>          WHERE c.dept_name='Biology' and
studentdb(>             not exists ( SELECT *
studentdb(>                         FROM takes x
studentdb(>                         WHERE x.id=s.id        -- 选修课程的学生是 s.id
studentdb(>                           and x.course_id=c.course_id  -- 选修的是生物系的课程
studentdb(>                         )
studentdb(>          );
```

```
   id    |  name
--------+------------
 98988 | Tanaka
(1 row)
studentdb=>
```

执行下面的语句，回滚测试数据：

rollback;

\q

（3）利用子查询创建一个计算的列（SELECT 子句或 GROUP BY 子句或 ORDER BY 子句）

例子：列出所有的系以及它们拥有的教师数。

```
studentdb=> select dept_name,
studentdb->      (select count(*)
studentdb(>       from instructor
studentdb(>       where department.dept_name=instructor.dept_name) as num_instructors
studentdb-> from department;
 dept_name  | num_instructors
------------+----------------------
 Biology    |          1
 Comp. Sci. |          3
 Elec. Eng. |          1
 Finance    |          2
 History    |          2
 Music      |          1
 Physics    |          2
(7 rows)
studentdb=>
```

只返回单个属性的单个元组的子查询称为标量子查询。

（4）使用 WITH 子句替代子查询（公用表表达式） 使用 WITH 子句可以定义临时表。有时也把 WITH 子句称为公用表表达式。

例子：找出具有最大预算值的系。

```
studentdb=> with max_budget (value) as
studentdb->      (select max(budget)
studentdb(>       from department)
studentdb-> select dept_name,budget
studentdb-> from department, max_budget
studentdb-> where department.budget = max_budget.value;
 dept_name | budget
-----------+---------------
 Finance   | 120000.00
(1 row)
studentdb=>
```

在 WITH 子句中可以定义多个公用表。

例子：查出所有工资总额大于所有系平均工资总额的系。

```
studentdb=> with
studentdb-> dept_total (dept_name, value) as
```

```
studentdb->        (select dept_name, sum(salary)
studentdb(>        from instructor
studentdb(>        group by dept_name),
studentdb-> dept_total_avg(value) as
studentdb->        (select avg(value)
studentdb(>        from dept_total)
studentdb-> select dept_name
studentdb-> from dept_total, dept_total_avg
studentdb-> where dept_total.value >= dept_total_avg.value;
 dept_name
----------------
 Physics
 Comp. Sci.
 Finance
(3 rows)
studentdb=>
```

不使用 WITH 语句，也可以写出这个查询，但语句会非常复杂且难于理解。

7. 复杂分组聚集（多表）

例子：对于在 2009 年讲授的每个课程段，如果该课程段有至少 2 名学生选课，找出选修该课程段的所有学生的总学分（tot_cred）的平均值。

```
studentdb=> select course_id, semester, year, sec_id, avg(tot_cred)
studentdb-> from takes natural join student
studentdb-> where year=2009
studentdb-> group by course_id, semester, year, sec_id
studentdb-> having count(ID)>= 2;
 course_id | semester | year | sec_id |          avg
-----------+----------+------+--------+----------------------------
 CS-347    | Fall     | 2009 | 1      | 67.0000000000000000
 CS-190    | Spring   | 2009 | 2      | 43.0000000000000000
 CS-101    | Fall     | 2009 | 1      | 65.0000000000000000
(3 rows)
studentdb=>
```

注意：上述查询需要的所有信息来自关系 takes 和 student，尽管此查询是关于课程段的，却并不需要与 section 进行连接。

例子：找出每个系在 2010 年春季学期至少讲授一门课程的教师人数。

```
studentdb=> select dept_name, count(distinct ID) as instr_count
studentdb-> from instructor natural join teaches
studentdb-> where semester = 'Spring' and year = 2010
studentdb-> group by dept_name;
 dept_name  | instr_count
------------+-------------
 Comp. Sci. |      3
 Finance    |      1
 History    |      1
 Music      |      1
(4 rows)
studentdb=>
```

五、SQL 语言中的等价表达式

1. 双重否定

谓词 p 的双重否定形式如下：

not(not p) <=> p

例子：表 parts 有属性 colour，not(parts.colour!=red) 等价于 parts.colour=red。

2. 德摩根法则

not(p and q) <=> (not p) or (not q)

not(p or q) <=> (not p) and (not q)

例子：表 parts 有属性 colour 和 location，not（parts.colour=red and parts.locatioin='Beijing'）等价于（(not (parts.colour=red)) or (not (parts.locatioin='Beijing'))），还等价于（parts.colour!=red or parts.locatioin!='Beijing'）。

3. p → q

p → q<=>(not p) or q

例子：如果零件是红色的（p.colour= 'red'），那么零件应该保存在北京（p.location= 'Beijing'）。我们可以用 p.colour!= 'red' or p.location= 'Beijing' 来替换上面的蕴含式。

4. 包含（子集）

SQL 语言不支持包含操作（A contains B），其等价的表达式为 NOT EXISTS(B except A)，且要求集合 B 是非空集。具体例子参见前面"测试子查询的结果是否为空集"标题下第 2 个例子的第一种方法：查询哪些学生选修了 Biology 系的所有课程（使用关系除法）。

```
select distinct S.ID, S.name
from student S
where not exists (
            ( select course_id
              from course
              where dept_name='Biology')
          minus
            ( select T.course_id
              from takes T
              where S.ID = T.ID)
        );
```

用生物系开设的所有课程减去某个学生选修的所有课程，如果结果是空集，那么说明该名学生选修的课程中包含了所有生物系开设的课程。

5. 全称量词转换为存在量词

SQL 语言不支持全称量词，需要将全称量词转换为存在量词。对于所有的元组 t，谓词 p(t) 成立，其等价的存在量词形式为：不存在这样的元组 t，使得谓词 p(t) 不成立。

任务二十二 22

使用 JDBC 访问 openGauss 数据库

任务目标

初步掌握 JDBC 的编程方法。

实施步骤

一、准备工作

使用 Linux 用户 omm，打开一个 Linux 终端窗口，执行下面的命令和 SQL 语句，创建用于测试 JDBC 的数据库用户 test、表空间 test_ts、数据库 testdb：

```
gsql -d postgres -p 26000 -r
CREATE USER test IDENTIFIED BY 'test@ustb2020';
ALTER USER test SYSADMIN;
CREATE TABLESPACE test_ts RELATIVE LOCATION 'tablespace/test_ts1';
CREATE DATABASE testdb WITH TABLESPACE test_ts;
GRANT ALL ON DATABASE testdb TO test;
\q
```

执行下面的命令和 SQL 语句，创建用于测试 JDBC 的测试表：

```
gsql -d testdb -h 192.168.100.91 -U test -p 26000 -W test@ustb2020 -r
create table test_tbl (
                ID serial primary key,
                InsertTime timestamp
                );
\q
```

二、下载并安装 Java SE 8

下载 Java SE 8 介质 jdk-8u241-linux-x64.tar.gz，使用 Linux 的 root 用户，将其拷贝到 /root/Desktop 目录下，并执行如下的命令，安装 Java SE 8：

```
cd /root/Desktop          #该目录是介质所在目录
tar xfz jdk-8u241-linux-x64.tar.gz -C /usr
ln -s /usr/jdk1.8.0_241 /usr/jdk
cat>>/etc/profile<<EOF
export JAVA_HOME=/usr/jdk
export PATH=\$JAVA_HOME/bin:\$PATH
EOF
source /etc/profile
javac -version
```

三、下载并安装 eclipse

下载 eclipse 介质，使用 Linux 的 root 用户，将 eclipse 介质 eclipse-java-2020-03-R-linux-gtk-x86_64.tar.gz 拷贝到 /root/Desktop 目录下，并执行如下的命令，安装 eclipse-java：

```
cd /root/Desktop          #该目录是介质所在目录
tar xfz eclipse-java-2020-03-R-linux-gtk-x86_64.tar.gz  -C /opt
```

261

```
echo export PATH=/opt/eclipse/:\$PATH>>/etc/profile
source /etc/profile
```

四、下载并安装 openGauss 的 JDBC 驱动包

从地址 https://opengauss.org/zh/download.html 下载 JDBC 驱动包 openGauss-1.0.1-JDBC.tar.gz，如图 22-1 所示。

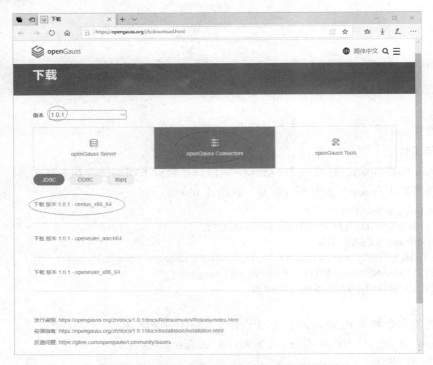

图 22-1　openGauss JDBC 驱动包下载页面

JDBC 驱动包与 PostgreSQL 保持兼容，其中类名、类结构与 PostgreSQL 驱动完全一致，曾经运行于 PostgreSQL 的应用程序可以直接移植到当前系统使用。

使用 Linux 的 root 用户，执行下面的命令，将 JDBC 驱动包安装到 Java 的库路径下：

```
cd /root/Desktop            # 该目录是介质所在目录
cp openGauss-1.0.1-JDBC.tar.gz/usr/jdk/lib
cd /usr/jdk/lib
tar xvf openGauss-1.0.1-JDBC.tar.gz
ls -l postgresql.jar
```

五、使用 eclipse 编写 JDBC 测试程序

1. 启动 eclipse

使用 Linux 的 root 用户，打开一个 Linux 终端窗口，执行命令 eclipse，启动 eclipse，如图 22-2 所示。

2. 创建一个新的 Java 工程

按图 22-3 所示进行操作，创建一个名为 testjdbc 的新 Java 工程。

3. 导入 JDBC 驱动包

按图 22-4 所示进行操作，为刚刚创建的工程 testjdbc 导入 JDBC 驱动包。

单击 "Apply and Close" 按钮后，出现如图 22-5 所示的画面。

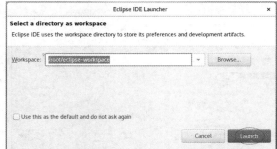

图 22-2　启动 eclipse

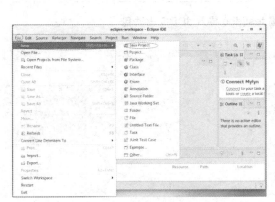

图 22-3　创建新的 Java 工程 testjdbc

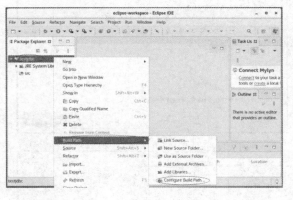

图 22-4　为 Java 工程 testjdbc 导入 JDBC 驱动包

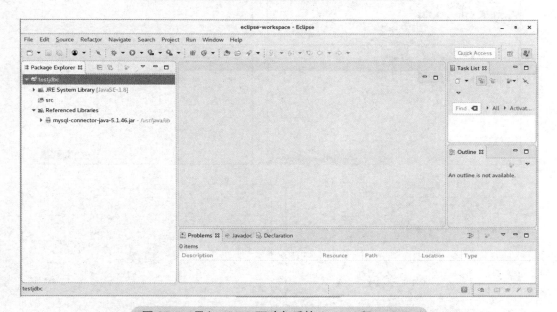

图 22-5　导入 JDBC 驱动包后的 Java 工程 testjdbc

4. 为工程 testjdbc 添加一个名为 testjdbc 的类

按图 22-6 所示进行操作，为工程 testjdbc 添加一个名为 testjdbc 的类。

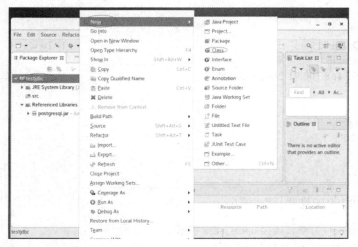

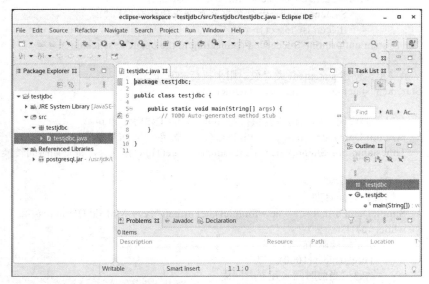

图 22-6 创建完 testjdbc 类的 Java 工程 testjdbc

5. 编写 testjdbc 类的代码

用下面的代码，替换 testjdbc 类的代码（直接复制到 eclipse 中）：

```java
package testjdbc;

import java.sql.Connection;
import java.sql.DriverManager;
import java.sql.SQLException;
import java.sql.Statement;
import java.sql.Timestamp;
import java.text.SimpleDateFormat;
import java.time.LocalDateTime;

public class testjdbc {
 public static void main(String[] args) {
     // TODO Auto-generated method stub
```

```
Connection con;
// 驱动程序名
String driver = "org.postgresql.Driver";
//URL 指向要访问的数据库名 testdb
String url = "jdbc:postgresql://192.168.100.91:26000/testdb";
//openGauss 用户名
String user = "test";
//openGauss 数据库用户 test 的密码
String password = "test@ustb2020";

try {
        // 加载驱动程序
                        Class.forName(driver).newInstance();

        // 第一步，使用 getConnection() 方法，连接 openGauss 数据库！
        con = DriverManager.getConnection(url,user,password);
                        System.out.println(" 数据库数据成功获取！！ ");
                        if(!con.isClosed())
            System.out.println("Succeeded connecting to the openGauss:testdb");

        // 第二步，创建 statement 类对象，用来执行 SQL 语句！！
        Statement statement = con.createStatement();

            // 以下的代码，用来构建要执行的 SQL 语句：INSERT 语句
            java.util.Date date = new java.util.Date();        // 创建时间对象
            Timestamp timeStamp = new Timestamp(date.getTime());        // 将日期时间转换为数据库中的
timestamp 类型

            // 格式化时间日期
            SimpleDateFormat sdf = new SimpleDateFormat("yyyy-MM-dd HH:mm:ss");
            while(true){
                    // 系统睡眠 1s
                    Thread.sleep(1000);
                    // 通过当前时间来建立时间戳
                    timeStamp = Timestamp.valueOf(LocalDateTime.now());
                    //SQL 语句编写的同时将时间格式化
                    String sql2 = "insert into test_tbl(InsertTime) values ('"+sdf.format(timeStamp)+"');";

                    // 执行 SQL 语句
                    statement.executeUpdate(sql2);
            }
//          rs.close();
    } catch(ClassNotFoundException e) {
        // 数据库驱动类异常处理
        System.out.println("Sorry,can`t find the Driver!");
//           e.printStackTrace();
        }
    catch(SQLException e) {
        // 数据库连接失败异常处理
        e.printStackTrace();
        }
    catch (Exception e) {
        // TODO: handle exception
```

```
            e.printStackTrace();
            }
        finally{
            System.out.println(" 异常退出 !");
            }
        }
    }
```

已经复制了 JDBC 测试代码的工程 testjdbc 如图 22-7 所示。

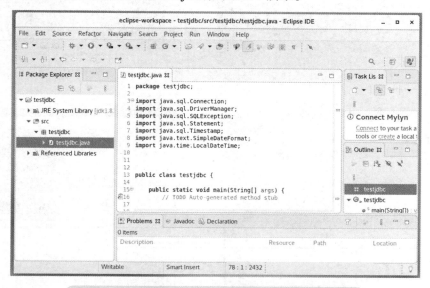

图 22-7　已经复制了 JDBC 测试代码的工程 testjdbc

六、生成项目的编译配置文件

按图 22-8 和图 22-9 所示进行操作，为工程 testjdbc 生成项目编译配置文件。

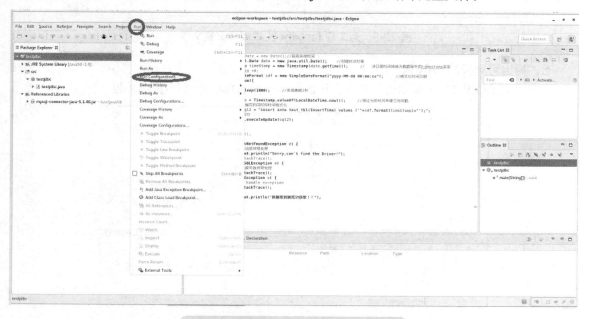

图 22-8　为工程 testjdbc 打开编译配置

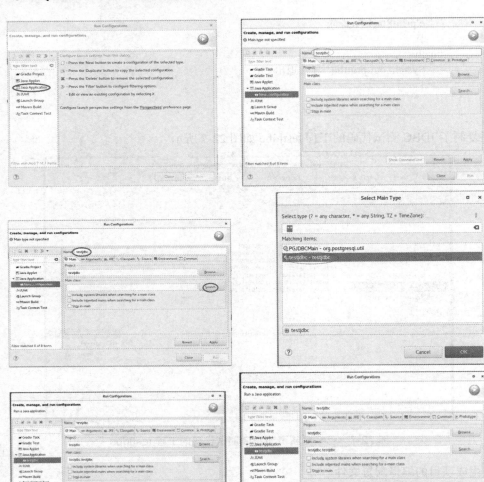

图 22-9　为工程 testjdbc 生成编译配置文件

七、导出可运行的 JAR 包

按图 22-10 和图 22-11 所示进行操作，导出可运行的 JDBC 测试程序 JAR 包。

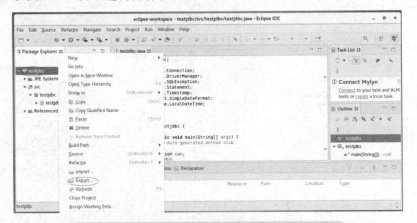

图 22-10　为工程 testjdbc 打开 JAR 包导出界面

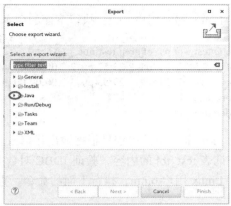
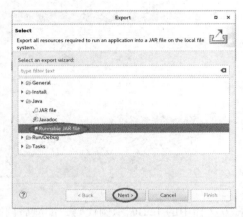
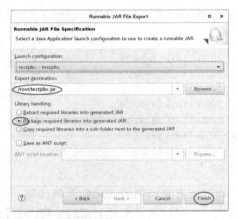

图 22-11　为工程 testjdbc 导出可运行的 JDBC JAR 包

打开一个 Linux 终端窗口，用 root 用户执行下面的命令，查看生成的可运行的 JAR 包：

```
[root@test ~]# cd /root
[root@test ~]# ls -l testjdbc.jar
-rw-r--r-- 1 root root 764609 Nov  2 23:51 testjdbc.jar
[root@test ~]#
```

八、运行 testjdbc.jar

1. 运行前清除表 test_tbl 的数据

使用 Linux 用户 omm，执行下面的命令，在测试前先清除测试表 test_tbl 中的数据：

```
su - omm
gsql -d testdb -h 192.168.100.91 -U test -p 26000 -W test@ustb2020 -r
truncate table test_tbl;
\q
```

2. 运行 testjdbc.jar

打开一个 Linux 终端窗口，使用超级用户 root，执行下面的命令，开始运行 JDBC 测试程序：

```
[root@test ~]# cd /root
[root@test ~]# java -jar testjdbc.jar
数据库数据成功获取 !!
Succeeded connecting to the openGauss:testdb
```

使用 Linux 超级用户 root，执行下面的命令，停止 JDBC 测试程序：

```
[root@test ~]# ps -ef|grep testjdbc
root     27477 27404 2 23:52 pts/2    00:00:00 java -jar testjdbc.jar
root     27561 27519 0 23:53 pts/3    00:00:00 grep --color=auto testjdbc
[root@test ~]# kill -9 27477
[root@test ~]#
```

注意：kill 命令中的进程号根据输出作修改。

3. 查询表 test_tbl 的内容，验证 JDBC 对数据库的操作

使用 Linux 用户 omm，执行下面的命令，查看测试表中的数据，验证 JDBC 对数据库的操作：

```
[omm@test ~]$ gsql -d testdb -h 192.168.100.91 -U test -p 26000 -W test@ustb2020 \
>     -c "select * from test_tbl"
 id |     inserttime
----+-------------------------
  1 | 2020-11-03 15:00:21
  2 | 2020-11-03 15:00:22
  3 | 2020-11-03 15:00:23
  4 | 2020-11-03 15:00:24
  5 | 2020-11-03 15:00:25
  6 | 2020-11-03 15:00:26
  7 | 2020-11-03 15:00:27
--More--
```

九、调试官方文档中的 JDBC 示例代码

作为练习，建议读者按照上面的步骤，下载官方文档中的 JDBC 示例代码，读懂后调试运行。

官方文档的下载地址为 https://opengauss.org/zh/docs/1.0.1/docs/Quickstart/Quickstart.html，下载官方文档 openGauss-document-zh-1.0.1-2020-10-12.rar 文件并释放后，找到"openGauss 开发者指南 01.chm"文件并打开，在"应用开发这教程"中找到名为"基于 JDBC 开发"的部分。

openGauss 数据库的隔离级别测试

任务目标

了解数据库隔离级别的含义，并对其进行测试。

实施步骤

一、查看和设置隔离级别

1. 查看系统默认的隔离级别

使用 Linux 用户 omm，打开一个 Linux 终端窗口，执行如下的命令：

```
[omm@test ~]$ gsql -d studentdb -h 192.168.100.91 -U student -p 26000 -W student@ustb2020 -r
studentdb=> show default_transaction_isolation;
 default_transaction_isolation
-------------------------------------
 read committed
(1 row)
studentdb=> \q
[omm@test ~]$
```

2. 设置系统默认的隔离级别

使用 Linux vi 编辑器，修改 openGauss 数据库管理系统的启动参数文件中的参数 default_transaction_isolation，并 reload 数据库实例使参数生效。过程如下：

vi /opt/gaussdb/data/db1/postgresql.conf

找到下面这行：

#default_transaction_isolation = 'read committed'

将其修改为：

default_transaction_isolation = 'REPEATABLE READ'

不需要重新启动数据库，执行下面的命令 reload 参数文件，让参数生效：

```
[omm@test ~]$ gsql -d postgres -p 26000 -r
postgres=# select pg_reload_conf();
 pg_reload_conf
--------------------
 t
(1 row)
postgres=# \q
[omm@test ~]$
```

执行下面的命令，再次查看系统当前的隔离级别：

```
[omm@test ~]$ gsql -d studentdb -h 192.168.100.91 -U student -p 26000 -W student@ustb2020 -r
studentdb=> show default_transaction_isolation;
 default_transaction_isolation
-----------------------------------
 repeatable read
(1 row)
studentdb=> \q
[omm@test ~]$
```

我们发现，openGauss 数据库的隔离级别已经被修改为 REPEATABLE READ。

也可以执行下面的命令来修改系统的隔离级别。直接执行下面的命令，可以一步完成修改参数文件并 reload 的操作：

```
[omm@test ~]$ gs_guc reload -N all -I all -c "default_transaction_isolation = 'read committed'"
Begin to perform gs_guc for all datanodes.
Total instances: 1. Failed instances: 0.
Success to perform gs_guc!
[omm@test ~]$ gsql -d postgres -p 26000 -r
postgres=# show default_transaction_isolation;
 default_transaction_isolation
-----------------------------------
 read committed
(1 row)
postgres=# \q
[omm@test ~]$
```

3. 查看当前会话的隔离级别

执行下面的命令和 SQL 语句，查看当前会话的隔离级别（请注意，有两种查看的方法）：

```
[omm@test ~]$ gsql -d studentdb -h 192.168.100.91 -U student -p 26000 -W student@ustb2020 -r
studentdb=> show transaction_isolation;
 transaction_isolation
-------------------------
 read committed
(1 row)
studentdb=> SELECT current_setting('transaction_isolation');
 current_setting
-------------------
 read committed
(1 row)
studentdb=> \q
[omm@test ~]$
```

4. 设置当前会话的隔离级别

执行下面的命令和 SQL 语句，设置并查看当前会话的隔离级别：

```
[omm@test ~]$ gsql -d studentdb -h 192.168.100.91 -U student -p 26000 -W student@ustb2020 -r
studentdb=> SET SESSION CHARACTERISTICS AS TRANSACTION ISOLATION LEVEL REPEAT-
ABLE READ;
SET
studentdb=> show transaction_isolation;
```

```
 transaction_isolation
-------------------------
 repeatable read
(1 row)
studentdb=> \q
[omm@test ~]$
```

我们发现，会话的隔离级别已经被修改为 REPEATABLE READ。

退出当前会话之后，再次登录到数据库（新会话），我们发现该会话的隔离级别还是数据库原来的读提交隔离级别：

```
[omm@test ~]$ gsql -d studentdb -h 192.168.100.91 -U student -p 26000 -W student@ustb2020 -r
studentdb=> show transaction_isolation;
 transaction_isolation
-------------------------
 read committed
(1 row)
studentdb=> \q
[omm@test ~]$
```

也就是说，在会话级修改数据库的隔离级别，只影响当前的会话。

5. 设置当前事务的隔离级别

执行下面的命令和 SQL 语句，设置并查看当前事务的隔离级别：

```
[omm@test ~]$ gsql -d studentdb -h 192.168.100.91 -U student -p 26000 -W student@ustb2020 -r
studentdb=> -- 显示会话当前的隔离级别
studentdb=> show transaction_isolation;
 transaction_isolation
-------------------------
 read committed
(1 row)
studentdb=> -- 开始一个新的事务，并设置新事务的隔离级别为 REPEATABLE READ
studentdb=> START TRANSACTION ISOLATION LEVEL REPEATABLE READ;
START TRANSACTION
studentdb=> -- 显示事务当前的隔离级别
studentdb=> show transaction_isolation;
 transaction_isolation
-------------------------
 repeatable read
(1 row)
studentdb=> -- 结束当前事务
studentdb=> commit;
COMMIT
studentdb=> -- 再次显示会话当前的隔离级别
studentdb=> show transaction_isolation;
 transaction_isolation
-------------------------
 read committed
(1 row)
studentdb=> \q
[omm@test ~]$
```

上面的实验显示，登录 openGauss DBMS 之后，会话的隔离级别是数据库系统默认的隔离级别 READ COMMITTED，在该会话中开始的新事务也继承了会话的隔离级别 READ COMMITTED。我们可以临时改变事务的隔离级别为 REPEATABLE READ，当事务结束（本例为提交，也可以是回滚）后，新的事务又会恢复为原来的隔离级别。

二、读提交隔离级别测试

默认情况下 openGauss 会话的隔离级别是读提交，可以通过下面的实验来验证这一点。本实验需要在手动事务管理环境进行。

使用 Linux 用户 omm，打开一个 Linux 终端窗口（将该窗口命名为窗口 1），执行如下的命令：

```
[omm@test ~]$ gsql -d studentdb -h 192.168.100.91 -U student -p 26000 -W student@ustb2020 -r
studentdb=> \set AUTOCOMMIT off
studentdb=> select * from instructor;
   id  | dept_name  |    name    |   salary
-------+------------+------------+-------------
 10101 | Comp. Sci. | Srinivasan | 65000.00
 12121 | Finance    | Wu         | 90000.00
 15151 | Music      | Mozart     | 40000.00
 22222 | Physics    | Einstein   | 95000.00
 32343 | History    | El Said    | 60000.00
 33456 | Physics    | Gold       | 87000.00
 45565 | Comp. Sci. | Katz       | 75000.00
 58583 | History    | Califieri  | 62000.00
 76543 | Finance    | Singh      | 80000.00
 76766 | Biology    | Crick      | 72000.00
 83821 | Comp. Sci. | Brandt     | 92000.00
 98345 | Elec. Eng. | Kim        | 80000.00
(12 rows)
studentdb=> select sum(salary) from instructor;
   sum
---------------
 898000.00
(1 row)
studentdb=>
```

使用 Linux 用户 omm，打开另外一个 Linux 终端窗口（将该窗口命名为窗口 2），执行如下的命令：

```
[omm@test ~]$ gsql -d studentdb -h 192.168.100.91 -U student -p 26000 -W student@ustb2020 -r
studentdb=> \set AUTOCOMMIT off
studentdb=> select * from instructor;
   id  | dept_name  |    name    |   salary
-------+------------+------------+-------------
 10101 | Comp. Sci. | Srinivasan | 65000.00
 12121 | Finance    | Wu         | 90000.00
 15151 | Music      | Mozart     | 40000.00
 22222 | Physics    | Einstein   | 95000.00
 32343 | History    | El Said    | 60000.00
 33456 | Physics    | Gold       | 87000.00
 45565 | Comp. Sci. | Katz       | 75000.00
 58583 | History    | Califieri  | 62000.00
```

```
  76543 | Finance    | Singh    | 80000.00
  76766 | Biology    | Crick    | 72000.00
  83821 | Comp. Sci. | Brandt   | 92000.00
  98345 | Elec. Eng. | Kim      | 80000.00
(12 rows)
studentdb=> select sum(salary) from instructor;
   sum
---------------
 898000.00
(1 row)
studentdb=>
```

我们可以看到，在窗口1和窗口2的两个openGauss会话中，看到的表instructor的数据是一样的，因此教师的工资总和也是一样的。

继续在窗口2中执行如下的命令，插入一个新的教师记录后没有进行提交，直接查询插入新记录后的工资总和：

```
studentdb=> insert into instructor values('88888','Comp. Sci.','zqf',60000);
INSERT 0 1
studentdb=> select * from instructor;
   id   | dept_name  |   name     |  salary
--------+------------+------------+------------
  10101 | Comp. Sci. | Srinivasan | 65000.00
  12121 | Finance    | Wu         | 90000.00
  15151 | Music      | Mozart     | 40000.00
  22222 | Physics    | Einstein   | 95000.00
  32343 | History    | El Said    | 60000.00
  33456 | Physics    | Gold       | 87000.00
  45565 | Comp. Sci. | Katz       | 75000.00
  58583 | History    | Califieri  | 62000.00
  76543 | Finance    | Singh      | 80000.00
  76766 | Biology    | Crick      | 72000.00
  83821 | Comp. Sci. | Brandt     | 92000.00
  98345 | Elec. Eng. | Kim        | 80000.00
  88888 | Comp. Sci. | zqf        | 60000.00
(13 rows)
studentdb=> select sum(salary) from instructor;
   sum
---------------
 958000.00
(1 row)
studentdb=>
```

可以看到，在窗口2的会话中为表instructor插入一行数据后虽然暂时不提交，但在窗口2的会话中能看到这条记录，统计工资总和时也会加上这行的值（已经变成了958000）。

转到窗口1，执行如下的命令，再次查看表instructor的数据和教师的工资总和：

```
studentdb=> select * from instructor;
   id   | dept_name  |   name     |  salary
--------+------------+------------+------------
  10101 | Comp. Sci. | Srinivasan | 65000.00
```

```
12121 | Finance    | Wu       | 90000.00
15151 | Music      | Mozart   | 40000.00
22222 | Physics    | Einstein | 95000.00
32343 | History    | El Said  | 60000.00
33456 | Physics    | Gold     | 87000.00
45565 | Comp. Sci. | Katz     | 75000.00
58583 | History    | Califieri| 62000.00
76543 | Finance    | Singh    | 80000.00
76766 | Biology    | Crick    | 72000.00
83821 | Comp. Sci. | Brandt   | 92000.00
98345 | Elec. Eng. | Kim      | 80000.00
(12 rows)
studentdb=> select sum(salary) from instructor;
   sum
---------------
 898000.00
(1 row)
studentdb=>
```

目前，openGauss 数据库会话的隔离级别是读提交，由于刚才在窗口 2 中插入的新行还没有提交，因此在这个会话中暂时还看不到表 instructor 数据的变化。

再次转到窗口 2，执行如下的命令，提交刚才新插入的行：

```
studentdb=> commit;
COMMIT
studentdb=> select * from instructor;
   id  | dept_name  |   name     | salary
-------+------------+------------+------------
 10101 | Comp. Sci. | Srinivasan | 65000.00
 12121 | Finance    | Wu         | 90000.00
 15151 | Music      | Mozart     | 40000.00
 22222 | Physics    | Einstein   | 95000.00
 32343 | History    | El Said    | 60000.00
 33456 | Physics    | Gold       | 87000.00
 45565 | Comp. Sci. | Katz       | 75000.00
 58583 | History    | Califieri  | 62000.00
 76543 | Finance    | Singh      | 80000.00
 76766 | Biology    | Crick      | 72000.00
 83821 | Comp. Sci. | Brandt     | 92000.00
 98345 | Elec. Eng. | Kim        | 80000.00
 88888 | Comp. Sci. | zqf        | 60000.00
(13 rows)
studentdb=> select sum(salary) from instructor;
   sum
---------------
 958000.00
(1 row)
studentdb=>
```

重新回到窗口 1，执行如下命令，再次查看表 instructor 的数据和教师的工资总和：

```
studentdb=> select * from instructor;
   id  | dept_name  |    name     |  salary
--------+------------+-------------+-----------
 10101 | Comp. Sci. | Srinivasan  | 65000.00
 12121 | Finance    | Wu          | 90000.00
 15151 | Music      | Mozart      | 40000.00
 22222 | Physics    | Einstein    | 95000.00
 32343 | History    | El Said     | 60000.00
 33456 | Physics    | Gold        | 87000.00
 45565 | Comp. Sci. | Katz        | 75000.00
 58583 | History    | Califieri   | 62000.00
 76543 | Finance    | Singh       | 80000.00
 76766 | Biology    | Crick       | 72000.00
 83821 | Comp. Sci. | Brandt      | 92000.00
 98345 | Elec. Eng. | Kim         | 80000.00
 88888 | Comp. Sci. | zqf         | 60000.00
(13 rows)
studentdb=> select sum(salary) from instructor;
    sum
---------------
 958000.00
(1 row)
studentdb=>
```

因为在窗口 2 中将刚才插入的新行进行了事务提交，窗口 1 的 openGauss 会话的数据库隔离级别是读提交，因此在窗口 1 中也可以看到这一已经完成事务提交的新插入行了。

最后做实验清理工作，以便继续下一个测试。首先随便在窗口 1 或者窗口 2 中，清除刚才添加的行：

delete from instructor where id='88888';
commit;

然后分别在窗口 1 和窗口 2 中执行下面的 gsql 退出命令：

\q

三、可重复读隔离级别测试

使用 Linux 用户 omm，打开一个 Linux 终端窗口（将该窗口命名为窗口 1），执行如下的命令，设置新事务的隔离级别为可重复读，并开始这个事务：

```
[omm@test ~]$ gsql -d studentdb -h 192.168.100.91 -U student -p 26000 -W student@ustb2020 -r
studentdb=> -- 设置新事务的隔离级别为可重复读
studentdb=> BEGIN TRANSACTION ISOLATION LEVEL REPEATABLE READ;
BEGIN
studentdb=> select * from instructor;
   id  | dept_name  |    name     |  salary
--------+------------+-------------+-----------
 10101 | Comp. Sci. | Srinivasan  | 65000.00
 12121 | Finance    | Wu          | 90000.00
 15151 | Music      | Mozart      | 40000.00
 22222 | Physics    | Einstein    | 95000.00
 32343 | History    | El Said     | 60000.00
 33456 | Physics    | Gold        | 87000.00
```

```
45565 | Comp. Sci. | Katz      | 75000.00
58583 | History    | Califieri | 62000.00
76543 | Finance    | Singh     | 80000.00
76766 | Biology    | Crick     | 72000.00
83821 | Comp. Sci. | Brandt    | 92000.00
98345 | Elec. Eng. | Kim       | 80000.00
(12 rows)
studentdb=> select sum(salary) from instructor;
   sum
---------------
 898000.00
(1 row)
studentdb=>
```

使用 Linux 用户 omm，打开另外一个 Linux 终端窗口（将该窗口命名为窗口 2），执行如下的命令：

```
[omm@test ~]$ gsql -d studentdb -h 192.168.100.91 -U student -p 26000 -W student@ustb2020 -r
studentdb=> \set AUTOCOMMIT off
studentdb=> insert into instructor values('88888','Comp. Sci.','zqf',60000);
INSERT 0 1
studentdb=> commit;
COMMIT
studentdb=> select * from instructor;
   id  | dept_name  |   name    |  salary
-------+------------+-----------+-------------
 10101 | Comp. Sci. | Srinivasan| 65000.00
 12121 | Finance    | Wu        | 90000.00
 15151 | Music      | Mozart    | 40000.00
 22222 | Physics    | Einstein  | 95000.00
 32343 | History    | El Said   | 60000.00
 33456 | Physics    | Gold      | 87000.00
 45565 | Comp. Sci. | Katz      | 75000.00
 58583 | History    | Califieri | 62000.00
 76543 | Finance    | Singh     | 80000.00
 76766 | Biology    | Crick     | 72000.00
 83821 | Comp. Sci. | Brandt    | 92000.00
 98345 | Elec. Eng. | Kim       | 80000.00
 88888 | Comp. Sci. | zqf       | 60000.00
(13 rows)
studentdb=> select sum(salary) from instructor;
   sum
---------------
 958000.00
(1 row)
studentdb=>
```

上面的代码显示，在窗口 2 的会话中为表 instructor 插入了一行新记录，并马上进行了事务提交。

转到窗口 1，执行如下的命令：

```
studentdb=> select * from instructor;
   id   | dept_name   |   name     |  salary
--------+-------------+------------+-----------
 10101 | Comp. Sci.  | Srinivasan | 65000.00
 12121 | Finance     | Wu         | 90000.00
 15151 | Music       | Mozart     | 40000.00
 22222 | Physics     | Einstein   | 95000.00
 32343 | History     | El Said    | 60000.00
 33456 | Physics     | Gold       | 87000.00
 45565 | Comp. Sci.  | Katz       | 75000.00
 58583 | History     | Califieri  | 62000.00
 76543 | Finance     | Singh      | 80000.00
 76766 | Biology     | Crick      | 72000.00
 83821 | Comp. Sci.  | Brandt     | 92000.00
 98345 | Elec. Eng.  | Kim        | 80000.00
(12 rows)
studentdb=> select sum(salary) from instructor;
    sum
---------------
 898000.00
(1 row)
studentdb=>
```

我们发现,虽然在窗口 2 的 openGauss 会话中将插入表 instructor 的行提交了,但是因为窗口 1 openGauss 会话的隔离级别是可重复读,故在窗口 1 的 openGauss 会话中只能看到事务开始时的数据库数据快照,事务开始之后其他会话对表 instructor 的修改,在窗口 1 的 openGauss 会话中是看不到的。

对于一些报表应用,可重复读隔离级别特别重要,使用可重复读可以使报表结果总是一致的。可重复读隔离级别的实现,并不比读提交昂贵,不用担心因为采用可重复读而造成的性能问题。

最后做任务的清理工作,以便继续下一个任务。首先在窗口 2 中清除刚才添加的行:

delete from instructor where id='88888';

commit;

然后分别在窗口 1 和窗口 2 执行 gsql 退出命令:

\q

任务二十四 24
openGauss 参数管理

任务目标

掌握 openGauss 数据库各种参数的配置管理方法。

实施步骤

一、启动参数文件及参数类型

启动参数文件的位置由 shell 环境变量 PGDATA 来确定。在我们的实验环境中，该文件位于 /opt/gaussdb/data/db1/postgresql.conf 下。

启动参数文件中有两种类型的参数：一种参数在修改之后，需要重新启动 openGauss DBMS 才能生效；另外一种参数在修改之后只需要 reload 一下就可以生效。

1. 参数值修改后必须重新启动数据库的参数

参数 max_connections 用来配置用户连接到 openGauss DBMS 的最大连接数。执行下面的命令，查看当前数据库管理系统中参数 max_connections 的值：

```
[omm@test ~]$ gsql -d postgres -p 26000 -r
postgres=# show max_connections;
 max_connections
---------------------
 5000
(1 row)
postgres=# \q
[omm@test ~]$
```

如果想把参数 max_connections 的当前值 5000 修改为 4000，可以手动修改启动参数文件 postgresql.conf 中 max_connections 的值。先进入 Linux vi 编辑器：

vi /opt/gaussdb/data/db1/postgresql.conf

找到下面这行：

max_connections = 5000

将其修改为：

max_connections = 4000

然后需要重新启动 openGauss DBMS，让修改生效：

gs_om -t stop
gs_om -t start

执行下面的命令，检查刚刚进行的参数修改：

```
[omm@test ~]$ gsql -d postgres -p 26000 -r
postgres=# show max_connections;
 max_connections
```

```
---------------------
 4000
(1 row)
postgres=# \q
[omm@test ~]$
```

2. 参数值修改后只需要 reload 操作的参数

参数 temp_buffers 用来设置每个数据库会话能够使用的最大临时缓冲区。执行下面的命令，查看当前数据库管理系统中参数 temp_buffers 的值：

```
[omm@test ~]$ gsql -d postgres -p 26000 -r
postgres=# show temp_buffers;
 temp_buffers
-----------------
 1MB
(1 row)
postgres=# \q
[omm@test ~]$
```

如果想把参数 temp_buffers 的当前值 1MB 修改为 16MB，可以手动修改启动参数文件 postgresql.conf 中 temp_buffers 的值。先进入 Linux vi 编辑器：

vi /opt/gaussdb/data/db1/postgresql.conf

找到下面这行：

#temp_buffers = 8MB

将其修改为：

temp_buffers = 16MB

不需要重新启动数据库，执行下面的命令，reload 参数文件让参数生效：

```
[omm@test ~]$ gsql -d postgres -p 26000 -r
postgres=# select pg_reload_conf();
 pg_reload_conf
--------------------
 t
(1 row)
postgres=# \q
[omm@test ~]$
```

需要重新登录到 openGauss DBMS 来查看参数 temp_buffers 的当前值：

```
[omm@test ~]$ gsql -d postgres -p 26000 -r
postgres=# show temp_buffers;
 temp_buffers
-----------------
 16MB
(1 row)
postgres=# \q
[omm@test ~]$
```

还有一种修改方法，直接执行下面的命令，可以修改参数文件并完成 reload 操作：

```
[omm@test ~]$ gs_guc reload -N all -I all -c "temp_buffers = 8MB"
Begin to perform gs_guc for all datanodes.
Total instances: 1. Failed instances: 0.
Success to perform gs_guc!
[omm@test ~]$ gsql -d postgres -p 26000 -r
postgres=# show temp_buffers;
 temp_buffers
-----------------
 8MB
(1 row)
postgres=# \q
[omm@test ~]$
```

检查启动参数文件 postgresql.conf，发现参数 temp_buffers 已经被修改为 8MB。

二、设置数据库级参数

首先查看当前数据库 studentdb 的参数 enable_indexscan 的设置情况：

```
[omm@test ~]$ gsql -d studentdb -h 192.168.100.91 -U student -p 26000 -W student@ustb2020 -r
studentdb=> \x
Expanded display is on.
studentdb=> select * from pg_settings where name='enable_indexscan';
-[ RECORD 1 ]-------------------------------------------------
name         | enable_indexscan
setting      | on
unit         |
category     | Query Tuning / Planner Method Configuration
short_desc   | Enables the planner's use of index-scan plans.
extra_desc   |
context      | user
vartype      | bool
source       | default
min_val      |
max_val      |
enumvals     |
boot_val     | on
reset_val    | on
sourcefile   |
sourceline   |
studentdb=> select current_setting('enable_indexscan');
-[ RECORD 1 ]---+---
current_setting | on
studentdb=>
```

将数据库 studentdb 的参数 enable_indexscan 设置为 off 并退出：

```
studentdb=> alter database studentdb set enable_indexscan=off;
ALTER DATABASE
studentdb=> select * from pg_settings where name='enable_indexscan';
-[ RECORD 1 ]-------------------------------------------------
name         | enable_indexscan
setting      | on
unit         |
```

```
category    | Query Tuning / Planner Method Configuration
short_desc  | Enables the planner's use of index-scan plans.
extra_desc  |
context     | user
vartype     | bool
source      | default
min_val     |
max_val     |
enumvals    |
boot_val    | on
reset_val   | on
sourcefile  |
sourceline  |
studentdb=> \q
[omm@test ~]$
```

再次查看当前数据库 studentdb 的参数 enable_indexscan 的设置情况：

```
[omm@test ~]$ gsql -d studentdb -h 192.168.100.91 -U student -p 26000 -W student@ustb2020 -r
studentdb=> \x
Expanded display is on.
studentdb=> select * from pg_settings where name='enable_indexscan';
-[ RECORD 1 ]-------------------------------------------------
name        | enable_indexscan
setting     | off
unit        |
category    | Query Tuning / Planner Method Configuration
short_desc  | Enables the planner's use of index-scan plans.
extra_desc  |
context     | user
vartype     | bool
source      | database
min_val     |
max_val     |
enumvals    |
boot_val    | on
reset_val   | off
sourcefile  |
sourceline  |
studentdb=> select current_setting('enable_indexscan');
-[ RECORD 1 ]---+----
current_setting | off
studentdb=>
```

将数据库 studentdb 的参数 enable_indexscan 设置为 on 并退出：

```
alter database studentdb set enable_indexscan=on;
\q
```

三、设置用户级参数

首先查看当前数据库用户 student 的参数 enable_indexscan 的设置情况：

```
[omm@test ~]$ gsql -d studentdb -h 192.168.100.91 -U student -p 26000 -W student@ustb2020 -r
studentdb=> select current_setting('enable_indexscan');
```

```
 current_setting
-------------------
 on
(1 row)
studentdb=>
```

将数据库用户 student 的参数 enable_indexscan 设置为 off 并退出 gsql：

alter role student set enable_indexscan=off;

\q

再次查看当前数据库用户 student 的参数 enable_indexscan 的设置情况：

```
[omm@test ~]$ gsql -d studentdb -h 192.168.100.91 -U student -p 26000 -W student@ustb2020 -r
studentdb=> select current_setting('enable_indexscan');
 current_setting
-------------------
 off
(1 row)
studentdb=> \q
[omm@test ~]$
```

虽然数据库 studentdb 的参数 enable_indexscan 已经设置为 on，但是用户 student 的参数 en-enable_indexscan 的值为 off，由于用户级参数的优先级高于数据库级参数，因此在用户 student 登录到数据库 studentdb 后，参数 enable_indexscan 的值由用户级的设置决定。

四、设置会话级参数

首先查看当前会话的参数 enable_indexscan 的设置情况：

```
[omm@test ~]$ gsql -d studentdb -h 192.168.100.91 -U student -p 26000 -W student@ustb2020 -r
studentdb=> select current_setting('enable_indexscan');
 current_setting
-------------------
 off
(1 row)
studentdb=>
```

如上所述，在用户 student 登录到数据库 studentdb 后，参数 enable_indexscan 的值由用户级的参数设置决定，目前参数 enable_indexscan 的值是 off。

执行下面的语句，在会话级设置参数 enable_indexscan：

```
studentdb=> -- set 命令设置会话级参数
studentdb=> set enable_indexscan=on;
SET
studentdb=> select current_setting('enable_indexscan');
 current_setting
-------------------
 on
(1 row)
studentdb=>
```

可以看出，参数设置的优先级顺序是：会话级别 > 用户级别 > 数据库级别。

五、将参数设置为默认值

在会话级将参数设置为默认值：

```
studentdb=> set enable_indexscan to default;
SET
studentdb=>
```

在用户级将参数设置为默认值：

```
studentdb=> alter role student set enable_indexscan to default;
ALTER ROLE
studentdb=>
```

在数据库级将参数设置为默认值：

```
studentdb=> alter database studentdb set enable_indexscan to default;
ALTER DATABASE
studentdb=>
```

openGauss WAL 管理和归档管理 25

任务目标

掌握 openGauss 的 WAL（预写日志）管理、归档管理和检查点（Checkpoint）管理。

实施步骤

一、WAL 管理

WAL 相关的参数有两类：一类是只能查看不能修改的参数，另一类是可以修改的参数。

1. 不能修改的 WAL 参数

执行下面的命令，查看 WAL 相关的参数 wal_block_size 和 wal_segment_size 的当前值：

```
[omm@test ~]$ gsql -d postgres -p 26000 -r
postgres=# show wal_block_size;
 wal_block_size
--------------------
 8192
(1 row)
postgres=# show wal_segment_size;
 wal_segment_size
--------------------
 16MB
(1 row)
postgres=# \q
[omm@test ~]$
```

参数 wal_block_size 和 wal_segment_size 不能修改。

2. 可以修改的 WAL 参数

执行下面的命令，查看 WAL 相关的参数 wal_buffers 的当前值：

```
[omm@test ~]$ gsql -d postgres -p 26000 -r
postgres=# show wal_buffers;
 wal_buffers
----------------
 16MB
(1 row)
postgres=# \q
[omm@test ~]$
```

可以看出，参数 wal_buffers 的默认值是 16MB。可以通过修改 openGauss 数据库的启动参数文件 postgresql.conf 来修改参数 wal_buffers 的值，该参数修改后需要重新启动数据库管理系统才能生效。

二、配置 openGauss 工作在归档模式

1. 查看当前的归档设置

查看当前 openGauss DBMS 的归档设置:

```
[omm@test ~]$ gsql -d postgres -p 26000 -r
postgres=# select name,setting from pg_settings where name like 'archive%' or name = 'wal_level';
       name          |    setting
---------------------+-----------------
 archive_command     | (disabled)
 archive_mode        | off
 archive_timeout     | 0
 wal_level           | hot_standby
(4 rows)
postgres=# \q
[omm@test ~]$
```

可以看出,系统目前工作在非归档模式(参数 archive_mode 的值为 off)。

2. 停止 openGauss 数据库

使用 Linux 用户 omm,执行下面的命令,关闭 openGauss 数据库:

```
[omm@test ~]$ gs_om -t stop
Stopping cluster.
=========================================
Successfully stopped cluster.
=========================================
End stop cluster.
[omm@test ~]$
```

3. 创建归档日志的保存目录

使用 Linux 超级用户 root,执行下面的命令,创建用于保存归档日志的目录:

```
[omm@test ~]$ su -
Password:
Last login: Thu Oct 29 20:49:37 CST 2020 on :0
[root@test ~]# mkdir /archivelog
[root@test ~]# chown omm.dbgrp /archivelog
[root@test ~]#[root@test ~]# exit
logout
[omm@test ~]$
```

4. 修改启动参数文件

使用 Linux 用户 omm,编辑 openGauss 数据库启动参数文件中关于 WAL 的参数:

```
vi /opt/gaussdb/data/db1/postgresql.conf
# wal_level 可以取以下的值: minimal, archive, hot_standby, logical
# 修改 wal_level 的值需要重新启动数据库
# 工作在归档模式下不能设置为 minimal,可以设置为除 minmal 之外的其他参数
# 默认值已经满足要求可以不修改!
wal_level = hot_standby
# 修改 archive_mode 的值需要重新启动数据库
archive_mode=on
# 修改 archive_command 的值不需要重新启动数据库,只需要 reload
```

```
archive_command = 'cp %p /archivelog/%f'
# 修改归档周期 archive_time，900 表示每 900s（15min）切换一次
archive_timeout = 900
```

5. 重新启动 openGauss 数据库

使用 Linux 用户 omm，执行下面的命令，启动 openGauss 数据库：

```
gs_om -t start
```

6. 再次查看归档设置

执行下面的命令，查看当前 openGauss 数据库的归档设置：

```
[omm@test ~]$ gsql -d postgres -p 26000 -r
postgres=# select name,setting from pg_settings where name like 'archive%' or name = 'wal_level';
        name          |          setting
----------------------+----------------------------
 archive_command      | cp %p /archivelog/%f
 archive_mode         | on
 archive_timeout      | 900
 wal_level            | hot_standby
(4 rows)
postgres=# \q
[omm@test ~]$
```

三、WAL 切换

WAL 写满后会自动切换。此外，openGauss 数据库启动参数 archive_timeout 用于设置归档日志的超时时间，一旦超过该值所定义的时间，也将自动切换 WAL。

也可以手动切换 WAL。执行下面的命令可以手动切换 openGauss 的 WAL：

```
[omm@test ~]$ gsql -d postgres -p 26000 -r
postgres=# select pg_switch_xlog();
 pg_switch_xlog
--------------------
 0/200BB10
(1 row)
postgres=# \q
[omm@test ~]$
```

四、检查点管理

1. 检查点的作用

在 openGauss 数据库检查点期间，所有内存中的脏数据页都会被写回磁盘，同时会在 WAL 中做一个特殊的标记，表明检查点之前的所有数据都已经写入数据库的数据文件里了。

当数据库的实例崩溃之后，恢复将从最后一个检查点开始：从最后一个检查点开始重做，直至达到故障点，然后回滚所有未提交的事务。检查点之前的 WAL 不再被需要，可以回收或删除。

从上面的解释我们可以看出，数据库发出检查点操作有这几个作用：第一个作用是周期性地将缓冲区中的脏数据刷写回硬盘；第二个作用是回收 WAL 所占的空间，因为检查点之前的 WAL 是没用的；第三个作用是缩短数据库实例的崩溃恢复时间，恢复只需要从最后一个检查点开始。

2. 检查点参数

1）参数 checkpoint_timeout：两个检查点之间的最大时间间隔。

2）参数 max_wal_size：两个检查点之间允许生成的最大 WAL 的容量。

如果满足这两个参数设置的条件任何之一，都将发出一个检查点。如果这两个参数设置得过小，将频繁发出检查点，导致磁盘 I/O 繁忙；如果这两个参数设置得过大，会导致检查点期间出现过大的磁盘 I/O，此外还会导致数据库实例故障后恢复时间过长。

3）参数 checkpoint_completion_target：指定检查点在时间上的完成目标，默认值为 0.5，表示每个检查点需要在两个检查点间隔时间的 50% 之内完成。

4）参数 checkpoint_warning：如果两个检查点之间的时间间隔接近该参数设置的秒数，则向服务器日志输出一条信息。可以不理会偶尔出现的这种信息，但是如果该信息频繁出现，则需要调整检查点的其他参数，来增加检查点之间的时间间隔。

调整检查点相关参数的操作，可以参考任务二十四的相关内容。

3. DBA 手动发出一个检查点

执行下面的命令，手动发出一个检查点：

```
[omm@test ~]$ gsql -d postgres -p 26000 -r
postgres=# CHECKPOINT;
CHECKPOINT
postgres=# \q
[omm@test ~]$
```

任务二十六 26

openGauss 数据库的物理备份与恢复

任务目标

掌握 openGauss 数据库的物理备份和恢复。

实施步骤

一、为进行物理备份做准备

1. 确保数据库工作在归档模式

执行下面的命令，确保进行备份的时候数据库工作在归档模式：

```
[omm@test ~]$ gsql -d postgres -p 26000 -r
gsql ((openGauss 1.0.1 build 13b34b53) compiled at 2020-10-12 02:00:59 commit 0 last mr  )
Non-SSL connection (SSL connection is recommended when requiring high-security)
Type "help" for help.
postgres=# select name,setting from pg_settings where name like 'archive%' or name = 'wal_level';
        name         |     setting
---------------------+-----------------
 archive_command     | (disabled)
 archive_mode        | off
 archive_timeout     | 0
 wal_level           | hot_standby
(4 rows)
postgres=# \q
[omm@test ~]$
```

如果输出如上所示，则说明数据库目前工作在非归档模式，需要按照任务二十五的方法将 openGauss 配置为归档模式。

如果输出如下所示，则说明数据库目前工作在归档模式，已经满足继续做物理备份实验的要求了：

```
[omm@test ~]$ gsql -d postgres -p 26000 -r
gsql ((openGauss 1.0.1 build 13b34b53) compiled at 2020-10-12 02:00:59 commit 0 last mr  )
Non-SSL connection (SSL connection is recommended when requiring high-security)
Type "help" for help.
postgres=# select name,setting from pg_settings where name like 'archive%' or name = 'wal_level';
        name         |        setting
---------------------+---------------------------
 archive_command     | cp %p /archivelog/%f
 archive_mode        | on
 archive_timeout     | 900
 wal_level           | hot_standby
(4 rows)
postgres=# \q
[omm@test ~]$
```

2. 创建保存数据库物理备份的目录

使用 Linux 超级用户 root，执行下面的命令，创建用于保存数据库物理备份的目录：

```
[omm@test ~]$ su -
Password:
Last login: Tue Nov  3 09:33:01 CST 2020 on pts/0
[root@test ~]# mkdir /backupdb
[root@test ~]# chown omm.dbgrp /backupdb
[root@test ~]#
```

3. 创建保存归档日志备份的目录

使用 Linux 超级用户 root，执行下面的命令，创建用于保存归档日志备份的目录：

```
[root@test ~]# mkdir /backuparchivelog
[root@test ~]# chown omm.dbgrp /backuparchivelog
[root@test ~]# exit
logout
[omm@test ~]$
```

二、进行 openGauss 数据库的物理备份

1. 备份数据库

使用 Linux 用户 omm，执行下面的命令，备份数据库：

```
[omm@test ~]$ gs_basebackup -D /backupdb -p 26000 -P -l dbbackup202010272330
INFO:  The starting position of the xlog copy of the full build is: 0/3000028. The slot minimum LSN is:
0/0.
 begin build tablespace list
 finish build tablespace list
 begin get xlog by xlogstream
  check identify system success
  send START_REPLICATION 0/3000000 success
 1475/49516 kB (2%), 0/2 tablespaces keepalive message is received
 49530/49530 kB (100%), 2/2 tablespaces
[omm@test ~]$
```

其中，-D 用于指定备份保存的位置；-l 用于给备份做一个 lable；-P 表示显示备份的过程信息。

2. 切换 WAL

使用 Linux 用户 omm，执行下面的命令，切换 WAL：

```
[omm@test ~]$ gsql -d postgres -p 26000 -c "select pg_switch_xlog()"
pg_switch_xlog
--------------------
 0/4000150
(1 row)

[omm@test ~]$
```

3. 备份归档日志

使用 Linux 用户 omm，执行下面的命令，备份归档日志：

cp /archivelog/* /backuparchivelog/

三、openGauss 数据库恢复测试

1. 模拟数据库故障

使用 Linux 用户 omm，执行下面的命令，模拟数据库故障：

```
cd /opt/gaussdb/data/db1
rm -rf *
```

2. 停止 openGauss 数据库

使用 Linux 用户 omm，执行下面的命令，停止发生故障的 openGauss 数据库：

```
gs_om -t stop
```

3. 还原数据库备份（Restore）

使用 Linux 用户 omm，执行下面的命令，还原数据库备份：

```
cp -rpf /backupdb/* /opt/gaussdb/data/db1
```

4. 还原归档日志文件

如果恢复所需的归档日志文件已经不在 openGauss DBMS 的归档目录中，则需要从归档日志备份的目录，将需要的归档日志文件拷贝回 /archivelog 目录下。本实验不需要执行这一步（因为所需的归档日志文件都在 /archivelog 目录下）。

5. 重新启动数据库

启动 openGauss 数据库：

```
gs_om -t start
```

6. 验证数据库已经被成功恢复

执行下面的命令，验证数据库已经被成功恢复：

```
[omm@test db1]$ gsql -d studentdb -h 192.168.100.91 -U student -p 26000 -W student@ustb2020 -c "\dt"
                        List of relations
 Schema |    Name     | Type | Owner  |              Storage
--------+-------------+------+--------+------------------------------------
 public | advisor     | table | student | {orientation=row,compression=no}
 public | classroom   | table | student | {orientation=row,compression=no}
 public | course      | table | student | {orientation=row,compression=no}
 public | department  | table | student | {orientation=row,compression=no}
 public | instructor  | table | student | {orientation=row,compression=no}
 public | prereq      | table | student | {orientation=row,compression=no}
 public | section     | table | student | {orientation=row,compression=no}
 public | student     | table | student | {orientation=row,compression=no}
 public | takes       | table | student | {orientation=row,compression=no}
 public | teaches     | table | student | {orientation=row,compression=no}
 public | time_slot   | table | student | {orientation=row,compression=no}
(11 rows)
[omm@test db1]$
```

```
[omm@test db1]$ gsql -d studentdb -h 192.168.100.91 -U student -p 26000 -W student@ustb2020 -c "select * from instructor"
    id   | dept_name  |    name    |  salary
---------+------------+------------+----------
 10101   | Comp. Sci. | Srinivasan | 65000.00
 12121   | Finance    | Wu         | 90000.00
 15151   | Music      | Mozart     | 40000.00
 22222   | Physics    | Einstein   | 95000.00
```

```
 32343 | History   | El Said   | 60000.00
 33456 | Physics   | Gold      | 87000.00
 45565 | Comp. Sci.| Katz      | 75000.00
 58583 | History   | Califieri | 62000.00
 76543 | Finance   | Singh     | 80000.00
 76766 | Biology   | Crick     | 72000.00
 83821 | Comp. Sci.| Brandt    | 92000.00
 98345 | Elec. Eng.| Kim       | 80000.00
(12 rows)
[omm@test db1]$
```

任务二十七 27

openGauss 数据库的逻辑备份与恢复

任务目标

掌握 openGauss 数据库的逻辑备份和恢复。

实施步骤

一、为进行数据库逻辑备份做准备

使用 Linux 的 root 用户，执行下面的命令，创建逻辑备份的保存目录：

```
[omm@test ~]$ su -
Password:
Last login: Tue Nov  3 09:39:57 CST 2020 on pts/0
[root@test ~]# mkdir /backup
[root@test ~]# chown omm.dbgrp /backup
[root@test ~]# exit
logout
[omm@test ~]$
```

二、openGauss 数据库逻辑备份和恢复案例 1

1. 使用 gs_dump 备份数据库，生成 sql 文件

使用 Linux 用户 omm，执行下面的命令，备份 openGauss 的数据库 studentdb：

gs_dump -U student -W student@ustb2020 -p 26000 studentdb -F p \
    -f /backup/studentdb_backup.sql

2. 使用 gs_dump 生成的 sql 文件恢复数据库

使用 Linux 用户 omm，执行下面的命令，创建数据库用户 pupil、表空间 pupil_ts、数据库 pupildb：

```
[omm@test ~]$ gsql -d postgres -p 26000 -r
postgres=# CREATE USER pupil IDENTIFIED BY 'pupil@ustb2020';
CREATE ROLE
postgres=# ALTER USER pupil SYSADMIN;
ALTER ROLE
postgres=# CREATE TABLESPACE pupil_ts RELATIVE LOCATION 'tablespace/pupil_ts1';
CREATE TABLESPACE
postgres=# CREATE DATABASE pupildb WITH TABLESPACE =pupil_ts;
CREATE DATABASE
postgres=# \q
[omm@test ~]$
```

使用 Linux 用户 omm，用数据库用户 pupil 登录到 openGauss DBMS，执行上面用 gs_dump 生成的 sql 文件，将数据恢复到数据库 pupildb 中：

```
gsql -d pupildb -h 192.168.100.91 -U pupil -p 26000 -W pupil@ustb2020 \
    -f /backup/studentdb_backup.sql -q
```

执行下面的命令，验证数据库 studentdb 的备份已经被恢复到数据库 pupildb 中：

```
[omm@test ~]$ gsql -d pupildb -h 192.168.100.91 -U pupil -p 26000 -W pupil@ustb2020 -c "\dt"
                    List of relations
 Schema |    Name     | Type  |  Owner  |              Storage
--------+-------------+-------+---------+--------------------------------------
 public | advisor     | table | student | {orientation=row,compression=no}
 public | classroom   | table | student | {orientation=row,compression=no}
 public | course      | table | student | {orientation=row,compression=no}
 public | department  | table | student | {orientation=row,compression=no}
 public | instructor  | table | student | {orientation=row,compression=no}
 public | prereq      | table | student | {orientation=row,compression=no}
 public | section     | table | student | {orientation=row,compression=no}
 public | student     | table | student | {orientation=row,compression=no}
 public | takes       | table | student | {orientation=row,compression=no}
 public | teaches     | table | student | {orientation=row,compression=no}
 public | time_slot   | table | student | {orientation=row,compression=no}
(11 rows)
[omm@test ~]$
```

执行下面的命令，清除实验数据：

```
gsql -d postgres -p 26000 -r
drop database pupildb;
drop tablespace pupil_ts;
drop user pupil;
\q
rm /backup/studentdb_backup.sql
```

三、openGauss 数据库逻辑备份和恢复案例 2

1. 使用 gs_dump 备份数据库，生成归档格式的备份文件

使用 Linux 用户 omm，执行下面的命令，生成归档格式的备份文件：

```
gs_dump -U student -W student@ustb2020 -p 26000 studentdb -F c \
        -f /backup/studentdb_backup.dump
```

2. 使用 gs_dump 生成的归档文件恢复数据库

使用 Linux 用户 omm，执行下面的命令，创建数据库用户 pupil、表空间 pupil_ts、数据库 pupildb：

```
[omm@test ~]$ gsql -d postgres -p 26000 -r
postgres=# CREATE USER pupil IDENTIFIED BY 'pupil@ustb2020';
CREATE ROLE
postgres=# ALTER USER pupil SYSADMIN;
ALTER ROLE
postgres=# CREATE TABLESPACE pupil_ts RELATIVE LOCATION 'tablespace/pupil_ts1';
CREATE TABLESPACE
postgres=# CREATE DATABASE pupildb WITH TABLESPACE =pupil_ts;
CREATE DATABASE
postgres=# \q
[omm@test ~]$
```

使用 Linux 用户 omm，用数据库用户 pupil 登录到 openGauss DBMS，执行上面用 gs_dump 生成的归档格式的数据库 studentdb 的备份，将数据恢复到数据库 pupildb 中：

```
[omm@test ~]$ gs_restore -d pupildb -h 192.168.100.91 -U pupil -p 26000 -W pupil@ustb2020 /backup/
studentdb_backup.dump
    start restore operation ...
    ……（省略了一些输出）
    Finish reading 52 SQL statements!
    end restore operation ...
    restore operation successful
    total time: 104  ms
[omm@test ~]$
```

执行下面的命令，验证数据库 studentdb 的备份已经被恢复到数据库 pupildb 中：

```
[omm@test ~]$ gsql -d pupildb -h 192.168.100.91 -U pupil -p 26000 -W pupil@ustb2020 -c "\dt"
                List of relations
 Schema  |    Name    | Type | Owner  |              Storage
-----------+-------------+-------+---------+-----------------------------------------
 public   | advisor     | table | student | {orientation=row,compression=no}
 public   | classroom   | table | student | {orientation=row,compression=no}
 ……（省略了一些输出）
 public   | time_slot   | table | student | {orientation=row,compression=no}
(11 rows)
[omm@test ~]$
```

四、清理工作

使用 Linux 用户 omm，在 Linux 终端窗口执行下面的命令，清除任务数据：

```
gsql -d postgres -p 26000 -r
drop database pupildb;
drop tablespace pupil_ts;
drop user pupil;
\q
rm /backup/studentdb_backup.dump
```

基于 Visio 的 openGauss 数据库设计

任务二十八

28

预备知识：E-R 建模

发现现实世界中的实体，尤其是弱实体，以及深入理解现实世界中实体间的联系，是对现实世界进行精确建模的关键。

人们在描述现实世界中的某些活动时，如教师指导学生，有多层含义：教师首先要成为学生的指导老师（我们当然可以跟踪记录教师何时开始成为学生的指导老师）；成为指导老师之后，可以多次指导学生（可以记录教师何时何地指导学生做了什么，如项目、课程答疑等）。也就是说，应该把日常生活中的说法——教师指导学生，在 E-R 建模中用两个联系 BeAdvisorOf 和 Advise 来精确建模。

引入强实体和弱实体的概念，可以对现实世界进行精确建模。在大学中，我们常说某个学生选修了某门课程。由于大学的课程（course），如高等数学、数学分析、物理等，可能会分成几个学期来讲授，每个学期称为一个课程分段（section），一个课程分段会开设很多课堂（section-Class），学生选修的是某个 section-Class。在一个学期中，学生只能选修一个课程（course）分段（section）的某个课堂（section-Class），在不同的学期，学生可以再次选修某门课程分段的某个课堂（section-Class）。教师可以在一个学期教授多个同一课程同一分段的多个课堂（section-Class）。

任务目标

完成本任务后，应该：

1）掌握 E-R 图的陈氏（P.P.S.Chen）画法。

2）能将 E-R 图手动转化为关系模式。

3）能将关系模式转化为可以在 openGauss 中部署的 SQL 脚本（包括索引设计、物理存储设计）。

实施步骤

一、安装 Office 2016（步骤略）

二、安装 Visio 2016（步骤略）

三、E-R 设计并转换为关系模式

本任务使用 Visio 2016 将用户的需求画成 E-R 图。E-R 图采用陈氏表示法，同时将其转换为关系模式。

1. 简单实体（无复合属性和多值属性的实体）建模

学生实体 STUDENT 具有 stuID、stuName、dayOfBirth 和 totalCredit 等属性，可以使用图 28-1 所示的 E-R 图来表示。

简单实体转换为关系模式的方法：为简单实体 STUDENT 生成一个同名的关系模式表 STUDENT，将简单实体的每个属性作为关系模式表 STUDENT 的一个原子属性；实体的主标识符属性，也是关系模式表的主键。

STUDENT（stuID，stuName，dayOfBirth，totalCredit）

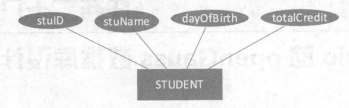

图 28-1　简单实体的 E-R 图

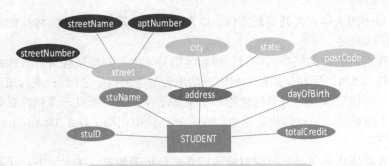

图 28-2　具有复合属性的实体的 E-R 图

2. 具有复合属性的实体建模

学生实体 STUDENT 的 address 属性是一个复合属性，具有分量 street、city、state、postCode 等属性，其中的 street 分量也是复合属性，具有下一级分量 streetNumber、streetName、aptNumber 等属性。可以使用图 28-2 所示的 E-R 图来表示。

具有复合属性的实体转换为关系模式的方法：首先去掉复合属性，按转换简单实体的方法先行转换 STUDENT（stuID，stuName，dayOfBirth，totalCredit）；然后将复合属性的每个部分作为实体表的一个原子属性。

对于多级复合属性，可以用如下的方法依次展开：

STUDENT(stuID, stuName, dayOfBirth, totalCredit, address)

address 是复合属性，将其展开可得

STUDENT(stuID, stuName, dayOfBirth, totalCredit, street, city, state, postCode)

street 是复合属性，继续将其展开可得

STUDENT(stuID, stuName, dayOfBirth, totalCredit, streetNumber, streetName, aptNumber, city, state，postCode)

3. 二元多对多联系建模（两个实体之间的多对多联系）

建模学生与项目间的多对多联系：一个学生可以参与多个项目（学生也可以不参与项目）；一个项目有多个学生参与（至少有一个学生参与项目）。其 E-R 图表示如图 28-3 所示。

图 28-3　两个实体间的多对多联系

将两个实体间的多对多联系转换为关系模式的方法如下：首先为每个实体都创建一个对应的关系模式表，即

STUDENT(<u>stuID</u>，stuName，dayOfBirth，totalCredit)
PROJECT(<u>projID</u>，projName，budget)

然后创建一个表示两个实体间多对多联系的关联实体表，即

TakePartIn(<u>stuID</u>，<u>projID</u>)

4. 二元一对多联系建模（两个实体之间的一对多联系）

建模教师与学生之间的一对多联系：一个教师可以成为多个学生的导师（也可以不是任何学生的导师）；一个学生有且只有一个导师。其E-R图表示如图28-4所示。

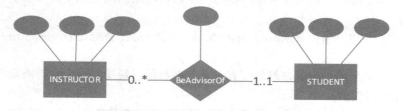

图28-4　两个实体间的一对多联系

将两个实体间的一对多联系转换为关系模式的方法有两种。

第一种方法的步骤如下：首先为每个实体都创建一个对应的关系模式表，即

INSTRUCTOR(<u>instID</u>，instName，dayOfBirth，salary)
STUDENT(<u>stuID</u>，stuName，dayOfBirth，totalCredit)

然后转换两个实体间的一对多联系，多方实体（教师）的主键进入一方实体（学生）成为其外键，属于联系的属性beAdvisorDate也进入到一方实体中，最终形成两张表和一个外键约束，即

INSTRUCTOR(<u>instID</u>，instName，dayOfBirth，salary)
STUDENT(<u>stuID</u>，stuName，dayOfBirth，totalCredit，<u>instID</u>，beAdvisorDate)

关系STUDENT中的属性instID是外键，参照关系INSTRUCTOR的主键instID。

第二种方法是采用转换多对多联系的方法来转换一对多联系。因为一是多的特例，因此一对多的联系也可以转换为三个表，关联表会参考引用实体表的主键：

INSTRUCTOR(<u>instID</u>，instName，dayOfBirth，salary)
STUDENT(<u>stuID</u>，stuName，dayOfBirth，totalCredit)
BeAdvisorOf(<u>stuID</u>，<u>instID</u>，beAdvisorDate)

5. 二元一对一联系建模（两个实体之间的一对一联系）

建模学生与档案之间的一对一联系：一个学生只有一份档案（每个学生必须有一份档案）；一份档案只能是关于一个学生的。其E-R图表示如图28-5所示。

图28-5　两个实体间的一对一联系

将两个实体间的一对一联系转换为关系模式的方法有三种。

因为一对一联系是一对多联系的特例，因此两个实体间的一对一联系可以采用两个实体间一

对多联系的转化方法：转换为两个表或者三个表。

第一种方法：转换为两个表。

STUDENT(stuID, stuName, dayOfBirth, totalCredit, archiveID)
ARCHIVE(archiveID, setupDate, archiveDescription)

第二种方法：转换为三个表。

STUDENT(stuID, stuName, dayOfBirth, totalCredit)
ARCHIVE(archiveID, setupDate, archiveDescription)
BelongTo(archiveID, stuID)

第三种方法是一对一联系特有的方法——将一对一的联系转换为一个表。如果联系的双方，至少有一方是全部参与的，那么也可以转换为一个表，转换后的表用全部参与的实体的主键作为该关系的主键：

STUDENTARCHIVE(stuID, stuName, dayOfBirth, totalCredit, archiveID, setupDate, archiveDescription)

如果只有一方是全部参与的，另外一方是部分参与的，转换成一个表时需要采用 NULL 来填充部分参与实体的属性值。

如果双方都是部分参与的，那么最好采用一对多的方法来处理两个实体间的一对一联系。

6. 具有多值属性的实体建模

这里以建模学生实体的多值属性 stuPhone 为例。一个学生可能有好几个电话：家庭电话，以及多个移动电话。其 E-R 图表示如图 28-6 所示，多值属性在陈氏 E-R 图中用双椭圆线来表示。

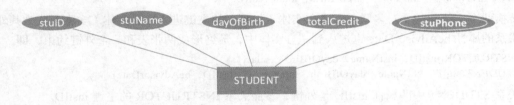

图 28-6　实体的多值属性的 E-R 图表示

多值属性转换为关系模式的方法有两种：宽表建模和高表建模。第一种方法是宽表建模转换：假设每个学生至多有三个电话，那么可以为多值属性 stuPhone 创建三列属性——stuPhone1、stuPhone2、stuPhone3，于是转换后的 STUDENT 实体表模式为

STUDENT(stuID, stuName, dayOfBirth, totalCredit, stuPhone1, stuPhone2, stuPhone3)

多值属性采用宽表建模导致的问题是：①限制了学生拥有的最多电话数为三个；②如果学生没有三个电话，将需要引入 NULL；③此外，如果要查询每个学生拥有几个电话，这都是比较难完成的任务。

第二种方法是高表建模转换。除了创建无多值属性的实体表，还应该为实体的每个多值属性额外创建一个表示该多值属性的表，其主键为该实体的主键和该多值属性单值化后的名字。因此，学生实体及其多值属性 stuPhone 转换为如下两个关系模式表：

STUDENT(stuID, stuName, dayOfBirth, totalCredit)
STUDENTPHONE(stuID, stuPhone)

多值属性采用高表建模的好处是：①学生可以有任意个电话；②可以很方便地查询每个学生拥有的电话数。

7. 具有派生属性的实体建模

这里以建模学生实体的派生属性 stuAge 为例。学生实体的派生属性 stuAge 的值可以由存储属性 dayOfBirth 计算得出。其 E-R 图表示如图 28-7 所示,派生属性在陈氏 E-R 图中用椭圆及虚线连接实体来表示。

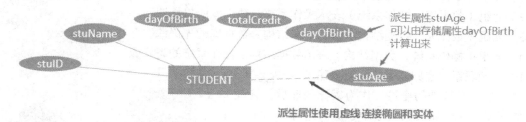

图 28-7　实体的派生属性的 E-R 图表示

派生属性可转换为一个函数 computeStuAge(),函数的输入是存储属性 dayOfBirth,调用函数 computeStuAge() 将返回派生属性 stuAge 的值。

8. 强实体和弱实体建模

课程 course 会分成好几个课程分段 section 来讲授(如高等数学分成两个部分来讲),每个课程分段 section 会开始很多课堂 sectionClass。这个场景的精确建模用图 28-8 所示的 E-R 图来表示。

图 28-8　强实体与弱实体的 E-R 图表示

强实体和弱实体转换为关系模式的方法如下:分别为强实体和弱实体创建一个关系表,弱实体所依赖的强实体的主键进入到弱实体中,与弱实体的分辨符一起构成弱实体的主键。

本示例的 E-R 图转换为如下三个关系:

强实体 course（<u>courseID</u>,courseName,courseCatalog）

弱实体 section（<u>courseID</u>,<u>sectionID</u>,sectionHours）

弱实体 sectionClass（<u>courseID</u>,<u>sectionID</u>,<u>sectionClassID</u>,year,semester）

弱实体和多值属性转换为关系模式后,都是转换为一个单独的表。多值属性可以转换为一个数据库表(高表表示多值属性)。弱实体也可以独立于强实体转换为一个数据库表。本质上,弱实体可以理解为多值属性:一个课程有多个课程分段 section。

弱实体和多值属性之间的细微区别是:多值属性不会和其他实体发生任何联系,而弱实体可以与其他实体发生联系。理解这一点是理解这两者区别的关键。

9. 一元联系(递归联系)多对多建模

大学的一门先修课可以是多门后修课的先修课,比如说数据结构是数据库的先修课,也是操作系统的先修课;一门后修课可能需要多门先修课作为其先修课,比如说数据库的先修课有离散数学、数据结构、操作系统。这种课程之间的递归联系如图 28-9 所示。

这种多对多的递归联系,可以转化为如下两个关系表:

course（<u>courseID</u>,courseName,courseCatalog）

precourse（<u>courseID</u>,<u>precourseID</u>）

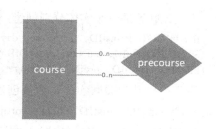

图 28-9　多对多递归联系的 E-R 图表示

为额外产生的表 precouse 创建一个外键 precourseID，参考引用关系表 course 的主键 cour-seID。

下面是表 precourse（课程，先修课）的样例数据及其语义解释：

1）元组（数据库，离散数学）表示离散数学是数据库的先修课。

2）元组（数据库，操作系统）表示操作系统是数据库的先修课。

3）元组（数据库，数据结构）表示数据结构是数据库的先修课。

4）元组（操作系统，数据结构）表示数据结构是操作系统的先修课。

10. 一元联系（递归联系）一对多建模

领导是一类特殊的雇员。作为领导的雇员，管理多个雇员下属，一个雇员只有一个领导。这种一对多的递归联系，可以用图 28-10 所示的 E-R 图来表示。

一对多的递归联系可以转化为一个关系表 employee，为 employee 添加一个外键属性 leaderID，leaderID 参考引用自身的主键 empID，即

employee(empID，empName，salary，leaderID)

外键约束 leaderID 参考引用 empID。

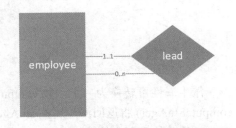

图 28-10　一对多递归联系的 E-R 图表示

11. n 元联系的建模

以三元联系为例：教师指导学生做项目。这种三元联系可以用图 28-11 所示的 E-R 图来表示。

可以进行这样的转换：将 advise（动词）转化为 advising（动名词），动名词化后的三元联系如图 28-12 所示。也就是说，把一个动作转化为一个发生该动作的事件。这是一种将联系提升为关联实体的方法。使用关联实体表示一个事件，关联实体具有主标识符（此处为 advisingID）。

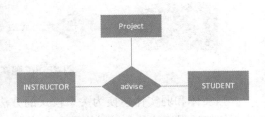

图 28-11　三元联系 advise

图 28-12　动名词化后的三元联系

为三元联系的三个实体分别创建一个关系表：

INSTRUCTOR(instID，instName，dayOfBirth，salary)
STUDENT(stuID，stuName，dayOfBirth，totalCredit)
PROJECT(projID，projName，budget)

关联被提升为关联实体，为其创建一个关系表 ADVISING，添加一个人工码 advisingID，主键是（advisingID，instID，stuID，projID），并创建三个外键，分别指向三个实体关系：

ADVISING(advisingID，instID，stuID，projID，advisingDate)

12. 分类联系建模

场景 1（部分 - 相交）：大学中的人可以是员工或者学生，还可以是访问学者（既不是员工也不是学生）。另外，员工也可能是学生（教师是员工，比如某教师的学历目前是硕士研究生，正在攻读博士学位，因此他同时也是一个学生）。其 E-R 图表示如图 28-13 所示。

场景 2（部分 - 不相交）：员工可以是教师、秘书，也可以是后勤人员（目前我们的系统不关心后勤人员，但是会把后勤人员记录在员工表中）；但是教师不可能是秘书，秘书不可能是教师。其 E-R 图表示如图 28-14 所示。

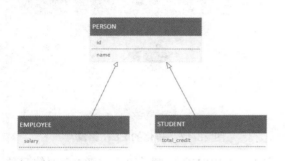

图 28-13　部分 - 相交分类联系

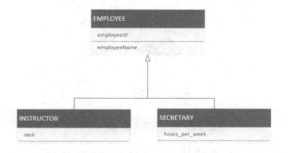

图 28-14　部分 - 不相交分类联系

场景 3（完全 - 不相交）：每一个学生会属于本科生、研究生这两类中的一类，不会同时属于这两类。其 E-R 图表示如图 28-15 所示。

完全意味着高层实体实例都会在低层实体中出现至少一次，也许高层实体实例会在不同的低层实体中多次重复出现。部分意味着高层实体实例不一定都会出现在低层实体中。

不相交意味着高层实体实例只会在其中一个低层实体中出现一次。相交意味着高层实体实例会在低层实体中出现多次。

分类联系转化为关系模式的第一种方法如下：

1）为高层实体创建一个模式。

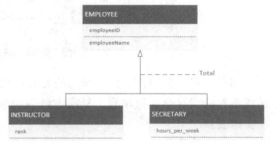

图 28-15　完全 - 不相交分类联系

2）为每个低层实体创建一个关系模式：属性包括对应于低层实体的每个属性，还包括对应于高层实体主键的每个属性。

3）高层实体的主键属性同时也是所有低层实体的主键属性。

4）在低层实体上建立外键约束，其主键属性参照创建自高层实体的关系的主键。

如果概化是不相交且完全的，那么不存在同时属于两个同级的低层实体的实体实例，高层实体的任何实例都是某个低层实体的成员。分类联系转化为关系模式的第二种方法如下：

1）不需要为高层实体创建任何关系模式。

2）只需要为每个低层实体创建一个关系模式。属性包括对应于低层实体的每个属性，同时包括对应于高层实体的每个属性。

3）将高层实体的主键作为低层实体的主键。

13. 采用聚集进行建模

这里以教师指导学生做项目为例。学院将对教师指导学生做项目的情况进行评估，根据评估来给学生和教师发补贴，需求是要记录每次指导并进行绩效评估。其 E-R 图表示如图 28-16 所示。

首先将联系 advise 动名词事件化，将图 28-16 所示的 EER 聚集转化为图 28-17 所示的 E-R 图。对于三元联系——教师指导学生做项目，我们使用前面的三元联系转换方法进行转换。

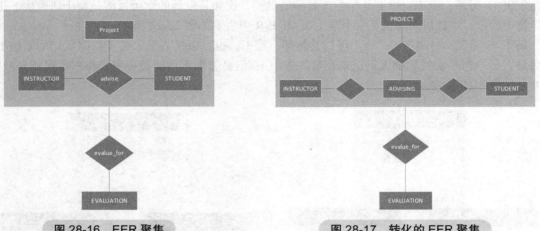

图 28-16　EER 聚集　　　　　　　　　图 28-17　转化的 EER 聚集

对于教师指导学生做项目的每一次指导活动（实体 ADVISING），都有 0 个或者 1 个评估记录，每个评估记录仅对应一个指导活动。其 E-R 图表示如图 28-18 所示。

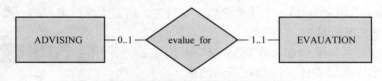

图 28-18　联系与实体的二元联系

因此，只需要将图 28-18 所示的 E-R 图按照前面的二元联系转换方法进行转换：首先转换三元联系教师指导学生做项目。转换方法参照前面所述，该三元联系可转化为三个实体表和一个关联实体表：

三个实体表：

INSTRUCTOR(instID，instName，dayOfBirth，salary)
STUDENT(stuID，stuName，dayOfBirth，totalCredit)
PROJECT(projID，projName，budget)

一个关联实体表：

ADVISING(advisingID，instID，stuID，projID，advisingDate)

接下来转换图 28-18 所示的 E-R 图：对每次指导活动 ADVISING 进行评估。这是一对一的二元联系，可转换为两个表：

ADVISING(advisingID，instID，stuID，projID，advisingDate)
EVALUATION(evaluationID，advisingID，mark)

表 ADVISING 已经有了，不需要再次创建，只需要创建表 EVALUATION，并将表 ADVISING 的主键放到表 EVALUATION 中作为外键。

14. 时间序列建模

员工在不同时期有不同的工资和职位，可以在 E-R 模型中将其建模为多值属性。下面以建模不同时期的工资为例。未采用时序建模时的关系模式是：

employee(empID，empName，salary，leaderID)

采用时序建模后关系模式变更为：

employee(<u>empID</u>，empName，leaderID)

employeesalary(<u>empID</u>，salary，startDate，endDate)

过去的工资有一个开始日期和结束日期；当前的工资有一个开始日期和一个未来很遥远的日期，如公元 9999 年 12 月 31 日（或者是数据库管理系统所能表示的最大日期）。

除了将其表示为多值属性，还可以同时在实体表 employee 中记录当前的 salary 状态：

employee(<u>empID</u>，empName，salary，leaderID)

四、物理数据库设计（openGauss）

将 E-R 模型转换成的关系模式在 openGauss DBMS 上进行实现：为关系模式定义相应的表、主键、外键。对于除主键以外的候选键，为其定义唯一性约束。在所有的主键、候选键上创建唯一索引，并为外键创建索引。特别地要为一些表定义存储方式（如列式存储或者行式存储，索引组织表、簇表）。本阶段，创建基于 openGauss DBMS 的 SQL DDL 脚本，并在 openGauss DBMS 上运行部署。

五、应用事务设计

根据用户的需求，对应用的事务进行逐个设计和验证。验证之前的物理数据库设计能否满足事务的要求，如果不能满足要求，需要返回修改。对于事务内部的查询，如果有必要的话，为其添加必要的索引。为了实现业务规则，可以添加必要的约束，也可以设计一些存储过程和触发器来实现用户的业务规则。

基于 PowerDesigner 的 openGauss 数据库设计

任务目标

掌握计算机辅助软件工程（CASE）工具 PowerDesigner 的用法，会使用 PowerDesigner 设计和部署 openGauss 数据库应用。

实施步骤

一、在 Win10 上安装 PowerDesigner 16

到官方网站下载 PowerDesigner 16.6 测试版的安装文件 PowerDesigner16.6x64_Evaluation.exe，然后在 Win10 上安装，具体的安装步骤如图 29-1~ 图 29-12 所示。

图 29-1　Windows 的用户账号控制

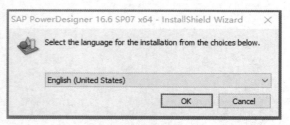

图 29-2　选择英语

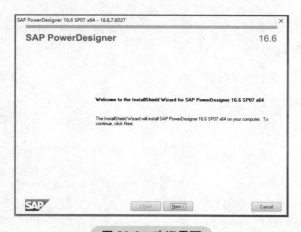

图 29-3　欢迎界面

图 29-4　选择软件安装的地理位置

图 29-5　中文软件许可协议

图 29-6　软件安装在 Win10 的目录

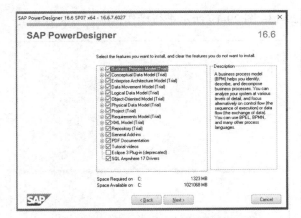

图 29-7　选择软件支持的特性

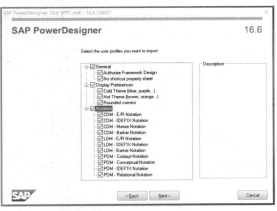

图 29-8　选择要导入的 profile

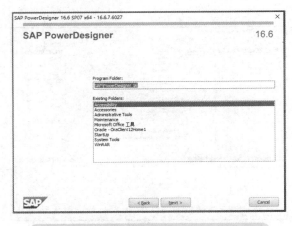

图 29-9　指定软件安装在哪个程序文件夹

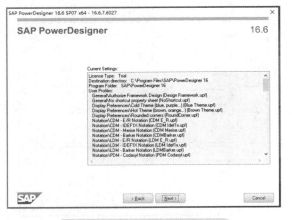

图 29-10　安装前的汇总信息

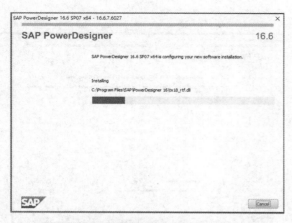

图 29-11　PowerDesigner 安装进行中

图 29-12　安装结束

二、PowerDesigner 快速入门

1. 启动和配置 E-R 概念建模

在 Win10 中启动 PowerDesigner 16.6，按图 29-13~ 图 29-19 所示进行操作，配置 E-R 建模。

图 29-13　欢迎使用 PowerDesigner

图 29-14　创建一个模型

图 29-15　创建 E-R 概念模型

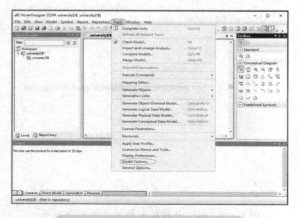

图 29-16　配置 E-R 模型的选项

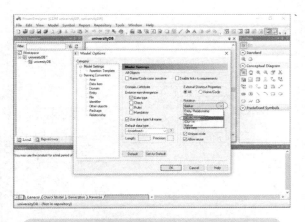

图 29-17　配置使用 E-R+Merise 表示法建模

图 29-18　E-R 模型的选项

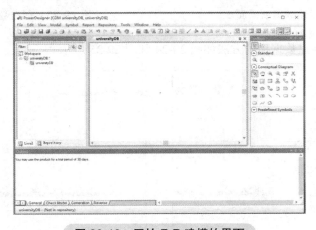

图 29-19　开始 E-R 建模的界面

2. 创建数据项

数据项可以被多个实体共用，例如创建一个名为 name 的数据项，实体 INSTRUCTOR 和实体 STUDENT 都可以有一个属性叫 name。在创建数据项 name 时，已经给该数据项赋予了数据类型，然后就可以直接将数据项 name 赋给实体 INSTRUCTOR 和实体 STUDENT 作为属性。

按图 29-20~ 图 29-23 进行操作，创建一个名为 name 的数据项。

图 29-20　创建数据项画面 1

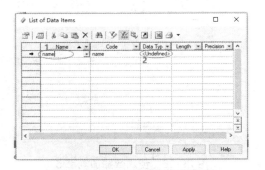

图 29-21　创建数据项画面 2

华为openGauss开源数据库实战

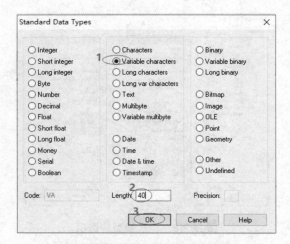

图 29-22　创建数据项画面 3

图 29-23　创建数据项画面 4

第二种和第三种创建数据项的方法如图 29-24 和图 29-25 所示。

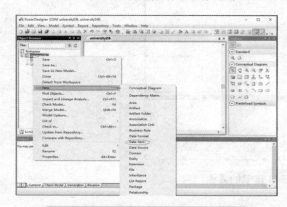

图 29-24　第二种创建数据项的方法

图 29-25　第三种创建数据项的方法

无论是使用第二种还是第三种方法，接下来都要按图 29-26 和图 29-27 所示进行操作，创建一个新的数据项。

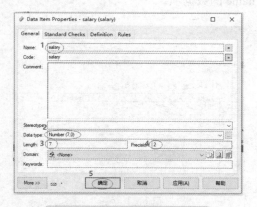

图 29-26　创建数据项画面 5

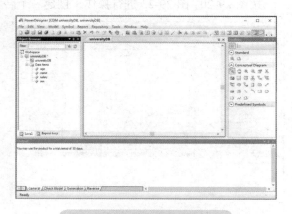

图 29-27　创建数据项画面 6

310

3. 创建域

域具有数据类型和格式，在创建属性的时候可以直接将域赋予属性，这样就不需要来定义属性的数据类型和格式了。

按照图 29-28 和图 29-29 所示进行操作，创建一个域 telephone_number。

图 29-28　创建域画面 1

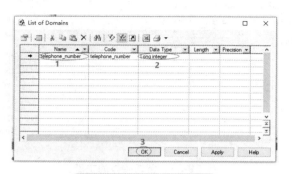

图 29-29　创建域画面 2

4. 创建实体

一个实体代表客观世界中的一类事物或者联系，是 E-R 模型中的基本元素。按照图 29-30~ 图 29-33 所示进行操作，在 PowerDesigner 中创建一个实体 INSTRUCTOR。

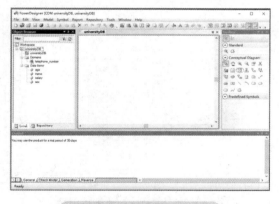

图 29-30　创建实体画面 1

图 29-31　创建实体画面 2

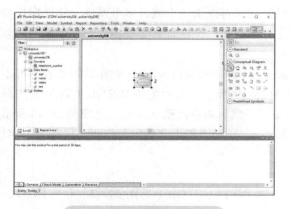

图 29-32　创建实体画面 3

图 29-33　创建实体画面 4

按照图 29-34 所示进行操作，在 PowerDesigner 中为实体 INSTRUCTOR 添加属性 id，把属性 id 作为实体 INSTRUCTOR 的主键。

按照图 29-35 所示进行操作，在 PowerDesigner 中为实体 INSTRUCTOR 添加前面创建好的数据项 age、name、salary 和 sex，添加完成后如图 29-36 所示。

图 29-34　创建实体的主键

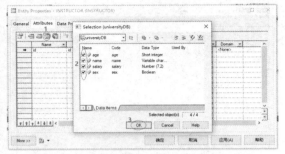

图 29-35　使用数据项为实体添加属性

按照图 29-37 和图 29-38 所示进行操作，在 PowerDesigner 中为实体 INSTRUCTOR 创建主标识符。创建实体 INSTRUCTOR 时指定属性 id 是主键，因此不需要为实体的主标识符添加属性。

图 29-36　实体 INSTRUCTOR 画面 1

图 29-37　为实体创建主标识符

可以为实体创建多个辅助标识符，并为每个辅助标识符添加一个或者多个属性。辅助标识符也可以用于区分实体实例，只是它们没有被选为主标识符而已，在将来会被转化为一个唯一约束（可以为 NULL）。

在现实世界中，为教师实体创建辅助标识符 inst_ak,并添加属性 name，意味着每个教师都不能重名。创建过程如图 29-38~ 图 29-41 所示。在图 29-39 所示的表示实体 INSTRUCTOR 的图形中，用鼠标左键单击选中最下面一层的 "inst_ak<ai>"，然后再双击鼠标左键，出现图 29-40 所示的画面。在图 29-40 中为辅助标识符 inst_ak 添加属性 name 后，单击 "确定" 按钮，出现图 29-41 所示的画面。

5. 创建两个实体之间的联系

首先在 PowerDesigner 中创建两个实体——实体 INSTRUCTOR（见图 29-42）和实体 STU-DENT（见图 29-43）。

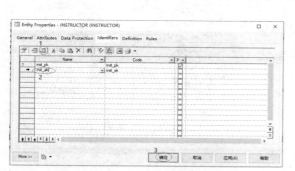

图 29-38　为实体创建辅助标识符画面 1

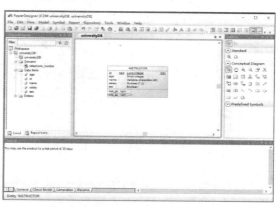

图 29-39　为实体创建辅助标识符画面 2

图 29-40　为实体创建辅助标识符画面 3

图 29-41　为实体创建辅助标识符画面 4

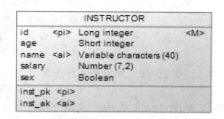

图 29-42　实体 INSTRUCTOR 画面 2

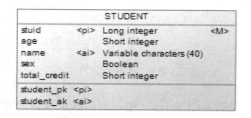

图 29-43　实体 STUDENT

然后，在 PowerDesigner 中开始创建实体 INSTRUCTOR 和实体 STUDENT 之间的联系 advise。先拖拽 PowerDesigner 的联系图标至画布中，如果要建模从教师到学生的联系 advise，先单击实体 INSTUCTOR，再单击实体 STUDENT，如图 29-44 所示。

双击图 29-44 画布中的文字"Relationship-1"，出现图 29-45 所示的画面。命名联系有两种方法：如果两个实体间只有一种联系，可以使用两个实体的名字缩写 inst_stu 来命名，如图 29-45 所示；如果两个实体间有多个联系，使用实体名字缩写的方法就不行了，可以直接使用联系的名称 advise（一般是动词）来命名，如图 29-46 所示。

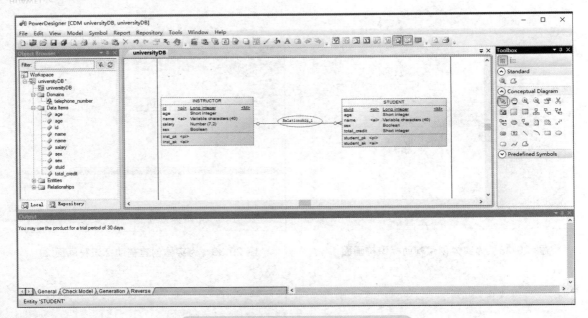

图 29-44　创建两个实体间的联系画面 1

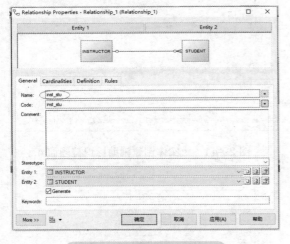

图 29-45　联系命名方法 1

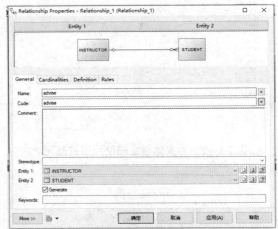

图 29-46　联系命名方法 2

在 PowerDesigner 中，创建联系基数的方法如图 29-47 和图 29-48 所示。在图 29-47 中，首先创建从实体 INSTRUCTOR 到实体 STUDENT 方向的联系基数，因为一个教师可以指导 0 个或者多个学生，所以基数是 "0,n"；然后创建从实体 STUDENT 到实体 INSTRUCTOR 方向的联系基数，因为一个学生有且只能有一个指导老师，所以基数是 "1，1"。然后可以查看图 29-48 中间部分的文字，如果和需求一致，就证明这个建模是正确的。

按图 29-48 所示，单击"确定"按钮，就完成了实体 INSTRUCTOR 和实体 STUDENT 之间联系 advise 的建模，如图 29-49 所示。

按照上面的方法，建模另外一对实体之间的联系——教师和系之间的工作联系。按前述方法，重新打开 PowerDesigner，创建一个新的 E-R 模型。首先建模实体 DEPARTMENT，然后将实体 INSTRUCTOR 复制到这个新建的 E-R 模型中，如图 29-50 所示。

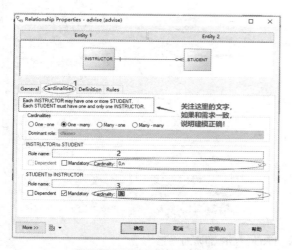

图 29-47　创建联系基数

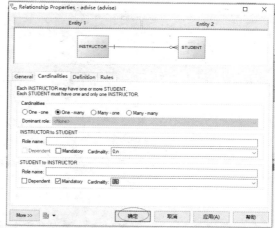

图 29-48　确认基数和需求一致

图 29-49　实体 INSTRUCTOR 和实体 STUDENT 之间的联系 advise

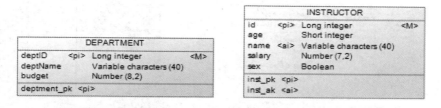

图 29-50　建模实体 INSTRUCTOR 和实体 DEPARTMENT

按前述方法继续建模实体 INSTRUCTOR 和实体 DEPARTMENT 之间的联系 inst_dept，如图 29-51 所示。

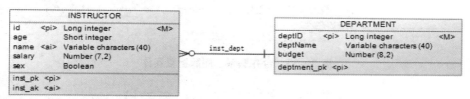

图 29-51　实体 INSTRUCTOR 和实体 DEPARTMENT 之间的联系 inst_dept

6. 合并有公共实体的两对联系

将上面创建好的两对联系（教师指导学生和教师在一个系工作）拷贝到一个新打开的 CDM 模型中，可以发现，后面拷贝的那对联系中公共的实体 INSTRUCTOR 自动在名字尾部添加上了序号（见图 29-52）。

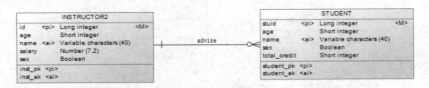

图 29-52　有公共实体 INSTRUCTOR 的两对联系

　　按图 29-53 和图 29-54 所示进行操作，将表示联系的线段从添加了序号的实体拖拽到没有序号的实体上，并删除带有序号的重复实体，得到图 29-55 所示的 E-R 图。

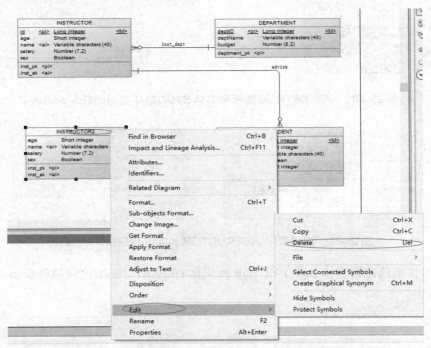

图 29-53　合并联系，删除重复实体

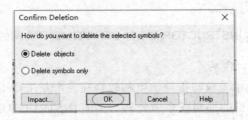

图 29-54　确认要删除重复实体

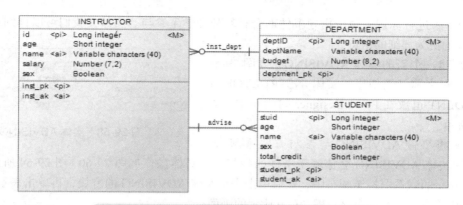

图 29-55　有公共实体的两对联系合并后的 E-R 图

这种方法可以把两对有公共实体的联系合并在一个 E-R 图上。对于一个复杂的大系统，可以一对一对地建模两个实体之间的联系，然后反复使用这种方法，将 E-R 图合并成一个大图。

三、PowerDesigner 上的 E-R 建模

1. 只有单值属性的简单实体建模

只有单值属性的简单实体在 PowerDesigner 上的建模方法，参看前面的例子。这里以建模教师实体 INSTEUCTOR 为例，该实体具有教师工号 id、姓名 name、年龄 age、性别 sex、工资 salary 等单值属性，并有主标识符 inst_pk(pi) 和辅助标识符 inst_ak(ai)。这里假设所有的教师都不重名（如果有两个李明，则在名字后面添加自然数数字加以区别）。建模结束后，我们会得到图 29-56 所示的实体 INSTRUCTOR。

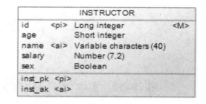

图 29-56　实体 INSTRUCTOR 画面 3

2. 联系无属性的二元联系建模

假如只需要记录教师与学生之间，教师是否指导过某个学生这个事实，除此以外不记录其他的信息，则可以在教师和学生之间创建一个二元联系 advise，该二元联系没有使用任何联系属性来对联系进行描述。可以按照前文所述的建模步骤来完成这个任务。建模结束后，得到实体 INSTRUCTOR 和实体 STUDENT 之间的联系 advise，如图 29-57 所示。

图 29-57　实体 INSTRUCTOR 和实体 STUDENT 之间的联系 advise

3. 联系有属性的二元联系建模

假如需要记录教师多次指导某个学生的详细事实（时间、地点及指导内容）。很显然，这些详细事实信息无论是记录在教师实体中，还是记录在学生实体中，都不合适，而是应该记录在教师和学生之间的联系 advise 上。换句话说，教师和学生的联系包含这些属性：adviseTime（时间戳数据类型）、adviseLocation、adviseDescription。

建模有属性联系的一个方法就是把教师每次指导学生这个动作（advise）转化为一个实体（指导事件），相当于将动词（advise）名词化（advising）。可以把每次的指导事件赋予一个人工码

（advisingId）来进行标识。每个指导事件都会有教师和学生参与。当然，我们可以详细地描述这个指导事件的更为详细的信息。

首先创建一个新的实体 ADVISING，如图 29-58 所示。然后把之前已经创建的实体 INSTRUCTOR 和实体 STUDENT 也放在 PowerDesigner 的画布中，如图 29-59 所示。

ADVISING			
AdvisingID	<pi>	Long integer	<M>
AdvisingTime		Timestamp	
AdvisingLocatioin		Variable characters (40)	
Advising_pk <pi>			

图 29-58　实体 ADVISING

接下来将事件 ADVISING 与参与方联系起来。注意，事件实体 ADVISING 会依赖于事件的参与方。具体操作如图 29-60~图 29-64 所示。拖拽 PowerDesigner 的联系图标至画布中，然后单击表示实体 ADVISING 的方块，再单击表示实体 IN-STRUCTOR 的方块，此时会显示图 29-60 所示的画面。

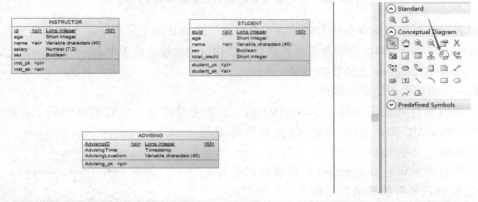

图 29-59　实体 INSTRUCTOR、实体 STUDENT 和实体 ADVISING 在一个画布中

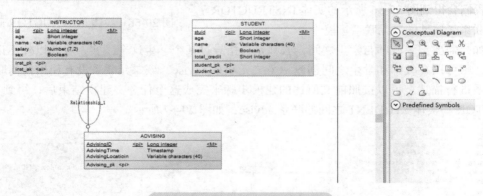

图 29-60　建模多元联系画面 1

在图 29-60 中，双击联系线上的文字"Relationship_1"，会出现图 29-61 所示的画面。按图 29-61 所示进行操作，将实体 ADVISING 和实体 INSTRUCTOR 之间的联系命名为 Advising_Inst，然后单击标签 Cardinalities，出现图 29-62 所示的画面。

按图 29-62 所示进行操作：先创建实体 ADVISING 和实体 INSTRUCTOR 之间的联系基数，因为每次指导活动有且只有一名教师参加，所以基数是"1，1"；然后再创建实体 INSTRUCTOR 和实体 ADVISING 之间的联系基数，因为每个教师可以多次参与指导活动，也可以不参与任何指导活动，所以基数是"0，n"。同样要关注图 29-62 中中部的文字部分，确认与需求是一致的。最后单击"确定"按钮，完成实体 ADVISING 和实体 INSTRUCTOR 之间联系的建模，在 PowerDe-signer 的画布上就会出现图 29-63 所示的 E-R 图。

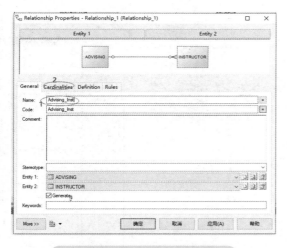

图 29-61　建模多元联系画面 2

图 29-62　建模多元联系画面 3

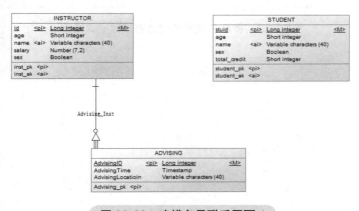

图 29-63　建模多元联系画面 4

重复上面的步骤，完成实体 ADVISING 和实体 STUDENT 之间的依赖联系建模，最后在 PowerDesigner 的画布上就会出现图 29-64 所示的 E-R 图。

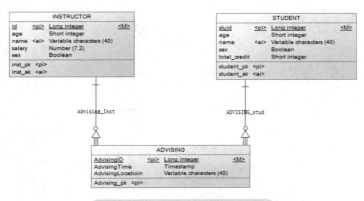

图 29-64　建模多元联系画面 5

为了验证这样建模是否能满足要求，可以将以上的 E-R 概念模型转化为数据库代码进行检验，具体的操作如图 29-65~ 图 29-69 所示。

华为openGauss开源数据库实战

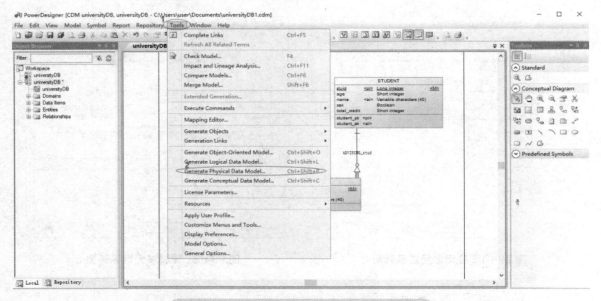

图 29-65　将 E-R 模型转化为物理数据库模型

图 29-66　选择绑定的 DBMS

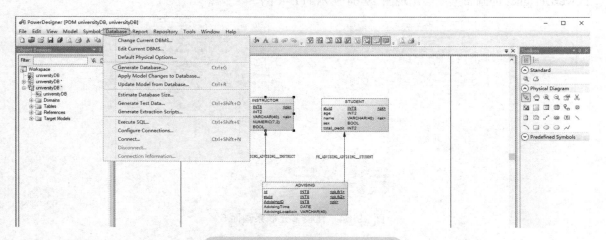

图 29-67　生成数据库脚本画面 1

图 29-68　生成数据库脚本画面 2

图 29-69　生成数据库脚本画面 3

在图 29-69 中单击 "Edit" 按钮，可以查看生成的 SQL 代码。下面截取了关于实体 ADVIS-ING 的部分代码：

```
/*=====================*/
/* Table: ADVISING        */
/*=====================*/
create table ADVISING (
   id                   INT8              not null,
   stuid                INT8              not null,
   AdvisingID           INT8              not null,
   AdvisingTime         DATE              null,
   AdvisingLocatioin    VARCHAR(40)       null,
   constraint PK_ADVISING primary key (id, stuid, AdvisingID)
);

alter table ADVISING
   add constraint FK_ADVISING_ADVISING__STUDENT foreign key (stuid)
      references STUDENT (stuid)
      on delete restrict on update restrict;

alter table ADVISING
   add constraint FK_ADVISING_ADVISING__INSTRUCT foreign key (id)
      references INSTRUCTOR (id)
      on delete restrict on update restrict;
```

我们对教师每次指导学生的事件都赋予了一个人工键来标识。表 ADVISING 的主键是 (id, stuid, AdvisingID)，所以表 ADVISING 可以记录每次指导活动有多少个教师和学生参与。当然，表 ADVISING 还记录了关于某次指导活动的详细细节——指导时间和地点以及描述。

建模有属性联系的另外一种方法是使用关联。关联没有主键，它依赖参与关联的实体来标识，因此一对实体之间的关联只能记录一次事件的信息（因为这对实体的主键联合在一起，故只能有一个取值）。例如，记录教师何时成为学生的导师，建模过程如图 29-70~ 图 29-76 所示。

首先按图 29-70 所示创建实体 INSTRUCTOR 和实体 STUDENT。

然后在图 29-70 右侧选中 PowerDesigner 中的关联图标，拖拽到 PowerDesigner 的画布中，会出现如图 29-71 所示的画面。

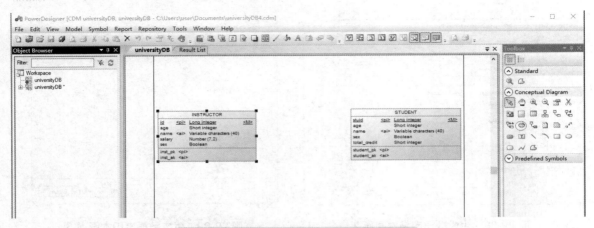

图 29-70 使用关联建模联系的属性画面 1

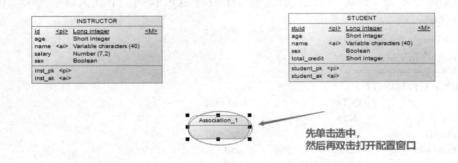

图 29-71 使用关联建模联系的属性画面 2

在图 29-71 中用鼠标左键单击表示关联的图块，再双击鼠标左键打开关联的配置窗口，如图 29-72 所示。将关联命名为 BeAdvisorOf 后，单击标签"Attributes"，出现图 29-73 所示的画面。

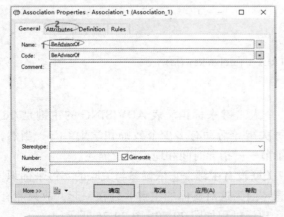

图 29-72 使用关联建模联系的属性画面 3　　　图 29-73 使用关联建模联系的属性画面 4

按图 29-73 所示为关联添加属性，可以看到无法为关联创建主标识符。关联依赖于参与的实体，由参与关联的实体的主标识符联合确定关联的主标识符。单击"确定"按钮后，出现图 29-74 所示的画面。

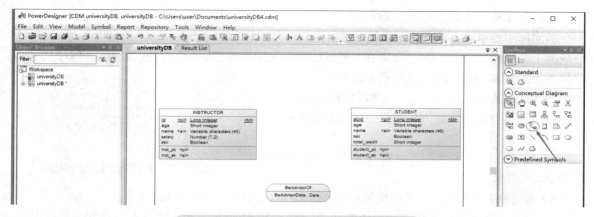

图 29-74　使用关联建模联系的属性画面 5

在图 29-74 右侧单击选中表示关联联系的工具小图标，然后单击实体 INSTRUCTOR，再单击关联 BeAdvisorOf；重复一次操作，单击选中表示关联联系的工具小图标，然后单击实体 STUDENT，再单击关联 BeAdvisorOf。PowerDesigner 的画布中最后显示的画面如图 29-75 所示。

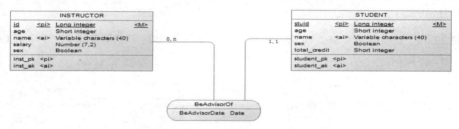

图 29-75　使用关联建模联系的属性画面 6

可以双击关联线，然后修改关联线上的基数。图 29-75 的语义是：一个教师可以成为 0 个或者多个学生的导师，一个学生只能有一个导师。

4. 具有复合属性的实体建模

具有复合属性的实体，可以先将其复合属性的子属性建模为实体的单值属性。例如使用复合属性 address 记录教师的联系地址，address 可能包含 province、city、street、buildingNo 等多个子属性。可以把这些子属性单独建模为实体集 INSTRUCTOR 的一个单独属性。建模过程如图 29-76 和图 29-77 所示。

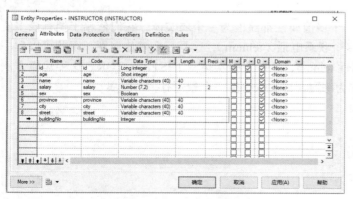

图 29-76　复合属性建模

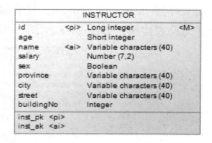

图 29-77　具有复合属性的实体

5. 弱实体及其依赖的强实体建模

弱实体不能单独存在，必须依赖于强实体。在大学里，像高等数学这样的课程（course），会分成两个课程部分（section），分别在一年级的第一学期和第二学期来讲授。因此，可以把 course 建模成为强实体，把 section 建模成为弱实体。

弱实体及其所依赖的强实体的建模过程如下：

1）按建模普通实体的方法建模强实体 COURSE，如图 29-78 所示。

2）按建模普通实体的方法建模弱实体 SECTION，如图 29-79 所示。

图 29-78　建模强实体 COURSE

3）按建模普通实体的方法建模弱实体 SECTIONCLASS，如图 29-80 所示。

4）建模强实体和弱实体之间的依赖联系，如图 29-81 所示。弱实体具有自己的分辨标识符，这个分辨标识符和该弱实体所依赖的强实体的主键一起，构成了弱实体的主键。

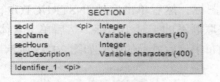

图 29-79　建模弱实体 SECTION

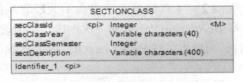

图 29-80　建模弱实体 SECTIONCLASS

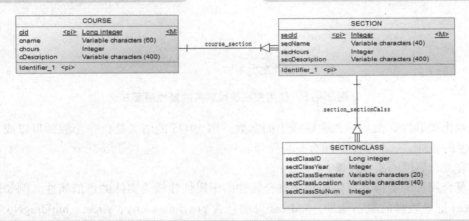

图 29-81　强实体 COURSE、弱实体 SECTION 和弱实体 SECTIONCLASS 之间的标识性联系

6. 具有多值属性的实体建模

具有多值属性的实体，可以将每一个多值属性都建模为一个弱实体，它们依赖于拥有该多值属性的强实体集。例如要记录教师的多个联系电话（telnum），这是一个多值属性，因此可以建一个弱实体集 instructor_telnum，具有属性 telnum，依赖于强实体集 INSTRUCTOR。这种建模方法也称为高表建模，如图 29-82 所示。作为练习，请大家建模一个教师有多个家属。

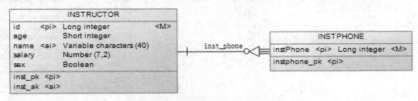

图 29-82　高表方式建模多值属性

还有一种称为宽表的方法也可用来建模多值属性，如图 29-83 所示。该方法规定每个实体实例最多有几个这样的值。例如建模教师的电话，可以规定教师最多有三个电话，于是为教师实体添加三个属性：telnum1、telnum2、telnum3。

7. 建模实体的属性约束

假设我们要限制弱实体 SECTIONCLASS 的属性 sectClassSemester 只能取三个值：Spring、Summer、Autumn。在 PowerDesigner 的画布中，先单击选中弱实体 SECTIONCLASS 的属性 sect-ClassSemester，如图 29-84 所示。

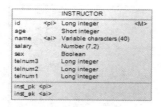

图 29-83　宽表方式建模多值属性

先单击选中属性sectClassSemester，然后双击该属性

图 29-84　宽表方式建模教师实体的多值属性

然后再双击属性 sectClassSemester，出现图 29-85 所示的画面。

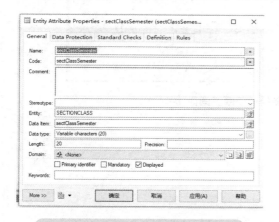

图 29-85　定义属性上的约束画面 1

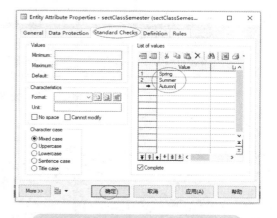

图 29-86　定义属性上的约束画面 2

单击"Standard Checks"标签，出现图 29-86 所示的窗口，在右边的列表值栏里填上该属性可能的取值 Spring、Summer 和 Autumn，单击"确定"按钮，完成实体属性约束的建模。

8. 递归联系建模

（1）建模多对多的递归联系（网状建模）　一门课程可以有多门课程作为先修课程，一门课程还可以作为多门课程的先修课程。因为先修课程和后修课程都是课程，因此课程和先修课程之间是一个多对多的递归联系。

使用 PowerDesigner 建模递归联系，具体步骤如下：

1）创建实体 COURSE，如图 29-87 所示。

2）创建递归联系 precouse（注意不是 precourse。联系名和角色名不能同名，此处将联系名定义为 precouse，而将角色名定义为 precourse 和 latercourse。precourse

COURSE		
cid	<pi> Long integer	<M>
cname	Variable characters (60)	
chours	Integer	
cDescription	Variable characters (400)	
Identifier_1	<pi>	

图 29-87　创建实体 COURSE

在后面被用作角色名，联系名 precouse 会被转化为表名，角色名会被转化为一个外键约束）。按图 29-88 所示进行操作，先选中 PowerDesigner 工具箱中用于建模联系的小图标，然后单击实体

COURSE，再单击画布中白色的位置，最后再单击实体 COURSE。

双击联系线上的文字"Relationship_1"，出现图 29-89 所示的窗口，填入联系的名字 pre-couse，然后单击"cardinalities"标签，出现图 29-90 所示的窗口。首先定义实体的角色为 latercourse 和 precourse；然后定义从 latercourse 到 precourse 的基数为 0，n，表示一门后修课可以有 0 门或者多门先修课；接着定义从 precourse 到 latercourse 的基数为 0，n，表示一门先修课可以有 0 门或者多门后修课。单击"确定"按钮，完成先修课与后修课之间的递归多对多联系建模，如图 29-91 所示。

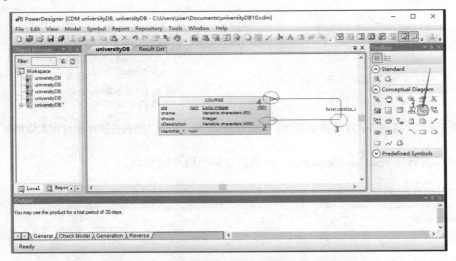

图 29-88　创建多对多的递归联系画面 1

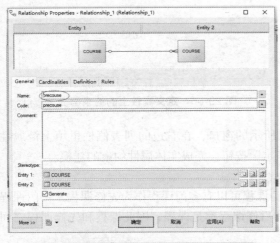

图 29-89　创建多对多的递归联系画面 2

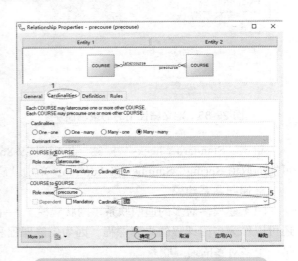

图 29-90　创建多对多的递归联系画面 3

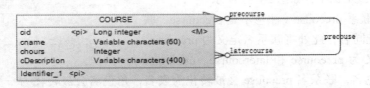

图 29-91　先修课与后修课之间的多对多递归联系建模

3）将第 2 步创建的 E-R 模型转换为物理数据库模型（PostgreSQL 数据库），如图 29-92 所示。

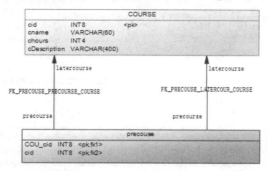

图 29-92　先修课与后修课之间的多对多递归联系物理数据库模型

注意到 precouse 中的一个列名 COU_cid 不是很规范，直接双击该列名进行修改。

按照从图 29-93~ 图 29-95 所示进行操作，将属性 COU_cid 的名字修改为 preCourseID。修改后的物理数据库模型如图 29-96 所示。

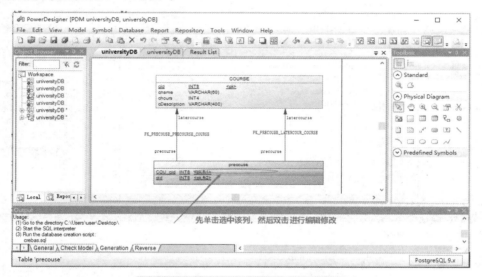

图 29-93　更正不规范的列命名画面 1

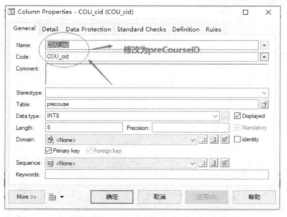

图 29-94　更正不规范的列命名画面 2　　　　图 29-95　更正不规范的列命名画面 3

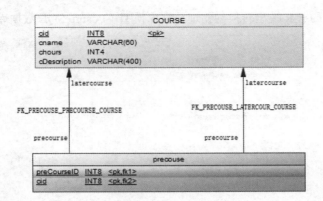

图 29-96　规范命名的物理数据库模型

4）按照图 29-97~ 图 29-100 所示进行操作，用物理数据库模型自动生成 SQL 代码。

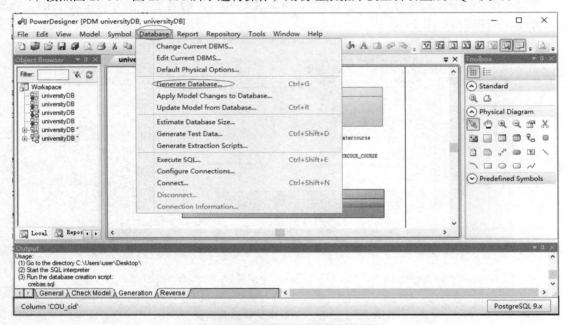

图 29-97　生成数据库脚本画面 1

图 29-98　生成数据库脚本画面 2

图 29-99　生成数据库脚本画面 3

图 29-100　生成数据库脚本画面 4

代码如下：

```
/*==============================================================*/
/* Domain: telephone_number                                     */
/*==============================================================*/
create domain telephone_number as INT8;


/*==============================================================*/
/* Table: COURSE                                                */
/*==============================================================*/
create table COURSE (
   cid                  INT8                   not null,
   cname                VARCHAR(60)            null,
   chours               INT4                   null,
   cDescription         VARCHAR(400)           null,
   constraint PK_COURSE primary key (cid)
);


/*==============================================================*/
/* Index: COURSE_PK                                             */
/*==============================================================*/
create unique index COURSE_PK on COURSE (cid);


/*==============================================================*/
/* Table: precouse                                              */
/*==============================================================*/
create table precouse (
   preCourseID          INT8                   not null,
   cid                  INT8                   not null,
   constraint PK_PRECOUSE primary key (preCourseID, cid)
);


/*==============================================================*/
/* Index: precouse_PK                                           */
/*==============================================================*/
create unique index precouse_PK on precouse (preCourseID,cid);


/*==============================================================*/
/* Index: precouse_FK                                           */
/*==============================================================*/
create  index precourse_FK on precouse (preCourseID);
```

```
/*==============================================================*/
/* Index: latercourse_FK                                        */
/*==============================================================*/
create  index latercourse_FK on precouse (cid);

alter table precouse
   add constraint FK_PRECOUSE_LATERCOUR_COURSE foreign key (cid)
      references COURSE (cid)
      on delete restrict on update restrict;

alter table precouse
   add constraint FK_PRECOUSE_PRECOURSE_COURSE foreign key (preCourseID)
      references COURSE (cid)
      on delete restrict on update restrict;
```

（2）建模一对多的递归联系（层次建模） 下面是另外一个递归联系的例子。公司的顾客由其他顾客介绍而来，一个顾客可以介绍许多新的顾客（也可能没有介绍任何一个新顾客），但一个新的顾客必须且只能由一个老顾客介绍而来。新顾客和老顾客都是顾客，这是一个一对多的递归联系。

在 PowerDesigner 中建模这个一对多的递归联系，过程和建模多对多的递归联系一样，差别只是在创建联系的基数上。建模完成后，其 E-R 图如图 29-101 所示。为这个物理数据库模型生成 SQL 代码时，不选中进行模型检查选项，如图 29-102 所示。

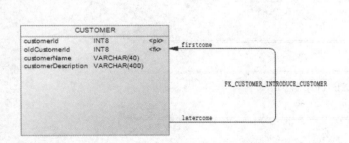

图 29-101　顾客之间的一对多递归联系的物理数据库模型

图 29-102　生成 SQL 代码时不进行模型检查

最后，我们来查看一下生成的 SQL 代码：
```
/*==============================================================*/
/* DBMS name:      PostgreSQL 9.x                               */
/* Created on:     2020/10/27 12:44:37                          */
/*==============================================================*/
drop index Introduce_FK;
drop index CUSTOMER_PK;
drop table CUSTOMER;
/*==============================================================*/
/* Table: CUSTOMER                                              */
/*==============================================================*/
create table CUSTOMER (
   customerId           INT8                 not null,
```

oldCustomerId	INT8	not null,
customerName	VARCHAR(40)	null,
customerDescription	VARCHAR(400)	null,

constraint PK_CUSTOMER primary key (customerId)
);
```
/*==============================================================*/
/* Index: CUSTOMER_PK                                           */
/*==============================================================*/
create unique index CUSTOMER_PK on CUSTOMER (
customerId
);
/*==============================================================*/
/* Index: Introduce_FK                                          */
/*==============================================================*/
create  index Introduce_FK on CUSTOMER (
oldCustomerId
);

alter table CUSTOMER
   add constraint FK_CUSTOMER_INTRODUCE_CUSTOMER foreign key (oldCustomerId)
     references CUSTOMER (customerId)
      on delete restrict on update restrict;
```

9. 多元联系建模

下面以三元联系为例，学习如何对多元联系进行建模。三元联系的一个例子是教师指导学生做项目，其中有 3 个实体名词和 1 个联系动词。

建模方法可以参照前文内容。把动词 advise 动名词化为 advising，使其成为一个事件，并赋予该事件人工键。该事件依赖于三个参与方：INSTRUCTOR、STUDENT、PROJECT。建模完成后的 E-R 图如图 29-103 所示。

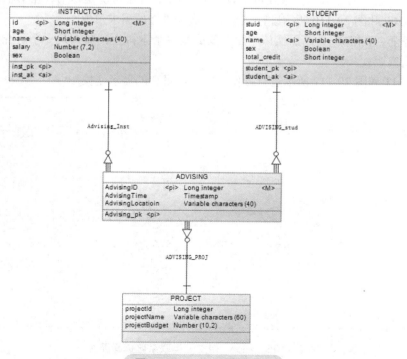

图 29-103　三元联系建模

10. 时态属性建模

这里以员工在公司工作时的薪水变化情况为例进行建模，可以将其建模为一个弱实体 employee_salary（见图 29-104）：过去的工资具有开始时间和结束时间；当前的工资有开始时间，结束时间可以用日期的最大值（如 9999 年 12 月 31 日）来表示。还可以把员工当前的工资作为一个属性，记录在实体 employee 中。

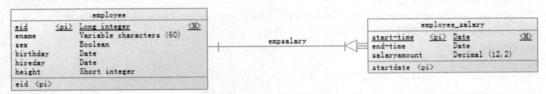

图 29-104 建模员工在不同的时期有不同的工资

其他的例子还有：员工在不同的时期在不同的部门工作；一个部门在不同的时期有不同的管理人员。其建模方法同不同时期员工的工资。读者可在自己在 PowerDesigner 上实验一下。

11. 分类联系建模

可以通过概化和特化的方法来对实体进行分类，二者之间的区别在于：特化是自顶向下，高层实体不断地寻找不同的特点进行分类，形成不同层次的低层实体；概化是自底向上，多个不同的低层实体不断地寻找相互之间的共同点，进行归类。

场景 1（部分 - 相交）：大学中的人可以是员工或者学生，还可以是访问学者（既不是员工也不是学生）。另外，员工也可能是学生（教师是员工，比如某教师的学历目前是硕士研究生，正在攻读博士学位，因此他同时也是一个学生）。

按照图 29-105~ 图 29-108 所示进行操作，完成场景 1 的需求建模。

场景 2（部分 - 不相交）：员工可以是教师、秘书，也可以是后勤人员（目前我们的系统不关心后勤人员，但是会把后勤人员记录在员工表中）；但是教师不可能是秘书，秘书不可能是教师。

按照图 29-109 和图 29-110 所示进行操作，完成场景 2 的需求建模。

场景 3（完全 - 不相交）：高层实体学生，要么是一个本科生，要么是一个研究生，不会同时属于本科生和研究生。

按照图 29-111 和图 29-112 所示进行操作，完成场景 2 的需求建模。

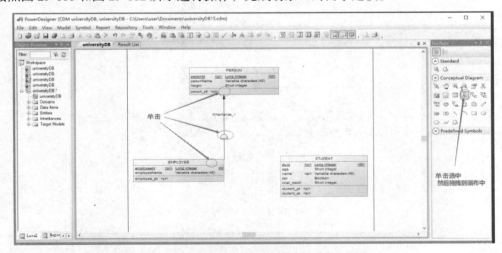

图 29-105 部分 - 相交分类联系建模画面 1

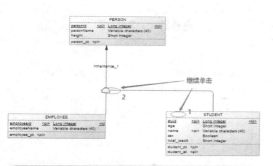

图 29-106　部分 - 相交分类联系建模画面 2

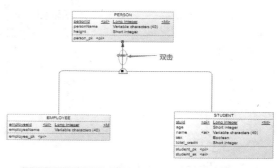

图 29-107　部分 - 相交分类联系建模画面 3

图 29-108　部分 - 相交分类联系建模画面 4

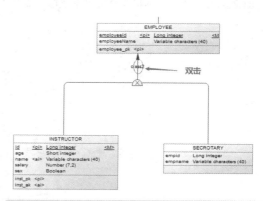

图 29-109　部分 - 不相交分类联系建模画面 1

图 29-110　部分 - 不相交分类联系建模画面 2

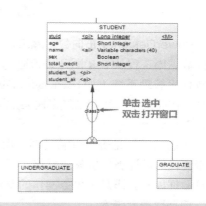

图 29-111　完全 - 不相交分类联系建模画面 1

12. 聚集建模

这里以三元联系——教师指导学生做项目为例。学院要对教师指导学生做项目的情况进行评估，以此为据给学生和教师发补贴。这本质上为联系与实体之间的联系的建模（联系的联系）。

按照图 29-113 和图 29-114 所示进行聚集建模。

图 29-112　完全 - 不相交分类联系建模画面 2

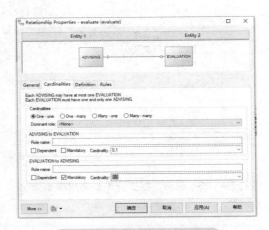

图 29-113　聚集建模画面 1

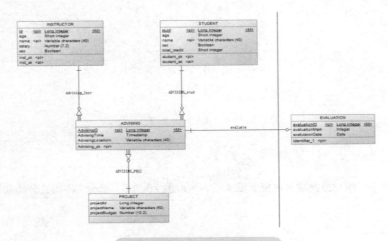

图 29-114　聚集建模画面 2

四、PowerDesigner 正向数据库工程

正向数据库工程从 E-R 图开始，通过 E-R 图生成物理数据库模型，就是基于 E-R 图生成了一个特定数据库管理系统（如 openGauss DBMS）的数据库模式图，然后基于此模式图生成数据库部署脚本。在前文中，我们已经多次实践了通过 E-R 图生成数据库脚本的过程。

五、事务设计

验证之前的设计是否可以满足事务操作的需要，如果不能满足要求，需要返回重新设计，直到数据库模式的设计满足事务的要求。

一旦数据库模式满足了事务操作的要求，可以根据事务中的查询设计相应的索引、约束。

六、部署数据库脚本

在数据库中执行数据库脚本，将应用的数据库模式部署到数据库管理系统中。此时可以开始开发应用程序了。

七、反向数据库工程

由于目前 PowerDesigner 不支持 openGauss，因此反向数据库工程需要借助 PostgreSQL 来实现。可以将部署在 openGauss 上的数据库恢复到 PostgreSQL 上，然后使用 PowerDesigner 连接到 PostgreSQL 进行反向数据库工程。

任务三十

openGauss 数据库的主备高可用测试

任务目标

体验 openGauss 主备高可用数据库，掌握主备数据库的安装、切换和简单维护。

实施步骤

一、准备两台 CentOS 7.6 服务器

本任务需要两台 CentOS 7.6 服务器。如果你的计算机拥有足够的内存（16GB 以上的内存），那么你可以在单台计算机上完成本任务。也可以用两台计算机完成此任务：首先使两台计算机（Win10）的物理网卡可在一个网络内进行通信并连接互联网，然后将 CentOS 7.6 虚拟机的网卡类型设置为桥接模式（Bridge）。

二、配置 CentOS 操作系统以满足安装 openGauss 的要求

1. 配置主机名和 IP 地址

在刚刚准备好的两台 CentOS 7.6 虚拟机上，使用 Linux 超级用户 root，执行下面的命令，修改 hosts 文件：

```
### 修改 /etc/hosts 文件
cat >>/etc/hosts <<EOF
192.168.100.91  node1
192.168.100.92  node2
EOF
```

在第一台 CentOS 7.6 虚拟机上，使用 Linux 超级用户 root，执行下面的命令，修改主机名并重新启动 CentOS：

```
### 主机名修改
cat >/etc/hostname<<EOF
node1
EOF
### 重新启动 CentOS 虚拟机
reboot
```

在第二台 CentOS 7.6 虚拟机上，使用 Linux 超级用户 root，执行下面的命令，修改主机名并重新启动 CentOS：

```
### 主机名修改
cat >/etc/hostname<<EOF
node2
EOF
### 重新启动 CentOS 虚拟机
reboot
```

2. 关闭防火墙

在两台 CentOS 服务器上，使用 Linux 超级用户 root，执行下面的命令，关闭 CentOS 防火墙：

335

停止 firewall
systemctl stop firewalld.service
禁止 firewall 开机启动
systemctl disable firewalld.service

3. 关闭 SELinux

在两台 CentOS 服务器上，使用 Linux 超级用户 root，执行下面的命令，关闭 CentOS 的 SE-Linux：

关闭 SELinux
getenforce
sed -i 's/^SELINUX=.*/SELINUX=disabled/' /etc/selinux/config
setenforce 0
getenforce

4. 安装必要的 CentOS 软件包和 Python 3

在两台 CentOS 虚拟机上，执行下面的命令，安装必要的 CentOS 软件包：

yum install -y libaio-devel flex bison ncurses-devel
yum install -y glibc-devel patch lsb_releasereadline-devel

安装 openGauss 需要 Python 3，一定要确认已经额外安装了 Python 3。

yum install -y openssl*
yum install -y python3*
python3 -V

5. 配置内核参数

在两台 CentOS 虚拟机上，执行下面的命令，配置 CentOS 的内核网络参数：

cat>>/etc/sysctl.conf<<EOF
net.ipv4.ip_local_port_range = 26000 65500
net.ipv4.tcp_rmem = 4096 87380 4194304
net.ipv4.tcp_wmem = 4096 16384 4194304
net.ipv4.conf.ens33.rp_filter = 1
net.ipv4.tcp_fin_timeout=60
net.ipv4.tcp_retries1=5
net.ipv4.tcp_syn_retries=5
net.sctp.path_max_retrans=10
net.sctp.max_init_retransmits=10
EOF
使其生效
sysctl -p

在两台 CentOS 虚拟机上，执行下面的命令，配置 CentOS 的内核文件系统参数和配置系统支持的最大进程数：

echo "* soft nofile 1000000" >>/etc/security/limits.conf
echo "* hard nofile 1000000" >>/etc/security/limits.conf
echo "* soft nproc unlimited" >>/etc/security/limits.conf
echo "* hard nproc unlimited" >>/etc/security/limits.conf

说明：

1）hard 表示硬限制，soft 表示软限制，软限制要小于或等于硬限制。

2）nofile 用来限制用户能打开的最大文件数量（此处为 1000000），不管它开启多少个 shell。

3）nproc 用来限制用户能够开启的最大进程 / 线程数。

4）nofile 和 nproc 这两个参数需要手动设置，预安装脚本不会自动更改。

6. 配置节点的字符集

在两台 CentOS 虚拟机上，执行下面的命令，将各数据库节点的字符集设置为相同的字符集：

```
cat>> /etc/profile<<EOF
export LANG=en_US.UTF-8
EOF
```

7. 配置库路径

在两台 CentOS 虚拟机上，执行下面的命令，配置库路径：

```
cat>> /etc/profile<<EOF
export LD_LIBRARY_PATH=/opt/software/openGauss/script/gspylib/clib:$LD_LIBRARY_PATH
EOF
```

8. 修改时区和时间统一

在两台 CentOS 虚拟机上，执行下面的命令，配置时区：

```
cp /usr/share/zoneinfo/Asia/Shanghai /etc/localtime
```

如果在安装时选择了正确的时区，会出现：

```
cp: '/usr/share/zoneinfo/Asia/Shanghai' and '/etc/localtime' are the same file
```

在两台 CentOS 虚拟机上检查系统时间，如果时间不一致，将两个数据库节点的时间修改为一致。

9. 设置网卡 MTU 值（使用默认，可以不配置）

将各数据库节点的网卡 MTU 值设置为相同大小（使用默认值 1500 即可满足要求），可以使用 ifconfig 命令检查该设置（假如你的网卡名字是 ens33）：

```
ifconfig ens33
```

10. 设置 root 用户远程登录

在两台 CentOS 虚拟机上，执行下面的命令，设置 root 用户远程登录：

```
sed -i 's/^Banner .*/Banner none/'  /etc/ssh/sshd_config
sed -i 's/^#PermitRootLogin .*/PermitRootLogin yes/'  /etc/ssh/sshd_config
sed -i 's/^PermitRootLogin no/PermitRootLogin yes/'  /etc/ssh/sshd_config
systemctl restart sshd
```

11. 关闭透明大页（transparent_hugepage）设置

openGauss 默认关闭使用 transparent_hugepage 服务，并将关闭命令写入操作系统启动文件。

在两台 CentOS 虚拟机上，执行下面的命令，关闭 transparent_hugepage 服务：

```
cat>/etc/rc.d/init.d/myscript.sh<<EOF
#!/bin/bash
if test -f /sys/kernel/mm/transparent_hugepage/enabled;
then
  echo never > /sys/kernel/mm/transparent_hugepage/enabled
fi
if test -f /sys/kernel/mm/transparent_hugepage/defrag;
then
  echo never > /sys/kernel/mm/transparent_hugepage/defrag
fi
EOF
chmod +x /etc/rc.d/init.d/myscript.sh
echo "/etc/rc.d/init.d/myscript.sh" >> /etc/rc.d/rc.local
chmod +x /etc/rc.d/rc.local
```

配置完成后，重新启动两台 CentOS 服务器：

reboot

重新启动后，在两个 openGauss 数据库节点上，执行下面的命令，查看是否已经关闭了 transparent_hugepage 服务：

cat /sys/kernel/mm/transparent_hugepage/enabled
cat /sys/kernel/mm/transparent_hugepage/defrag

三、创建存放 openGauss 数据库安装包的目录

在两台 CentOS 虚拟机上，执行下面的命令，创建存放 openGauss DBMS 软件介质的目录：

mkdir -p /opt/software/openGauss
chmod 755 -R /opt/software

四、下载 openGauss 数据库介质

下载方法参见任务三的"四、下载 openGauss DBMS 介质"。

五、使用 FileZilla 将 openGauss 数据库介质传到 CentOS 上

上传方法参见任务三的"五、上传 openGauss DBMS 介质"。

六、创建 XML 文件

XML 文件包含部署 openGauss 的服务器信息、安装路径、IP 地址以及端口号等，用于告知 openGauss 如何部署。

在 node1 上，执行下面的命令，创建 openGauss 主备方式的 XML 配置文件：

```
cd /opt/software/openGauss
cat > clusterconfig.xml<<EOF
<?xml version="1.0" encoding="UTF-8"?>
<ROOT>
    <!-- openGauss 整体信息 -->
    <CLUSTER>
    <PARAM name="clusterName" value="dbCluster" />
    <PARAM name="nodeNames" value="node1,node2" />
    <PARAM name="backIp1s" value="192.168.100.91,192.168.100.92"/>
    <PARAM name="gaussdbAppPath" value="/opt/gaussdb/app" />
    <PARAM name="gaussdbLogPath" value="/var/log/gaussdb" />
    <PARAM name="gaussdbToolPath" value="/opt/huawei/wisequery" />
    <PARAM name="corePath" value="/opt/opengauss/corefile"/>
    <PARAM name="clusterType" value="single-inst"/>
</CLUSTER>
<!-- 每台服务器上的节点部署信息 -->
<DEVICELIST>
    <!-- node1 上的节点部署信息 -->
    <DEVICE sn="1000001">
        <PARAM name="name" value="node1"/>
        <PARAM name="azName" value="AZ1"/>
        <PARAM name="azPriority" value="1"/>
        <!-- 如果服务器只有一个网卡可用，将 backIp1 和 sshIp1 配置成同一个 IP 地址 -->
        <PARAM name="backIp1" value="192.168.100.91"/>
        <PARAM name="sshIp1" value="192.168.100.91"/>

        <!--dbnode-->
    <PARAM name="dataNum" value="1"/>
    <PARAM name="dataPortBase" value="26000"/>
    <PARAM name="dataNode1" value="/gaussdb/data/db1,node2,/gaussdb/data/db1"/>
    </DEVICE>
```

```
<!-- node2 上的节点部署信息, 其中 "name" 的值配置为主机名称 -->
<DEVICE sn="1000002">
        <PARAM name="name" value="node2"/>
        <PARAM name="azName" value="AZ1"/>
        <PARAM name="azPriority" value="1"/>
        <!-- 如果服务器只有一个网卡可用, 将 backIp1 和 sshIp1 配置成同一个 IP 地址 -->
        <PARAM name="backIp1" value="192.168.100.92"/>
        <PARAM name="sshIp1" value="192.168.100.92"/>
</DEVICE>
</DEVICELIST>
</ROOT>
    EOF
```

七、解压缩 openGauss DBMS 介质

在 node1 上, 使用 root 用户执行如下命令:

```
cd /opt/software/openGauss
tar xf openGauss-1.0.1-CentOS-64bit.tar.gz
```

安装包解压后, 会在 /opt/software/openGauss 路径下自动生成 script 子目录, 并且在 script 目录下生成 gs_preinstall 等各种 OM 工具脚本。

八、临时关闭 CentOS 的交换区

如果不关闭 CentOS 交换区, 华为 openGauss DBMS 安装前的交互式检查将无法正常通过。因此需要在两个节点上, 使用 root 用户执行下面的命令, 临时关闭 CentOS 的交换区:

```
swapoff -a
free -g
```

九、安装前进行交互式检查

进行检查之前, 一定要使用 root 用户执行下面的命令, 确认已经设置了库搜索路径:

```
[root@node1 openGauss]# echo $LD_LIBRARY_PATH
/opt/software/openGauss/script/gspylib/clib:
[root@node1 openGauss]#
```

如果库搜索路径不包含 openGauss 的库, 执行如下命令进行设置:

```
export LD_LIBRARY_PATH=/opt/software/openGauss/script/gspylib/clib:$LD_LIBRARY_PATH
```

使用 root 用户执行如下的命令, 进行安装 openGauss 前的交互式检查:

```
[root@node1 openGauss]# cd /opt/software/openGauss
[root@node1 openGauss]# python3 /opt/software/openGauss/script/gs_preinstall -U omm -G dbgrp -X /opt/software/openGauss/clusterconfig.xml
    Parsing the configuration file.
    Successfully parsed the configuration file.
    Installing the tools on the local node.
    Successfully installed the tools on the local node.
    Are you sure you want to create trust for root (yes/no)? yes 输入 yes 表示想创建 root 用户的信任
    Please enter password for root.
    Password:      (在此输入 root 用户的密码 root123)
    Creating SSH trust for the root permission user.
    ……(此处省略了一些输出)
    Are you sure you want to create the user[omm] and create trust for it (yes/no)? yes 输入 yes 表示想创建用
```

户 omm 及其信任

```
Please enter password for cluster user.
Password:        （在此输入用户 omm 的密码 omm123）
Please enter password for cluster user again.
Password:        （在此输入用户 omm 的密码 omm123）
Successfully created [omm] user on all nodes.
……（此处省略了一些输出）
Warning: Installation environment contains some warning messages.
Setting finish flag.
Successfully set finish flag.
Preinstallation succeeded.
[root@node1 openGauss]#
```

使用 root 用户执行下面的命令，可以查看检查结果：

/opt/software/openGauss/script/gs_checkos -i A -h node1,node2 --detail

十、安装 openGauss 主备集群

在 node1 上，使用 root 用户执行下面的命令，修改安装脚本的属主为用户 omm：

cd /opt/software/openGauss/script
chmod -R 755 /opt/software/openGauss/script
chown -R omm:dbgrp /opt/software/openGauss/script

切换到用户 omm，执行下面的命令，安装 openGauss 集群：

```
[root@node1 script]# su - omm
Last login: Tue Nov  3 11:28:15 CST 2020
[omm@node1 ~]$ cd /opt/software/openGauss/script
[omm@node1 script]$ gs_install -X /opt/software/openGauss/clusterconfig.xml
Parsing the configuration file.
Check preinstall on every node.
……（此处省略了一些输出）
begin init Instance..
encrypt cipher and rand files for database.
Please enter password for database:      在此输入数据库的初始密码 huawei@1234
Please repeat for database:              再次输入数据库的初始密码 huawei@1234
begin to create CA cert files
……（此处省略了一些输出）
Successfully installed application.
end deploy..
[omm@node1 script]$
```

用户需根据提示输入数据库的密码，密码需要具有一定的复杂度。为保证用户正常使用该数据库，请记住输入的数据库密码。此处建议密码设置为 huawei@1234。

一旦成功完成安装，在 node2 上执行如下命令，同步集群主备节点的数据：

su - omm
gs_ctl build -D /gaussdb/data/db1

十一、查看集群的状态：

在集群的节点 1 上查看集群的状态：

gs_om -t status --detail

```
[omm@node2 ~]$ gs_om -t status --detail
[ Cluster State ]
cluster_state  : Normal
redistributing : No
current_az     : AZ_ALL
[ Datanode State ]
node   node_ip        instance            state    | node   node_ip      instance            state
-----------------------------------------------------------------------------------------------------------------
------------
  1  node1 192.168.100.91  6001 /gaussdb/data/db1 P Primary Normal | 2  node2 192.168.100.92  6002 /
gaussdb/data/db1 S Standby Normal
[omm@node2 ~]$
```

十二、设置备机可读（主备均需修改）

备机可读特性为可选特性，需要修改配置参数并重新启动主备机器后才能使用。在开启备机可读之后，备机将支持读操作，并满足数据一致性要求。

首先执行下面的命令，停止 openGauss 主备数据库集群：

gs_om -t stop

然后在两台 CentOS 服务器上，修改参数文件 /gaussdb/data/db1/postgresql.conf：

vi /gaussdb/data/db1/postgresql.conf

查找到下面的这行：

#hot_standby_feedback = off

将其修改为：

hot_standby_feedback = on

说明：参数 wal_level=hot_standby 和 hot_standby = on 默认满足要求，不需要修改。

接着，在 CentOS 服务器 node1 上，执行下面的命令，启动 openGauss 主备集群：

gs_om -t start

最后，在 CentOS 服务器 node1 上，执行下面的命令，查看集群的状态：

```
[omm@node1 ~]$ gs_om -t status --detail
[ Cluster State ]
cluster_state  : Normal
redistributing : No
current_az     : AZ_ALL
[ Datanode State ]

node   node_ip        instance            state    | node   node_ip      instance            state
-----------------------------------------------------------------------------------------------------------------
------------
  1  node1 192.168.100.91  6001 /gaussdb/data/db1 P Primary Normal | 2  node2 192.168.100.92  6002 /
gaussdb/data/db1 S Standby Normal
[omm@node1 ~]$
```

十三、重新打开 CentOS 的交换区

在成功安装 openGauss 数据库之后，笔者强烈建议重新打开交换区，这可增强 openGauss 数据库在低内存服务器上的运行稳定性。

在两个节点上，用 Linux 超级用户 root，执行下面的命令，重新打开 CentOS 7 系统的交换区：

```
swapon -a
free -g
```

十四、首次登录 openGauss DBMS

在 node1 中，使用用户 omm 执行下面的操作，登录到数据库，修改数据库的密码：

```
gsql -d postgres -p 26000 -r
ALTER ROLE omm IDENTIFIED BY 'Passw0rd@ustb' REPLACE 'huawei@1234';
```

检查数据库版本：

```
show server_version;
```

十五、测试 openGauss 主备数据库集群的数据同步

在主（Primary）节点 node1 上创建一个测试表，并插入数据：

```
postgres=# DROP TABLE IF EXISTS test;
NOTICE:  table "test" does not exist, skipping
DROP TABLE
postgres=# create table test (id int, info varchar(100));
CREATE TABLE
postgres=# insert into test values  (1,'row insert from node1');
INSERT 0 1
postgres=# select * from test;
 id |          info
---+--------------------------
  1 | row insert from node1
(1 row)
postgres=# \q
[omm@node1 ~]$
```

在备（Standby）节点 node2 上，使用 Linux 用户 omm，执行下面的命令和 SQL 查询：

```
[omm@node2 ~]$ gsql -d postgres -p 26000 -r
postgres=# select * from test;
 id |          info
---+--------------------------
  1 | row insert from node1
(1 row)
postgres=# \q
[omm@node2 ~]$
```

实验结论：主节点的数据会很快同步到备节点。

十六、测试 openGauss 主备集群的主备角色切换

1. 正常运行时进行主备切换

在备节点上执行主备角色切换命令，记住这点很重要。

在 node1 上，使用 Linux 用户 omm，执行下面的命令，查看当前集群的状态：

```
[omm@node1 ~]$ gs_om -t status --detail
[   Cluster State   ]
cluster_state  : Normal
redistributing : No
current_az     : AZ_ALL
[ Datanode State ]
```

```
node    node_ip    instance    state    | node    node_ip    instance    state
------------------------------------------------------------------------------------
------------
  1   node1 192.168.100.91  6001 /gaussdb/data/db1 P Primary Normal | 2  node2 192.168.100.92  6002 /
gaussdb/data/db1 S Standby Normal
  [omm@node1 ~]$
```

可以看出，当前 node1 是主节点，node2 是备节点。

在备节点 node2 上（请注意，一定要在备节点 node2 上执行，不能在主节点 node1 上执行）执行如下的切换命令，将 node1 由主节点变为备节点，node2 由备节点变为主节点：

gs_ctl switchover -D /gaussdb/data/db1

可以在两台 CentOS 服务器上监视并查看日志信息：

cd /var/log/gaussdb/omm/bin/gs_ctl/

ls

执行下面的命令查看日志的信息：

文件名根据列出的来修改

more gs_ctl-2020-11-03_114122-current.log

在 node1 上，使用 Linux 用户 omm，再次执行下面的命令，查看当前集群的状态：

```
[omm@node1 gs_ctl]$ gs_om -t status --detail
[  Cluster State  ]
cluster_state  : Normal
redistributing : No
current_az     : AZ_ALL
[ Datanode State  ]
node    node_ip    instance    state    | node    node_ip    instance    state
------------------------------------------------------------------------------------
------------
  1  node1 192.168.100.91  6001 /gaussdb/data/db1 P Standby Normal | 2  node2 192.168.100.92  6002 /
gaussdb/data/db1 S Primary Normal
  [omm@node1 gs_ctl]$
```

可以看出，目前 node2 是主（Primary）节点，node1 是备（Standby）节点。

下面再次测试主备机数据同步（这次的主节点是 node2，备节点是 node1）。在当前的主节点 node2 上，使用用户 omm 执行如下的命令，登录到 openGauss 并插入数据：

```
[omm@node2 ~]$ gsql -d postgres -p 26000 -r
postgres=# insert into test values  (2,'row insert from node2');
INSERT 0 1
postgres=# select * from test;
 id |        info
----+--------------------------
  1 | row insert from node1
  2 | row insert from node2
(2 rows)
postgres=# \q
[omm@node2 ~]$
```

在 node1 上，使用用户 omm 登录到 openGauss 并执行查询：

```
[omm@node1 gs_ctl]$ gsql -d postgres -p 26000 -r
postgres=# select * from test;
 id |           info
---+-------------------------
  1 | row insert from node1
  2 | row insert from node2
(2 rows)
postgres=# \q
[omm@node1 gs_ctl]$
```

在当前的备节点 node1 上再次执行切换命令（请注意，千万别在主节点 node2 上执行），将集群恢复为原始的状态：

gs_ctl switchover -D /gaussdb/data/db1

在集群的 node1 上，执行下面的命令，查看当前集群的状态：

```
[omm@node1 gs_ctl]$ gs_om -t status --detail
[  Cluster State  ]
cluster_state  : Normal
redistributing : No
current_az     : AZ_ALL
[ Datanode State ]
node    node_ip      instance             state    | node   node_ip      instance          state
--------------------------------------------------------------------------------------------------
------------
   1  node1 192.168.100.91  6001 /gaussdb/data/db1 P Primary Normal | 2  node2 192.168.100.92  6002 /
gaussdb/data/db1 S Standby Normal
   [omm@node1 gs_ctl]$
```

2. 主机点宕机或者失联后的切换

当前集群的主节点是 node1，使用 root 用户执行关机命令 poweroff，模拟主节点故障：

poweroff

然后在集群的 node2 上，使用用户 omm 执行下面的命令，查看当前集群的状态：

```
[omm@node2 ~]$ gs_om -t status --detail
[  Cluster State  ]
cluster_state  : Unavailable
redistributing : No
current_az     : AZ_ALL
[ Datanode State ]
node    node_ip      instance             state    | node   node_ip      instance          state
--------------------------------------------------------------------------------------------------
------------
   1  node1 192.168.100.91  6001 /gaussdb/data/db1 P Unknown Unknown | 2  node2 192.168.100.92  6002 /
gaussdb/data/db1 S Standby Need repair(Disconnected)
   [omm@node2 ~]$
```

可以看到，目前主备集群处于不可用状态，并且 node2 还是只读状态。为了让幸存的备节点 node2 正常工作，在 node2 上执行如下的命令，进行故障切换：

gs_ctl failover -D /gaussdb/data/db1

切换完成后，node2 已经工作在正常的读写状态了，可以执行下面的命令，查看集群目前的状态：

```
[omm@node2 ~]$ gs_om -t status --detail
[   Cluster State   ]
cluster_state   : Degraded
redistributing  : No
current_az      : AZ_ALL
[ Datanode State   ]
node   node_ip       instance              state    | node   node_ip       instance          state
--------------------------------------------------------------------------------------------------------------
-------------
    1  node1 192.168.100.91  6001 /gaussdb/data/db1 P Unknown Unknown | 2  node2 192.168.100.92  6002 /
gaussdb/data/db1 S Primary Normal
[omm@node2 ~]$
```

从输出可以看到，node2 现在是集群的主节点，node1 的状态为 Unknown。

可以尝试在 node2 上插入新的数据：

```
[omm@node2 ~]$ gsql -d postgres -p 26000 -r
postgres=# insert into test values(3,'row isnert after node1 fail');
INSERT 0 1
postgres=# select * from test;
 id |          info
---+-------------------------------
  1 | row insert from node1
  2 | row insert from node2
  3 | row isnert after node1 fail
(3 rows)
postgres=# \q
[omm@node2 ~]$
```

重新启动 node1（上电）后，在 node2 上执行下面的命令，查看集群的状态：

```
[omm@node2 ~]$ gs_om -t status --detail
[   Cluster State   ]
cluster_state   : Degraded
redistributing  : No
current_az      : AZ_ALL
[ Datanode State   ]
node   node_ip       instance              state    | node   node_ip       instance          state
--------------------------------------------------------------------------------------------------------------
-------------
    1  node1 192.168.100.91  6001 /gaussdb/data/db1 P Down    Manually stopped | 2  node2 192.168.100.92
6002 /gaussdb/data/db1 S Primary Normal
[omm@node2 ~]$
```

在 node2 上执行如下命令：

```
[omm@node2 ~]$ gs_om -t refreshconf
Generating dynamic configuration file for all nodes.
Successfully generated dynamic configuration file.
[omm@node2 ~]$
```

在 node1 上使用用户 omm 重新启动 openGauss 数据库：

```
[omm@node1 ~]$ gs_om -t start
Starting cluster.
=========================================
[SUCCESS] node1:
[SUCCESS] node2:
[2020-11-03 13:08:25.077][37886][][gs_ctl]: gs_ctl started,datadir is -D "/gaussdb/data/db1"
[2020-11-03 13:08:25.084][37886][][gs_ctl]: another server might be running; Please use the restart command
=========================================
Successfully started.
[omm@node1 ~]$
```

然后，再次在 node1 上使用用户 omm 查看集群的状态：

```
[root@node1 ~]# su - omm
Last login: Tue Nov  3 11:37:18 CST 2020 on pts/0
[omm@node1 ~]$ gs_om -t status --detail
[   Cluster State   ]
cluster_state   : Normal
redistributing  : No
current_az      : AZ_ALL
[ Datanode State   ]
node   node_ip      instance          state | node   node_ip      instance          state
--------------------------------------------------------------------------------------------------------
1  node1 192.168.100.91  6001 /gaussdb/data/db1 P Standby Normal | 2  node2 192.168.100.92  6002 /
gaussdb/data/db1 S Primary Normal
[omm@node1 ~]$
```

现在集群已经恢复到正常的状态了，node2 是主节点，node1 是备节点。

在 node2 上再插入一条新的数据记录：

```
[omm@node2 ~]$ gsql -d postgres -p 26000 -r
postgres=# insert into test values(4,'row isnert after node1 recover');
INSERT 0 1
postgres=# select * from test;
 id |           info
---+--------------------------------------
  1 | row insert from node1
  2 | row insert from node2
  3 | row isnert after node1 fail
  4 | row isnert after node1 recover
(4 rows)
postgres=# \q
[omm@node2 ~]$
```

在 node1 上查询：

```
[omm@node1 ~]$ gsql -d postgres -p 26000 -r
postgres=# select * from test;
 id |           info
---+--------------------------------------
```

```
    1 | row insert from node1
    2 | row insert from node2
    3 | row isnert after node1 fail
    4 | row isnert after node1 recover
(4 rows)
postgres=# \q
[omm@node1 ~]$
```

再次在 node1 上执行下面的命令，将集群的主节点恢复为 node1，让 node2 作为备节点：

gs_ctl switchover -D /gaussdb/data/db1

在集群的 node1 上，执行下面的命令，查看当前集群的状态：

```
[omm@node1 ~]$ gs_om -t status --detail
[  Cluster State  ]
cluster_state  : Normal
redistributing  : No
current_az  : AZ_ALL
[ Datanode State  ]
node    node_ip    instance          state    | node    node_ip    instance        state
-------------------------------------------------------------------------------------------------------
-------------
   1  node1 192.168.100.91  6001 /gaussdb/data/db1 P Primary Normal | 2  node2 192.168.100.92  6002 /
gaussdb/data/db1 S Standby Normal
[omm@node1 ~]$
```

十七、在备节点上重建有问题的数据库（按需来做）

如果集群的状态如下所示：

```
[omm@node2 ~]$ gs_om -t status --detail
[  Cluster State  ]
cluster_state  : Degraded
redistributing  : No
current_az  : AZ_ALL
[ Datanode State  ]

node    node_ip    instance          state    | node    node_ip    instance        state
-------------------------------------------------------------------------------------------------------
-------------
   1  node1 192.168.100.91  6001 /gaussdb/data/db1 P Standby Need repair(WAL) | 2  node2 192.168.100.92
6002 /gaussdb/data/db1 S Primary Normal
[omm@node2 ~]$
```

这说明备节点有问题。当前的备节点是 node1，可以使用下面的命令，在备节点上重建集群：

gs_ctl build -D /gaussdb/data/db1 -b incremental

然后再次检查集群的状态：

```
[omm@node1 ~]$ gs_om -t status --detail
[  Cluster State  ]
cluster_state  : Normal
redistributing  : No
current_az  : AZ_ALL
```

```
[ Datanode State   ]
node    node_ip      instance          state    | node    node_ip      instance          state
---------------------------------------------------------------------------------------------------------------------
-------------
   1   node1 192.168.100.91   6001 /gaussdb/data/db1 P Standby Normal | 2   node2 192.168.100.92   6002 /
gaussdb/data/db1 S Primary Normal
   [omm@node1 ~]$
```

此时集群状态恢复正常了，node2 是主节点，node1 是备节点。